DE

L'ÉTHER SULFURIQUE.

Paris. — RIGNOUX, Imprimeur de la Faculté de Médecine, rue Monsieur-le-Prince, 29 *bis*.

DE

L'ÉTHER SULFURIQUE,

DE SON ACTION PHYSIOLOGIQUE,

ET DE SON APPLICATION

A LA CHIRURGIE, AUX ACCOUCHEMENTS, A LA MÉDECINE,

AVEC

UN APERÇU HISTORIQUE SUR LA DÉCOUVERTE DE JACKSON ;

Par F.-J. LACH,

Docteur en Médecine de la Faculté de Paris.

Divinum est opus sedare dolorem.
(HIPPOCRATES.)

.... Ni le pavot , ni la mandragore, ni tous
les assoupissants breuvages du monde, ne te
feront goûter un sommeil si doux...
(SHAKESPEARE.)

PARIS.

LABÉ, LIBRAIRE DE LA FACULTÉ DE MÉDECINE,

place de l'École-de-Médecine, 4.

1847

A M. JACKSON.

Monsieur,

Permettez-moi de vous offrir le fruit de mes recherches et de mes observations, comme un faible hommage à celui qui a rendu un si grand service à l'humanité.

F.-J. LACH.

1

A MON ONCLE S. LACH.

Témoignage d'affection et de reconnaissance.

INTRODUCTION.

On a beaucoup dit et écrit sur l'éther sulfurique, surtout depuis la découverte de Jackson ; mais la science ne possède pas encore une étude complète des propriétés physiologiques et des questions d'application de l'agent qui, depuis quelques mois, intéresse si vivement et à si juste titre non-seulement le monde médical, mais l'humanité entière. Loin de nous la prétention d'avoir accompli une tâche aussi importante, aussi difficile ; mais les nombreuses expériences que nous avons faites sur des amis et surtout sur nous-même, celles dont nous avons été témoin dans les hôpitaux de Paris, la lecture enfin de tous les documents relatifs à l'éther, nous ont permis d'apprécier l'action de cette substance, et de reconnaître plusieurs erreurs graves qui en font encore limiter l'emploi. Réunir les résultats des observations des autres et de nos propres observations, c'était fournir des matériaux pour la construction de l'édifice qui reste à élever : nous devions les apporter, nous les apportons ; voilà tout.

La pensée qui a présidé à la publication de notre travail étant ainsi exposée, nous allons dire de quoi il se compose.

Il n'était pas sans intérêt de voir comment Jackson a fait la découverte qui rend son nom immortel, découverte si simple en elle-même, si prodigieuse par ses résultats ; comment elle a été amenée, comment elle a été accueillie. Nous donnons donc d'abord un aperçu historique sur cette découverte et sur l'état actuel de la question ; nous étudions ensuite l'action physiologique de l'éther. Indiquons en quelques mots la marche que nous avons suivie dans cette deuxième partie de notre travail. Nous avons passé en revue, afin de pouvoir mieux en tirer des déductions pratiques, l'action locale de l'éther sur les tissus, puis son action générale, primitive ; celle-ci comprend l'action sur la sensibilité (animale, végétative) et l'action sur la contractilité (volontaire, mixte, involontaire). Nous parlons ensuite de l'influence de l'éther sur le sang, sur l'urine, sur la calorification, sur les produits de l'exhalation pulmonaire. Nous résumons alors les phénomènes éthériques, nous montrons leur succession, et nous examinons les questions qui s'y rapportent. Pénétrant plus avant dans l'action de l'éther, nous le voyons agir sur le système nerveux cérébro-spinal et sur le grand sympathique ; nous sommes conduit à exposer les théories qui ont été présentées sur l'action de l'éther et à établir la nature de cette action.

Dans les chapitres suivants, il s'agit de la manière dont les vapeurs d'éther pénètrent et se maintiennent dans le torrent circulatoire, de l'action physiologique des divers éthers, des différents gaz ; enfin, nous croyons devoir traiter alors des moyens de combattre les phénomènes éthériques et des résultats anatomo-pathologiques constatés chez des malades qui sont morts après avoir été éthérisés.

A l'appui de l'étude qui a été faite et de celle qui suit, nous rapportons, sous forme d'appendice, 27 observations choisies naturellement parmi les plus instructives qui étaient à notre connaissance; 11 d'entre elles sont les observations de sujets qui ont succombé à la suite de l'éthérisation et dont la mort a été imputée à celle-ci. Il importait de montrer la valeur de ces cas dont on a fait et dont on fait encore tant de bruit: nous les analysons, après avoir discuté quelques questions d'une certaine importance pratique et que nous n'avons pu traiter qu'en nous fondant sur des observations.

Nous arrivons à la troisième partie de notre travail : elle comprend cinq chapitres. Nous traitons successivement de l'application de l'éther aux opérations chirurgicales, aux accouchements, à la médecine, à la médecine légale; le cinquième chapitre est relatif aux méthodes d'administration de l'éther. Qu'il nous suffise de dire, pour cette troisième partie, que les nombreux faits que nous possédions, et que nous avons répandus à profusion afin de mieux faire partager notre conviction au lecteur, nous ont conduit à des résultats nouveaux dans l'examen de la plupart des questions importantes qui concernent l'application de l'éther.

Telle est la marche que nous avons suivie. Pressé par le temps, nous avons reproduit une grande partie de la thèse inaugurale que nous avons soutenue, il y a deux mois, sur le même sujet.

C'est maintenant pour nous un devoir, et nous le remplissons avec plaisir, d'exprimer nos vifs remercîments à MM. les professeurs Roux et Stolz; à M. Giraldès, agrégé de la Faculté de médecine de Paris; à M. Guersant, chirurgien de l'hôpital des Enfants; à M. le docteur Reclam, secrétaire de la Société des médecins allemands, à Paris; à MM. Blot, Guyton, Klippel, Tailhé, internes des hôpitaux. Je dois à M. Roux des brochures américaines, à M. Stolz son opinion sur l'emploi de l'éther dans les accouchements (elle m'a été transmise par mon ami M. Kauffmann), à M. Guersant les observations de son service, à MM. les internes des hôpitaux un grand nombre d'observations.

DE L'ÉTHER.

HISTORIQUE.

Nous passerons en revue dans cette partie de notre travail : 1° les moyens connus ou tentés qui produisent l'insensibilité ; 2° l'histoire de l'éther avant la découverte de Jackson ; 3° l'histoire de la découverte de Jackson ; 4° l'histoire de l'application des inhalations éthérées depuis la découverte du géologue américain.

CHAPITRE Ier.

§ 1er. *Moyens employés ou tentés pour produire l'insensibilité durant les opérations chirurgicales.*

Ils se divisent en moyens locaux et généraux.

Moyens locaux. Nous ne ferons que citer la compression avec le garrot ou avec un lien, l'application du froid : deux moyens qu'on emploie isolés ou réunis.

Comme intermédiaire entre les moyens précédents et les moyens généraux, peut se ranger la saignée faite, le malade étant debout, dans le but de produire la syncope.

Moyens généraux. On a aussi expérimenté, ou l'on connaissait seulement des moyens généraux, agissant sur tout l'organisme, et produisant plus ou moins d'insensibilité ; ce sont les narcotiques et les excitants : les opiacés, les alcooliques (liquides ou en vapeurs), le camphre, des gaz ou des vapeurs, le mesmérisme.

2

Enfin, le courant électro-galvanique amènerait aussi un état d'insensibilité, s'il faut en croire le docteur Ducros.

a. *Alcooliques.* Deneux reçut à l'hôpital d'Amiens une femme, prise des douleurs de l'accouchement, au milieu d'un état d'ébriété complète et qui dura quelque temps après sa délivrance. « Fort étonnée de voir son accouchement terminé, elle se félicita d'avoir trouvé un moyen aussi heureux, et se promit bien de s'en servir à la première occasion. »

Un homme ivre-mort, amputé à l'hôpital Beaujon par M. Blandin, n'eut pas conscience de l'opération : de même, on voit tous les jours des hommes pris de vin ne pas souffrir des blessures même profondes dont ils sont atteints.

Richerand conseilla pour des luxations difficiles à réduire, à cause de la résistance des muscles, d'enivrer le malade; mais ici il s'agit d'obtenir le relâchement musculaire. Si nous mentionnons le conseil de Richerand, c'est parce que l'ivresse éthérée sera recherchée dans le même but.

b. *Narcotiques et opiacés.* Les narcotiques, les opiacés, aussi infidèles et aussi dangereux que les alcooliques, sont depuis longtemps abandonnés à leur vieil usage : tout récemment, le docteur Esdaile les a expérimentés de nouveau à Calcutta, comparativement avec le mesmérisme, et les résultats des expériences ne leur ont pas été favorables.

Nous ne ferons que citer le camphre, qu'on a expérimenté comme les excitants précédents.

c. *Mesmérisme.* Il paraît que certains sujets, que la fièvre ni aucune cause puissante de préoccupation de l'esprit ne rendent réfractaires à l'influence du magnétiseur, peuvent subir une opération sans souffrir. M. le professeur J. Cloquet a pratiqué l'ablation d'un sein, après avoir plongé la femme dans un état d'insensibilité *magnétique.* Avant que la découverte américaine transportât le monde d'enthousiasme, le docteur Esdaile, à Calcutta, sous les yeux d'une commission nommée par le gouvernement des Indes, et dans un hôpital, obtint des succès assez nombreux pour être encouragé dans ses efforts (*Medical times,*

27 février, page 10, docteur Braid). En Allemagne , en Angleterre , on pratique le mesmérisme pour préserver des douleurs de courte durée, ou en place des opiacés.

Le docteur Hirtsch nous a dit (il y a deux mois) qu'à Munich, un grand nombre de personnes préféraient au sommeil éthéré le sommeil magnétique, pour se soustraire à la douleur de l'extraction des dents.

d. *Les moyens asphyxiants abolissent la sensibilité.* Portal , depuis la fin du dernier siècle, et d'autres auteurs , ont constaté l'insensibilité et le *sommeil agréable* de personnes qui avaient tenté de se suicider en s'asphyxiant avec l'acide carbonique.

Nous avons trouvé par hasard des cas d'individus dont la sensibilité a été abolie en moins d'une minute de suspension involontaire, et pendant laquelle la victime de l'accident a également rêvé.

Un cas remarquable est celui d'un bateleur, rapporté dans un journal anglais, qui échappa à trois suspensions accidentelles. A la troisième, la plus grave de toutes, il rêva qu'il se noyait, entendit le clapotement de l'eau passant sur sa tête ; tiré de sa position critique, il revint à lui comme s'il se réveillait d'un profond sommeil, ne se souvenant de rien et bien dispos. Il demanda à son public ce qui lui restait à jouer. « Plus rien que le rôle d'un véritable mort , » fut la réponse.

Nous avons à dessein indiqué les sensations éprouvées par des individus asphyxiés. Il est intéressant de les comparer à celles qu'éprouvent les personnes éthérisées.

Personne n'a jamais conseillé d'étrangler un homme pour le soustraire à la douleur d'une opération. Cependant des moyens ont été tentés depuis longtemps, qui sont plus ou moins asphyxiants, que l'on appréciât ou non cette propriété asphyxiante.

Telles sont les expériences faites avec le protoxyde d'azote, avec le gaz acide carbonique, et enfin avec les vapeurs éthérées elles-mêmes.

§ 2. *Essais avec divers gaz.*

Au même moment où le 18e siècle se couronnait de la révolution française, des révolutions moins orageuses, mais aussi nécessaires, se faisaient dans les sciences et dans les arts. C'est alors que nous voyons la chimie sortir de son enfance. Priestly, Davy, en Angleterre, Lavoisier, Fourcroy, en France, analysent l'air, les gaz et cherchent à en enrichir la thérapeutique. Beddoes fonde à Bristol le *Pneumatic institut;* mais Humphry Davy, si dévoué d'abord à la médecine pneumatique, contribue par ses censures et par ses dédains à en précipiter la ruine.

Cependant il écrit : « Comme le gaz oxyde nitreux peut détruire les douleurs physiques, par une extension de son usage, on s'en servirait probablement avec avantage dans les opérations chirurgicales, accompagnées seulement d'une médiocre effusion de sang. »

En 1818, on montre la similitude des effets de vapeurs éthérées et des effets produits par le gaz hilariant de Davy.

Un article publié dans le *Journal of science* (1818), et attribué au professeur Faraday, est extrêmement curieux (*Gaz. des hôpitaux,* samedi 22 mai, n° 60, t. 9, 1re série).

En 1824, le docteur Hickmann publie une brochure sur divers moyens d'abolir la conscience : « L'insensibilité était obtenue par l'exclusion de l'air, par l'emploi de l'acide carbonique, et par une autre méthode, la réaction de l'acide sulfurique sur du carbonate de chaux. Pour le dernier moyen, le docteur Hickmann note que le résultat est moins satisfaisant, du sang s'échappant des plaies, qui guérissent moins rapidement que par l'autre moyen. » (*The Lancet*, 27 mars 1847.)

Quatre ans plus tard, M. Gérardin fait un rapport à l'Académie de médecine, sur la découverte du médecin anglais, mise sous le patronage du roi Charles X. Larrey appelle en vain l'attention sur cette communication.

En 1843, M. Robert Collyer publie à Boston un ouvrage où, page 26, il déclare qu'un état de congestion, ou un état tel qu'on perd la conscience, peut être produit par l'inhalation de vapeurs narcotiques ou stimulantes. Il avait expérimenté sur environ vingt personnes, mais les résultats définitifs furent peu favorables à ces inhalations.

En 1844, Horace Wells, dentiste de Hartford, partant de ce fait qu'un homme vivement excité ne sent pas la douleur d'un coup dont il est frappé, et de cet autre fait que le gaz hilariant amène cette excitation, extrait des dents à Hartford, le patient étant dans un état complet d'insensibilité. Le docteur Marcy lui conseille de substituer au protoxyde d'azote les inhalations éthérées; Wells les expérimente et les trouve trop dangereuses. Il part pour Boston, fait une expérience sous les yeux d'un comité médical, et échoue; regardé comme un imposteur, et malade, il quitte, sans gloire, et Boston et sa profession.

Jackson n'est donc pas le premier qui ait cherché et qui ait trouvé un moyen de procurer au patient le bénéfice de l'insensibilité.

Il n'est pas le premier qui ait introduit l'éther dans l'économie par la méthode des inhalations.

CHAPITRE II.

HISTOIRE DE L'ÉTHER.

L'éther sulfurique, préparé par Valerius Cordus (1544), retiré de l'oubli où il était tombé bientôt par Frobenius (*æther Frobenii*, 1720), chimiste parfaitement inconnu, du reste, et répandu, en Angleterre, par Godefroy Haenkwitz, en France, par Grosse (1734), l'éther sulfurique, depuis qu'il est connu, s'administre localement à l'intérieur, comme liquide ou en vapeurs, dans une foule de maladies, comme nous allons le voir dans l'histoire de l'éther. Il est devenu d'un usage vulgaire, imprégnant un morceau de sucre, ou respiré directement du flacon; embaumant la voie publique comme les boudoirs, les vapeurs éthérées ont arraché à la mort plus d'un pauvre en proie aux convulsions les plus effrayantes, ont calmé plus d'une fois la migraine et les douleurs d'affections terribles qui n'épargnent point le riche. Nous avons vu des observations de cancer du sein dont les douleurs étaient combattues avec succès par des inhalations de vapeurs d'éther sulfurique. M. Cruveilhier a connu une dame, la duchesse de R., qui consommait dans le même but une quantité énorme d'éther. Le chimiste Bucquet (éloge du savant, par Vicq d'Azyr), affecté d'un cancer du colon, en prenait jusqu'à une pinte par jour.

Des médecins même ne sortaient pas sans la fiole d'éther pour calmer des névralgies auxquelles ils étaient sujets. Quelle source de fortune et de gloire ils portaient avec eux!

Enfin, des entomologistes éthérisaient les insectes dans leurs excursions scientifiques, afin de les rapporter avec toute la richesse de leurs couleurs. Les insectes, au retour, revenaient de leur mort apparente, et étalaient, aux yeux du savant satisfait, l'éclat de leurs élytres et la merveilleuse finesse de leurs antennes.

Ces faits, qui devaient donner l'éveil, étaient perdus pour l'observation à cause du véritable chaos des idées répandues sur l'action physiologique de l'éther; mais, d'un autre côté, l'on avait toujours présent à la mémoire plus d'un accident grave que la science consignait avec soin.

« Un gentleman, par une imprudente inhalation de vapeur d'éther, fut plongé dans une véritable léthargie, qui persista, sauf des interruptions passagères, plus de trente heures, avec une grande prostration; pendant plusieurs jours, le pouls était si petit, que l'on eut des craintes sérieuses pour sa vie » (*Brande's journal*).

Christison (*On poisons*) rapporte le cas d'un jeune homme dont l'état apoplectique persista plusieurs heures.

Le docteur Mittchell établit que, dans plusieurs cas, les inhalations d'éther ont déterminé des accidents funestes (Beck's, *Medic. jurisprud.*, **2**, 668). Nous pourrions citer encore d'autres exemples d'accidents graves; mais nous rappellerons encore seulement les faits d'empoisonnement des animaux avec de l'éther liquide, par Brodie, par M. Orfila, etc.

Il fallait ces accidents et une observation incomplète des effets physiologiques de l'éther, pour qu'on ne découvrît pas depuis long-temps l'action véritable de l'éther. Que nous apprend, en effet, l'his-toire de la méthode des inhalations éthérées ?

Richard Pearson, de Birmingham, le premier, eut l'idée d'employer les inhalations de vapeurs d'éther sulfurique. Ces inhalations, préco-nisées par Pearson à l'époque où surgit la médecine pneumatique, et substituées à celles du gaz hydrogène, étaient pratiquées avec un ap-pareil assez semblable à ceux que nous employons aujourd'hui ; mais le médecin anglais se servait de préférence d'*une simple théière*, qui remplit, en effet, le même but.

En 1818, on constate l'identité d'action des vapeurs d'éther sulfu-rique et du gaz hilariant, si bien étudié par Davy (article dans le *Jour-nal of science*).

Nous avons vu que le gaz hilariant (protoxyde d'azote) avait été re-connu, par Davy et par Horace Wells, pour avoir la propriété de rendre insensible. On n'y fait pas attention. « Gardez-vous bien, s'é-crient les chimistes, de respirer le protoxyde d'azote, c'est un gaz toxique ! »

Dès lors, et avec les vapeurs d'éther, les professeurs de chimie et de pharmacie (en Angleterre du moins) procuraient à leurs élèves, pour leur amusement, cette ivresse si plaisante commune à elles et au gaz protoxyde d'azote inspirés en faible quantité. Mais les vapeurs éthérées sont toxiques, et bientôt on renonce, dans les colléges, à les faire res-pirer aux élèves ; c'est pour cela que nous, particulièrement, nous ne sommes pas redevable d'un bon souvenir à ce joujou de la science, comme les appelle un docteur anglais.

A une époque plus rapprochée de nous, MM. Mérat et Delens (*Dict. des sciences méd.*) décrivent un appareil et la méthode d'inhalation de l'éther.

Partout on recommande l'introduction de substances médicamen-

teuses par les voies respiratoires, au moyen de l'éther; et, tout récemment encore, M. Martin-Solon présente un mémoire pour ressusciter la médecine pneumatique, dont l'éther est mis en avant comme
la plus ferme colonne.

Rappelons enfin que le docteur Marcy a conseillé à Wells de remplacer par l'éther en vapeurs le protoxyde d'azote.

Autant de faits, autant de points lumineux. Le grand jour, un jour
éclatant, allait se faire...

Si toutes choses, les plus grandes et les plus petites, ne devaient
pas, comme l'ovule de la plante et de l'animal, subir les lois d'une évolution progressive, on s'étonnerait que les deux séries de faits que
nous avons passés en revue n'aient pas frappé davantage les yeux
des médecins, n'aient pas provoqué, pour les contrôler, d'autres recherches.

Mais comme nous l'avons dit, la découverte de l'éther ne fait pas
exception à cette loi universelle qui veut que tout parte d'un état em-
bryonnaire pour se développer et se perfectionner, et elle n'a pas fait
exception, parce que la nature de l'esprit humain, à l'activité duquel
cette découverte est due, est caractérisée par la même loi, par le progrès. Il y a cinquante ans, on observait; mais aujourd'hui on observe,
on déduit mieux, on découvre davantage, par l'influence en quelque
sorte fatale de la loi que j'ai signalée.

Cette loi explique aussi comment un esprit puissant, le génie, qui
n'est que le résumé vivant, anticipé, pour ainsi dire, de l'esprit et du
travail de plusieurs générations, n'est pas toujours compris ou est incomplétement compris de ses contemporains. Les faits qu'il a observés
paraissent détruits par d'autres qu'on croit contradictoires; mais, en
réalité, ils ne sont qu'une partie de la vérité, plus devinée souvent que
démontrée par le génie, et exprimée quelquefois d'une manière encore
obscure.

Autre conséquence. Si aucun génie n'intervient, si plusieurs esprits
laborieux s'usent, dans des voies différentes en apparence, à la re-

cherche de la vérité, ne croyez pas que l'un ou l'autre se soit complétement égaré.

Les faits qu'ils apportent sont comme des anneaux de métal différent, que le feu réunit un jour en une chaîne solide.

Ces considérations trouvent une nouvelle démonstration dans l'histoire de l'éther, à laquelle nous nous hâtons de revenir.

CHAPITRE III.

HISTOIRE DE LA DÉCOUVERTE DE JACKSON.

Nous avons dit que la lumière allait se faire. Elle se fit dans l'industrieuse patrie de Franklin. Les chimistes surtout avaient poussé des cris d'alarme contre l'usage des inhalations éthérées. Un chimiste démontre l'exagération de leurs craintes, et donne à l'humanité souffrante l'éther avec sa merveilleuse propriété, avec toutes ses propriétés.

Reçu docteur en médecine à l'université de Harward, en 1829, Charles-T. Jackson est bientôt attiré par les foyers des sciences, arrive à Paris et à Vienne; mais il s'adonne aux branches auxiliaires de la médecine et particulièrement à la chimie. De retour à Boston, il renonce, au bout de quelques années, à sa profession pour se vouer à des recherches de chimie analytique et de géologie. Il fait ainsi avec zèle l'étude géologique de plusieurs États de la république américaine du Nord, se livrant aux analyses chimiques et tenant des cours à Boston et en d'autres villes. Tout récemment, il est nommé inspecteur des mines du Michigan.

Les expérimentations de Davy inspirèrent au chimiste-géologue de l'intérêt pour l'inhalation des gaz. « Je savais, dit-il, par les expériences d'autrui et par les miennes, quelle espèce d'ivresse produisait l'inhalation des vapeurs d'éther sulfurique. Je ne savais pas cependant alors que cet agent pouvait donner lieu à une insensibilité de durée courte et non dangereuse. J'arrosai un mouchoir d'éther, l'appliquai sur les narines et sur la bouche, m'étendis dans un fauteuil, et inspirai les vapeurs, en notant leurs effets sur l'économie. La première impression fut une impression de fraîcheur, puis une sensation de chaleur, d'exhilaration avec un sentiment particulier d'excitation dans la poitrine; survint après la *perte de connaissance*. Je me réveillai au bout de peu de temps; bientôt après je ne ressentais plus aucun effet de l'éther. » Voilà pour l'expérimentation pure et simple des vapeurs éthérées, qui lui acquit sur elles une opinion différente de celle des physiologistes. Il respira fréquemment les vapeurs d'éther sulfurique, pour calmer l'irritation occasionnée par l'inhalation de gaz irritants.

Dans l'hiver de 1841-42, souffrant vivement d'une inhalation de chlore, il inspira alternativement de l'éther et de l'ammoniaque, espérant ainsi neutraliser le chlore par l'hydrogène de l'éther, et l'acide ainsi formé par l'ammoniaque. Il obtint un soulagement marqué. Quelques heures plus tard, nouvelle inhalation plus longue que la première : effets semblables à ceux qui sont décrits plus hauts, sauf de la toux au commencement. « J'étais donc porté à croire que la paralysie des nerfs de sensation serait assez profonde, si toutefois elle durait, pour qu'un patient, placé sous l'influence de l'éther, pût subir une opération chirurgicale, sans éprouver de douleur; car la perte de conscience était remarquable, ressemblant surtout à celle qu'on observe chez les épileptiques, plus qu'à toute autre espèce d'insensibilité. J'entendis parler plus tard d'autres cas d'insensibilité produite accidentellement, et j'eus la conviction que l'usage de l'éther ne serait pas compromettant pour la vie, une opinion que je m'étais formée depuis mes premières expériences. » (Martin Gay.)

Jackson constata aussi sur un de ses élèves, qui avait également respiré du chlore, les mêmes effets, et particulièrement l'insensibilité momentanée, produits par l'inhalation de vapeurs d'éther sulfurique. Il fit part de ses observations et de la conclusion qu'on pouvait en tirer pour la chirurgie à un dentiste en renom, à M. Bémis, et en février 1846, il engagea vivement un autre élève, qui voulait se faire mesmériser pour l'extraction d'une dent, à respirer les vapeurs d'éther, le rassurant contre les dangers attribués à ces inhalations par les physiologistes.

En septembre 1846, Morton, dentiste, reçoit les conseils et les instructions les plus précises de Jackson, pour faire inhaler à un patient les vapeurs éthérées. Le patient respira les vapeurs, et l'extraction de sa dent eut lieu sans douleur. Les détails de cette visite de Morton à Jackson nous donnent la conviction que le premier, qui venait emprunter au chimiste une poche en gomme élastique, songeait à des inhalations de protoxyde d'azote. Comme Morton n'est qu'un élève d'Horace Wells, et a été établi, il y a cinq ans, à Boston, par H. Wells lui-même, il ne faisait, nous n'en doutons pas, que reprendre la pratique de son maître qui avait eu plus d'un succès à Hartford et qui échoua si malheureusement à Boston. C'est ce qui nous paraît résulter clairement des réclamations de priorité de Jackson, de Morton, de Wells. Justice soit rendue à chacun! Wells a eu le mérite de ressusciter le gaz de Davy; Morton aurait eu celui de ressusciter le gaz de Wells, s'il n'était pas allé chez Jackson. En allant chez Jackson, il a la gloire d'avoir cru à la parole du chimiste, et d'avoir emporté de son laboratoire la panacée préventive de la douleur. Ajoutons cependant que cette gloire, qui ne lui a pas coûté cher, a été ternie par la patente au moyen de laquelle le dentiste voulait escompter le soulagement des souffrances humaines.

(Une décision récente du jury du comté de Connecticut, dans lequel se trouve Hartford, la ville natale de H. Wells, déclare que H. Wells mérite tous les honneurs de la nouvelle découverte.)

CHAPITRE IV.

APPLICATION DES INHALATIONS ÉTHÉRÉES AUX OPÉRATIONS CHIRURGI-
CALES ET AUX ACCOUCHEMENTS.

§ 1. *Amérique.* — Nous avons vu les germes de la découverte de
Jackson, et nous les avons vus éclore.

Parcourons maintenant le chemin qu'elle a faite en quelques mois.

Morton renouvela sur d'autres patients le succès qu'il obtint chez
le premier, et enfin, cédant aux instances de Jackson, il communiqua
la *découverte commune* aux chirurgiens de l'hôpital de Massachusetts,
qui l'accueillirent avec un empressement et un esprit philosophique
dignes d'éloges. Le docteur J.-C. Warren pratiqua la première opération sous l'influence de l'éther, le vendredi 16 octobre 1846; c'était
l'ablation d'une tumeur du cou. Les docteurs Hayward, Townsend,
Parkman, H.-J. Bigelow, Pierson de Salem, J. Mason Warren, répé-
tèrent les éthérisations et les succès soit à l'hôpital, soit dans leur pratique particulière. Mais dans l'ivresse éthérée, la sensibilité animale n'est
pas seule abolie, la contractilité des muscles volontaires est aussi frappée. L'occasion se présenta bientôt au docteur Parkman de profiter de
cette autre propriété de l'éther : il réduisit deux luxations de l'humérus,
sans avoir recours à la puissance des appareils ordinaires. Le 9 no-
vembre, M. Bigelow lut, devant la Société de médecine de Boston, un
mémoire étendu, contenant la description de l'appareil employé par
Jackson et Morton, inséré dans le *Boston medical surg. journal.*

§ 2. *Angleterre.* — Le 17 décembre 1846, la nouvelle de la découverte
arrive à Londres par une lettre de Morton, écrite à M. Boot, dentiste,
qui s'empresse, avec un confrère, M. Robinson, d'appliquer les inhalations éthérées à l'extraction des dents. John Warren et J. Mason Warren,
chirurgiens de l'hôpital de Massachusetts à Boston, informent égale-

ment de leurs succès M. Forbes, rédacteur du journal *Brit. and for. med. review*. M. Bigelow écrit, d'un autre côté, au *Med. and surg. journal*. L'Angleterre ne compte bientôt plus les faits d'insensibilité obtenue par ses chirurgiens : MM. Liston, Guthrie, Lawrence, Key, Morgan, Arnott, Fergusson, Adams, Cutler, Tatum, Th. Wright, G. Cooper, de Londres; Brookes, de Cheltenham; Landsdown, et Fairbrother, de Bristol; Macdonnel, de Dublin; Miller, d'Édimbourg. Simpson a recours à l'éthérisation non-seulement dans les cas d'opérations obstétricales, mais encore dans un grand nombre d'accouchements naturels.

§ 3. *France.* — A Paris, où les journaux anglais transmettent le récit des curieux effets des inhalations éthérées, dans les derniers jours de décembre 1846, M. Malgaigne communique à l'Académie de médecine, le 12 janvier suivant, le résultat de ses premières expériences. Dans l'Académie des sciences, le 18 janvier, M. Élie de Beaumont lit les pièces que lui avait envoyées Jackson pour sauvegarder ses droits comme inventeur du moyen préventif de la douleur, et qui avaient été déposées dans un paquet cacheté le 28 décembre dernier, sur le bureau de l'Académie. Bientôt MM. Roux et Velpeau entretiennent l'Académie des sciences de leurs succès de tous les jours. MM. Blandin, Gerdy, Laugier, Jobert, Guersant, Giraldès, etc., entrent hardiment dans la voie à peine tracée, car la pratique des chirurgiens américains n'était encore guère connue. M. Gerdy a commencé et répété les expériences sur lui-même. MM. Baudens, Chassaignac, Denonvilliers, Maisonneuve, Monod, Nélaton, Robert, Ricord et Vidal (de Cassis), éthérisent leurs malades avec des résultats également favorables.

M. Velpeau croit prévoir l'utilité de l'éther dans les cas de contractions pathologiques, ou tétaniques de l'utérus, chez les femmes en couches.

M. Sédillot, à Strasbourg, M. Bonnet, à Lyon, M. Serre, à Marseille, M. J. Roux, à Toulon, etc., ne restent pas longtemps en arrière des chirurgiens de Paris. M. Dubois et M. Stoltz expérimentent l'éther dans les accouchements en France, presque en même temps que M. Simpson à Édimbourg.

M. le professeur Roux, voyant le dégoût de certains malades pour l'odeur de l'éther, émet la première idée sur l'éthérisation rectale.

§ 4. *Allemagne.* — Les premières nouvelles de la découverte de Jackson furent données à l'Allemagne, presque en même temps, par divers journaux.

Le 27 janvier, le professeur Schuh exécute la première opération à l'hôpital général de Vienne, guidé par des expériences faites sur des animaux, et par les résultats constatés sur les élèves de l'*Opérateur institut,* les docteurs de Markusowszky et Krakowitzer.

Le 20, le professeur Edlen V. Wattmann enlève une partie du maxillaire inférieur, chez un malade qui respire les vapeurs éthérées à six reprises, en tout pendant treize minutes et demie. Les temps de l'opération demandent 23′ 20″.

D'autres chirurgiens de Vienne, Mikschik, Lorinser, Dumreicher et C. Haller, suivent l'exemple de Schuh. Heyfelder, à Erlangen, Rothmund, à Munich, Bruns, à Tubingue, Behrend et Jüngken, à Berlin, Opitz et Pitha, à Prague, expérimentent l'éther presque en même temps que Schuh et Wattmann; Chelius, à Heidelberg, et surtout Dieffenbach, à Berlin, attendent les faits et n'éthérisent qu'avec la plus grande réserve. Toutefois, nous comptons déjà plusieurs rhinoplasties faites par Dieffenbach, entre autres, une qui dura vingt minutes, et pendant laquelle on fit faire au malade des inhalations intermittentes. (Bergson, p. 91.)

L'innocuité de l'ivresse éthérée franchit le seuil des établissements scientifiques; mais comme cette innocuité a des limites, on voit survenir des accidents qui avertissent l'humanité d'accepter la nouvelle découverte comme un bienfait et non comme une source d'abus. Des personnes ayant respiré les vapeurs éthérées pour des extractions de dents, ou pour satisfaire une curiosité plus ou moins scientifique, sont prises de délire furieux, et l'autorité, dans divers pays (Ba-

vière, Cobourg, Hanovre, Pologne), juge prudent de défendre
l'usage des inhalations éthérées en dehors de la surveillance d'un médecin, et aux dentistes eux-mêmes.

§ 5. *Suisse.* — La même cause peut avoir commandé des mesures
pareilles dans certains cantons de la Suisse; mais Mayor, de Lausanne, a bien appris au monde médical qu'en Suisse, on sait apprécier les inhalations éthérées; on y combattra, là aussi bien qu'ailleurs,
la douleur, cet ennemi de l'humanité.

§ 6. *Russie.* — Ce que nous savons de l'application de l'éther en
Russie a un cachet particulier. M. Pirogow s'efforce de démontrer
les avantages de l'éthérisation rectale sur l'éthérisation pulmonaire, et
il a été envoyé aux Cosaques, que Shamyl peut maltraiter dans le
Caucase, pour les enivrer par le rectum. Nous avons dit que M. Roux
a le premier exprimé l'idée d'éthériser par le rectum (voyez *Comptes
rendus des séances de l'Institut*).

Pour ce qui concerne, de l'autre côté du Rhin, l'éther employé
dans l'obstétrique, Siebold, de Gœttingue, n'a pas tardé de marcher
sur les traces de Simpson, Dubois, Stoltz. D'autres maîtres, renommés
dans l'art des accouchements, MM. Naegele, Robert Lee, Moreau, etc.,
laissent attendre à la science leur opinion sur l'éther appliqué aux
femmes en couches.

§ 7. *Italie.* — L'Italie, dont la vie intellectuelle n'est pas éteinte,
il s'en faut bien, a appliqué les inhalations éthérées dès le commencement de février; mais les médecins italiens ont de plus cherché à se
rendre compte du mode d'action de l'éther. La doctrine contro-stimu-
lante l'a ralliée à elle, et, à notre avis, c'est avec raison. Ce n'est pas
tout : l'administration des vapeurs d'éther a reçu des services particuliers de M. Porta, le successeur de Scarpa, et de M. Buffini, de Milan. Nous mentionnons *d'autant plus volontiers* leurs recherches, que
nos observations nous ont conduit aux mêmes résultats.

Luxations. — Dans toute l'Europe, on a mis à profit l'ivresse éthérée, comme l'avait fait le docteur Parkman en Amérique, pour la réduction des luxations.

CHAPITRE V.

COUP D'ŒIL GÉNÉRAL SUR LA QUESTION.

§ 1. Jetant maintenant un coup d'œil général sur la question des inhalations éthérées, nous voyons que, si le nouveau monde, et les Etats-Unis en particulier, ont de nouveau devancé l'ancien, comme dans la découverte du paratonnerre, des chemins de fer, du télégraphe électrique, l'Europe n'a pas moins hautement mérité de l'humanité, en sachant reconnaître et étendre infiniment la découverte de Jackson. Il est vrai que, plus que jamais, elle y trouvait son intérêt. Partout la découverte de Jackson fut reçue avec enthousiasme, mais cet enthousiasme ne fut pas unanime ; car point d'action sans réaction, point de développement sans obstacle (1). La découverte de Jackson, qui avait eu à triompher déjà en Amérique d'une rivalité de dentistes, trouva des ennemis plus sérieux en Europe.

---

(1) Point d'action sans réaction, c'est-à-dire point d'effet sans lutte de deux forces contraires, cause favorable, obstacle. L'obstacle est aussi indispensable à la production d'un effet que la cause favorable. Dans le monde moral, ces forces sont les principes du bien et du mal. L'une et l'autre nécessaires, les deux forces contraires font le développement des choses, et il n'est pas étonnant que l'une et l'autre, la cause qui le favorise comme l'obstacle qui l'entrave, attirent également l'attention ; souvent même, le dernier attire toute l'attention, tant l'homme oublie ce qui ne le gêne pas.

La loi d'évolution est donc, sous une autre face, la loi des obstacles.

L'opposition de M. Magendie à l'application des vapeurs d'éther a fait, entre toutes, le plus de bruit. Le célèbre physiologiste s'est laissé entraîner trop loin par quelques faits isolés. D'autres sont venus jusqu'à prétendre que la douleur était nécessaire au succès des opérations, ainsi qu'à la femme qui devient mère.

Ne rions pas en disant que ces opposants prennent trop à la lettre certains mots de la Bible... Les convictions sont sacrées, et ensuite ces convictions, ennemies en apparence de la découverte de Jackson, encore en germe, lui ont sans doute apporté une part de sa vitalité, en rappelant aux esprits les lois de la prudence dont la transgression aurait pu l'étouffer.

Après M. Magendie, les inhalations éthérées n'ont plus rencontré que des adversaires qui en limitent plus ou moins l'usage. Des chirurgiens ont encore maintenant horreur des inhalations prolongées, et le malade sous leur couteau est quelquefois certain d'expier cruellement, à la deuxième moitié d'une opération un peu longue, le doux sommeil qu'il a goûté pendant la première moitié.

D'autres chirurgiens ne veulent pas en entendre parler pour les opérations à pratiquer à la face ; il est aisé d'en comprendre les motifs.

Il est une troisième classe de chirurgiens qui appliquent l'éther dans toutes les opérations en général.

§ 2. *Quel est l'état de la question quant aux accouchements?* — Simpson est disposé à éthériser, au moins à la dernière période des accouchements naturels.

M. P. Dubois se loue du succès de ses expériences dans des accouchements naturels, et conclut qu'il ne faut éthériser que dans des cas exceptionnels, dans des cas d'opérations obstétricales.

Siebold, de Gœttingue, voit non-seulement la sensibilité, mais aussi les contractions utérines disparaître, même alors qu'elles se montraient peu de temps auparavant des plus intenses. Il voit, dans deux

4

cas d'application de forceps et dans un cas d'extraction de l'enfant par les pieds, la sensibilité de la malade abolie. Dans tous les cas, il voit les contractions utérines réveillées durant le narcotisme, soit par des frictions sur le ventre, soit par l'action des mains ou des instruments.

L'éthérisation suspendant les contractions, Siebold est amené à conclure qu'il ne faut pas y avoir recours dans les accouchements naturels; d'un autre côté, elle ne relâche pas l'utérus de manière qu'il ne puisse pas seconder l'œuvre de l'opérateur : de là cet avantage d'opérer sans douleur, et la conclusion que l'éther est utile dans les opérations. M. le professeur Stoltz, de Strasbourg, a vu une contradiction entre les deux conclusions de Siebold. Malgré l'opinion contraire d'un grand maître, nous croyons que le professeur de Gœttingue est logique; c'est ce que nous prouverons mieux encore plus tard.

M. Stoltz pense que ce qu'il y a de mieux démontré, comme effet des inhalations éthérées, c'est l'absence de douleur; mais il ne paraît pas que cet avantage compense, pour lui, les inconvénients que l'éther pourrait avoir, employé dans les accouchements naturels. Celui que le professeur de Strasbourg accorde surtout à l'éther, c'est que cet agent permet à l'opérateur de surmonter la première répugnance de la femme à se faire opérer, et de pouvoir commencer l'opération quand il le juge convenable. Il faut l'avouer, n'y aurait-il qu'une pareille indication de l'emploi de l'éther, présentée par un observateur tel que Stoltz, elle a une haute importance, et elle commande qu'on ne traite pas légèrement un moyen, qui peut sauver la vie de plus d'une mère de famille, de plus d'un enfant.

En résumé, les maîtres dans l'art des accouchements, aussi bien que les chirurgiens, ne sont pas encore d'accord. Les plus prudents attendent les faits.

Nous compléterons ici la pensée que nous avons exprimée à l'endroit des chirurgiens. Comment des hommes sages, des maîtres sur lesquels le monde a les yeux fixés, pouvaient-ils se livrer à des expériences de longue durée, quand on vient faire retentir les journaux de cas de malades tués par l'éther? Mais d'abord il aurait fallu réduire à leur valeur des aveux devenus célèbres, et il n'y avait, pour la reconnaître, qu'à examiner les faits tels qu'ils ont été rapportés. Croyez que certains chirurgiens se soient laissés guider par des faits non comparables ou par des idées préconçues; qu'ils n'aient enrichi la science que des prémices d'une heureuse témérité; mais pourquoi ne pas applaudir, sinon à leur hardiesse, du moins à leur bonne fortune? Car, si la vie de quelques hommes peut être exposée pour le salut de la foule, on n'est en droit de commencer que par soi. Aujourd'hui, les faits acquis à la science sont assez nombreux, pour réduire les précautions de la prudence à une certaine limite.

§ 3. *Maladies internes*. — Les deux propriétés que possède l'éther inhalé en certaine quantité (faire cesser la douleur et relâcher les muscles), déjà utilisées par la science pour des convulsions et des douleurs plus ou moins générales, la thérapeutique des maladies du système nerveux les a soumises à une épreuve nouvelle. Jusqu'à ce jour, elle a eu plus à s'en louer qu'à s'en plaindre; on se promet déjà d'y avoir recours dans des cas d'hydrophobie.

M. Pertusio, de Turin, a obtenu un beau succès de guérison d'un tétanos; des névralgies proprement dites ont été guéries ou amendées; des accès hystériques ont été provoqués (nous verrons pourquoi), mais d'autres ont perdu de leur violence (Piorry); des attaques épileptiques ont été prévenues. M. Moreau, médecin des aliénés de Bicêtre, bon observateur, a expérimenté sur dix épileptiques, sans préjudice pour neuf; l'état du dixième s'est tellement amélioré, qu'il exprime cette amélioration en disant qu'il est transporté de l'enfer dans le paradis; un autre n'a plus eu le délire qui succédait à ses attaques, depuis qu'il a été éthérisé.

Nous ne doutons pas de l'influence de l'éther sur les fièvres intermittentes observée par Desbois, de Rochefort. Durande, comme on sait, administrait l'éther et la térébenthine dans les affections calcu-leuses du foie ; mais il préconisait surtout la térébenthine. M. Guer-sant est disposé à mettre sur le compte de la térébenthine l'effet favorable obtenu du traitement de Durande ; aujourd'hui on n'hési-tera pas à dire : c'est à l'éther qu'il faut attribuer les succès de Durande. Il croyait dissoudre les calculs biliaires (lui-même a convenu de l'im-puissance de son traitement dans certains cas) ; pas du tout, il a calmé, avec l'éther, la colique hépatique. Nous dirons, nous, que c'est l'éther et probablement la térébenthine aussi. (Voir notre théorie sur l'ac-tion intime de l'éther.)

Nous entrevoyons un champ immense ouvert à la thérapeutique par la découverte de Jackson, et par les recherches dont elle aura été le point de départ.

La chirurgie et la médecine possèdent donc déjà des milliers de faits, annonçant l'immensité du bienfait des inhalations éthérées. Nous comptons plus d'un cas favorable aux éthérisations *à effet continu,* de longue durée ; d'autres s'y ajouteront.

Des recherches multipliées sur l'action physiologique de l'éther donneront, ou ont peut-être déjà donné, l'explication de ces effets merveilleux, et permettront d'en généraliser à souhait l'application.

Avant de les indiquer, un mot sur l'emploi des vapeurs d'éther par l'art vétérinaire.

§ 4. *Art vétérinaire.* — Nous ne voyons pas pourquoi l'on n'étendrait pas aux animaux que le vétérinaire doit opérer, le bienfait de l'insensi-bilité. Mais heureusement pour eux, on a d'autres raisons suffisantes pour le faire : sécurité de l'opérateur, facilité de l'opération, intérêt de la conservation de l'animal.

La chirurgie appliquée aux animaux compte déjà de beaux succès obtenus avec l'éthérisation, non pas en France, où l'économie agricole est, en général, si arriérée, mais en Allemagne, à Vienne. M. Seifert a opéré divers animaux ; il résulte des faits curieux qu'il a publiés, que l'ivresse éthérée est produite, avec les effets observés sur l'homme, rapidement chez les animaux domestiques; que dans l'ordre de promptitude, viennent d'abord le bœuf, puis les chevaux et les chiens, en dernier lieu le bouc.

« Pour les herniotomies, les luxations et les opérations sous-cutanées, la haute utilité de la découverte américaine est un fait acquis... Vive Jackson ! » (Seifert, *Wiener-Zeitsch.*, 16 feb.)

§ 5. *Recherches physiologiques.*— L'agente xtraordinaire qui enlevait la sensibilité à l'homme, malade ou non, avec la rapidité et l'innocuité d'un souffle, n'a pas dû laisser les physiologistes oisifs ; le désir de connaître la cause de cette action eût été un mobile suffisant de recherches pour l'amant de la science, pour l'avide scrutateur des phénomènes de la nature ; mais la propriété anesthésiante de l'éther, si innocente en apparence, choque tellement les idées physiologiques reçues, qu'on s'est aussitôt demandé jusqu'à quel point cette propriété reste innocente, à quoi elle est due : aussi les mémoires, les résultats des expériences affluent de toutes parts à l'Institut, à l'Académie de médecine à Paris. MM. Flourens, Serres, Longet, Amussat, etc., apportent le fruit de leurs observations sur les animaux. Les uns démontrent l'action de l'éther sur le système nerveux; les autres montrent ou ne montrent pas une altération de la couleur du sang. Des médecins, M. Gerdy, M. Moreau, médecin à Bicêtre, etc., décrivent les phénomènes produits par l'éthérisation de l'homme. D'autres médecins de France, des médecins italiens, anglais, etc., contrôlent les travaux des physiologistes de Paris.

Il résulte de ces travaux : 1° que l'éther enivre, et agit comme les alcooliques ; 2° qu'il narcotise comme les opiacés; 3° que l'éthérisme n'est qu'un sommeil ordinaire, mais plus profond ; 4° que l'éthérisme est une asphyxie, ou est produit par une altération chimique du sang, des nerfs ; l'altération se concentrerait surtout sur les systèmes nerveux cérébral et spinal ; 5° qu'il est le résultat d'un changement physique du sang par une action mécanique des vapeurs éthérées.

Assurément les questions de physiologie humaine peuvent être singulièrement éclaircies par des expérimentations sur les animaux. Nous ne le contesterons pas, nous qui avions songé d'abord à annexer à cette thèse un travail par lequel nous établissions que les mêmes lois fondamentales, en définitive physiques, plus une force intérieure, fondamentalement la même, régissent, et ont toujours régi le monde entier.

Mais enfin, les animaux ne disent jamais, par leurs cris et leurs mouvements, toute l'action d'un agent auquel ils sont soumis.

Les physiologistes physiciens et chimistes n'ont pas fait défaut à l'étude de la question des inhalations éthérées. MM. Maissiat et Doyère ont présenté des mémoires à l'Académie des sciences pour rappeler aux empiriques les lois qui régissent les gaz et les vapeurs, et ont construit des appareils en rapport avec la connaissance de ces lois.

Les analyses du sang, de l'urine, provenant d'individus éthérisés, par M. de Gorup, d'Erlangen, et par le docteur Chambert, n'ont donné aucun résultat, ce que l'on pouvait prévoir. Les recherches de M. Lassaigne contredisent les precédentes et se contredisent elles-mêmes.

Pendant quelque temps, des chimistes et des physiciens ont beaucoup insisté sur les conditions dans lesquelles les vapeurs d'éther doivent être inspirées pour ne pas amener d'asphyxie.

Quelle peine inutile! On peut défier de produire l'asphyxie, en supposant que, dans des inhalations faites dans le but d'éthériser, vous eussiez la volonté de la produire. L'air inspiré est-il seulement saturé de vapeur d'éther : le malade sera éthérisé ordinairement sans le moindre phénomène asphyxique. Est-il sursaturé, contient-il des vapeurs d'éther à l'état vésiculaire, qui le *raréfient :* le malade serait éthérisé plus rapidement encore que précédemment, s'il pouvait inspirer nn pareil mélange, et sans aucun phénomène asphyxique. Mais une telle atmosphère provoque des accidents d'irritation, et le médecin, qui n'est pas médecin pour rien, doit bien voir ce qu'il faut faire pour les arrêter et pour les prévenir. Il n'y qu'à administrer des vapeurs moins irritantes, ce qui est très-facile avec un appareil à robinet, ou avec une vessie.

Jusqu'ici le nombre des médecins qui ont étudié l'action physiologique de l'éther est peu considérable. A eux seuls, cependant, il est donné de résoudre les questions des inhalations éthérées, questions de clinique et d'expérimentation sur les hommes. Nul doute qu'ils observeront, s'il le faut, les animaux éthérisés; ils demanderont aux physiciens le degré de saturation de l'air par des vapeurs éthérées, pour savoir lequel est le plus irritant; mais ils ne concluront pas d'un lapin ou d'un cabiais, à l'homme. D'ailleurs, l'expérimentation sur soi-même n'a jamais été plus simple, plus innocente. A juger par le résultat de nos propres expériences, de plus habiles que nous enrichiront bientôt la science de grandes conquêtes.

§ 6. *Appareils.* — Il n'est pas d'excipient de l'éther, depuis une atmosphère éthérée, circonscrite autour de la tête, jusqu'à l'appareil le plus compliqué, qui n'ait réussi, qui n'ait échoué.

Souvent, toute espèce d'appareils conviendra, mais il en est un qui, bien manié, suppléera à l'intelligence et aux mauvaises conditions physiologiques de tous les individus.

CONCLUSIONS.

Les inhalations éthérées ont déjà soustrait des milliers d'hommes à la douleur et reculé le terme de la vie pour un grand nombre. Cet enfant, qui vient de subir une opération grave, continue de sourire à l'avenir, l'âme de ce poëte continue d'aimer le soleil et la nature. La jeune mère, voit son fils et il ne lui rappelle pas les douleurs qu'elle-même, en voyant le jour, a causées à sa mère.

Et c'est à l'éther, c'est à Jackson, que sont dus ces bienfaits, les plus grands que l'homme ait reçus de son semblable! Le puissant moyen ne périra plus; les tentatives qui l'ont précédé, les succès de tout genre qui ont suivi sa découverte, sont les garants de l'immortalité que la Providence a réservée à Jackson.

Un agent congénère les remplacera peut-être, un agent moins irritable et agréable pour tout le monde. Mais jusque-là, plus d'une amélioration autrement urgente est à introduire dans l'art de guérir, et, pour ce qui se rattache aux inhalations éthérées, nous signalerons seulement une école d'élèves opérateurs à instituer, comme nous avons vu qu'il en existe une à Vienne.

ACTION PHYSIOLOGIQUE DE L'ÉTHER.

CHAPITRE Ier.

L'éther sulfurique, porté sur la peau et sur les muqueuses sous la forme liquide ou sous la forme de vapeurs, a une action locale ; bientôt absorbé, il est entraîné par le torrent circulatoire, et s'il est en assez grande quantité, il modifie d'une manière passagère les fonctions organiques (action générale, dynamique).

ARTICLE I. — *Action directe locale.*

« Appliqué sur la peau et les membranes muqueuses, l'éther sulfurique produit d'abord une impression vive de refroidissement due à la prompte évaporation de ce liquide presque gazeux. Ce premier effet local est instantanément suivi d'une réaction superficielle, avec développement d'une chaleur et d'une rubéfaction passagère. Il est probable que dans cette réaction de l'éther sulfurique, qui est presque instantanée, toute la quantité du liquide n'est pas évaporée et qu'une petite portion est promptement absorbée par les pores de la peau ; car les applications et les frictions éthérées procurent, dans la plupart des névralgies, un *calme* au moins momentané qu'on ne peut attribuer à la seule influence du froid, puisque les simples applications réfrigérantes ne produisent pas les mêmes effets. » (*Dict. de méd.*, t. 12, ÉTHER.) Sans rien préjuger, et seulement parce qu'ils sont ici à leur place, constatons les résultats des expériences de MM. Serres, Pappenheim et Good, etc., sur l'action directe de l'éther liquide sur les nerfs : l'éther liquide paralyse l'action du nerf sur lequel il est appli-

5

qué, la paralysie s'étend de l'extrémité périphérique jusqu'au point soumis à l'action de l'éther; elle est persistante et évidemment due à l'altération chimique de la substance nerveuse. L'examen microscopique l'a démontré; l'altération du nerf, à l'endroit baigné par l'éther, marche de la circonférence du cordon nerveux vers le centre, des filets superficiels vers les profonds; c'est encore démontré par les expériences microscopiques de MM. Good et Pappenheim.

Administré par les voies digestives, l'éther liquide agit comme précédemment; seulement, à cause de la température des organes sur lesquels il passe, la sensation de fraîcheur n'est plus éprouvée. Il détermine sur la muqueuse « une chaleur plus ou moins brûlante, qui se répand bientôt sur la surface de l'estomac, puis dans toute la région abdominale, et s'accompagne d'un dégagement de gaz par la bouche et quelquefois par l'anus » (*Dict. méd.*, l. c.).

Évidemment, l'éther ingéré agit ici : 1° comme liquide (qui lui-même se vaporise bientôt), sur la partie supérieure du tube digestif; 2° sous la forme de vapeurs; ces vapeurs produisent une sensation de chaleur, là où à cause de sa petite quantité, l'éther liquide n'a pas étendu son action, c'est-à-dire dans presque toute la région abdominale. Toutefois une part de cette sensation doit être rapportée à l'absorption des vapeurs éthérées par les capillaires et les vaisseaux de cette région où elles ont déjà pénétré. Ici encore, 1° l'action de l'éther est irritante, c'est à ce titre qu'on l'a administré comme analeptique; 2° elle est sédative et antispasmodique.

L'histoire de la maladie du chimiste Bucquet met en lumière cette double action. Il calmait les douleurs symptomatiques d'un cancer du colon, en ingérant une énorme quantité d'éther par jour; et à l'ouverture de son corps, il présenta un estomac fortement phlogosé. J'accorde volontiers que dans ce cas l'action de l'éther a pu calmer les douleurs d'une manière à la fois directe et indirecte. (Éloge de Bucquet, par Vicq d'Azyr.)

Un exemple analogue (Christison, *On poisons*), les expériences de Brodie, de M. Orfila, sur les animaux (éther injecté dans l'estomac

dans le tissu cellulaire), des expériences toutes récentes, ont suffisamment démontré l'action irritante locale de l'éther sulfurique liquide.
Cependant, quelque considérable qu'ait été la quantité injectée, ce
n'est pas l'inflammation locale qui a amené la mort. La marche, la
nature des phénomènes observés durant la vie, le prouvent, et nous
n'y insistons pas.

ARTICLE II. — *Éther à l'état de vapeurs.*

Éther irritant local. — Inspirées avec une quantité considérable
d'air atmosphérique, les vapeurs éthérées produisent sur la muqueuse
de la bouche et des voies respiratoires une première impression de
fraîcheur, qui est due au refroidissement du mélange par le fait de
l'évaporation ; puis, si les inhalations sont continuées, une impression
de douce chaleur dans toute la poitrine. Le courant d'air est-il plus
saturé de vapeurs, c'est une sensation brûlante, insupportable, qui
provoque plusieurs phénomènes remarquables que je passerai bientôt en revue.

Introduites dans l'intestin, les vapeurs éthérées n'ont pas une action
différente de celles qu'elles exercent sur les voies respiratoires, l'effet
irritant des vapeurs provoque des contractions intestinales. Je m'abuse
peut-être, mais il me semble que l'action irritante des vapeurs éthérées, bien appréciée, conduit à des résultats d'une certaine importance.
Qu'il me soit permis d'insister sur l'étude de cette action.

§ 1. *Action locale sur la sensibilité.*

Plusieurs fois, en commençant à inhaler (au moyen d'une simple
vessie) la vapeur d'éther, je sentis sur la bouche et sur les lèvres une
chaleur brûlante ; c'est que l'air chargé de vapeurs en telle quantité
qu'il en est sursaturé, irrite la muqueuse des voies respiratoires ; cette
irritation provoque la contraction de la glotte, la contraction sympa-

thique du diaphragme et des autres muscles respiratoires. De là ce qu'on appelle la toux.

Toux. — Depuis la deuxième inhalation pratiquée dans le but de produire l'insensibilité par Jackson lui-même, la toux s'est présentée comme un phénomène plus ou moins constant au commencement des éthérisations. Cette toux a entravé les éthérisations, les a rendues quelquefois impraticables. Souvent, dans tous les pays, on a constaté que l'éther employé était impur. M. Doyère, le premier en France, dans son excellent mémoire inséré dans la *Gazette médicale* de février 1847, a insisté sur l'importance de l'emploi d'un éther bien pur. Bientôt on a mis tous les insuccès sur le compte de l'acide sulfureux, de l'alcool, de l'acide acétique, etc., car l'éther peut être plus ou moins irritant par la présence de ces corps : passe pour l'acide sulfureux. Mais, que peut faire, je le demande, une molécule de vapeur d'acide acétique ou d'alcool sur les muqueuses au milieu de vapeurs plus irritantes elles-mêmes? On s'en est aussi pris aux appareils. Mais le professeur Heyfelder s'est servi de l'éther le plus pur, l'a administré quand il était déjà familiarisé avec tous les appareils, et il a vu (sur 120 observations, une fois) la toux rendre infructueuse toute tentative d'éthérisation. Alors restait à alléguer une dernière cause d'insuccès; on l'a alléguée, elle est toujours là, à point, pour tirer d'embarras; c'est, en un mot, l'idiosyncrasie.

Un individu est éthérisé avec des vapeurs d'éther qu'il inspire au moyen d'une éponge : idiosyncrasie! un autre n'est pas éthérisé avec le *nec plus ultra* des appareils : idiosyncrasie!... A-t-on su positivement que cet appareil si parfait, je parle des appareils ordinaires jusqu'ici en usage, n'a pas donné à ce sujet phénoménal de l'éther liquide au milieu de vapeurs dissoutes dans l'air inspiré? A-t-on constaté la température de l'air ambiant, de l'air de l'appareil? Quoi qu'il en soit, voici un fait. Je croyais porter en moi-même une de ces idiosyncrasies modèles, favorables à l'éthérisation. Jamais la moindre toux, la moindre agitation qui éveillât l'attention des témoins de l'expérience. Je me suis éthérisé publiquement à la clinique de M. Roux, au moyen de l'appareil de M. Doyère, je me suis éthérisé deux fois de suite avec le même appareil, à la Sorbonne, en présence de M. Milne-Edwards, membre de l'Institut, et encore un grand nombre de fois, pour fournir à M. Doyère les produits de ma respiration; j'ai vu M. Doyère éthériser un grand nombre de personnes, des malades à la clinique de MM. les professeurs Roux et Velpeau, sans amener de toux; je m'étais déjà éthérisé avec l'appareil perfectionné de Lüer, avec un flacon à deux tubulures muni d'un tube, et avec un appareil très-simple, la vessie, que mon ami le docteur Skutsch m'a apporté de Vienne : toujours des phénomènes identiques, sans agitation, ni avant ni après le sommeil éthéré. Une circonstance fortuite mit à l'épreuve ce sujet réfractaire à la toux, puisqu'il s'agit de toux.

M. Giraldès voulait enlever, à la Pitié, et sous l'influence de l'éther, une tumeur mélanique qu'une femme de quarante ans, assez robuste, portait à la grande lèvre droite de la vulve. Elle ne put supporter l'éther fourni par l'hôpital ; on trouve, en effet, que l'odeur en est peu agréable, et l'on en cherche d'autre chez un pharmacien de la ville : la femme ne le supporte pas davantage, est opérée et supporte les douleurs ordinaires. L'idée me vient d'expérimenter mon idiosyncrasie ; je tourne un peu largement le robinet ; je respire : suffocation. L'éther du pharmacien est donc d'aussi bonne qualité que celui de l'hôpital... Je tourne le robinet à double effet (c'est à M. Doyère que l'on doit l'application aux appareils de ce robinet à double effet), de telle façon que je ne respire guère que de l'air pur. A la première inspiration, je trouve que l'éther est excellent; sans que je m'en doute, un assistant tourne davantage le robinet, et me voilà éthérisé aussi complétement que jamais, après trois ou quatre inspirations. J'ai expérimenté depuis mon idiosyncrasie sur une échelle plus large (avec la vessie). J'ai vu que je ne suis pas plus réfractaire aux mouvements de déglutition, accompagnée ou non de toux, comme je le dirai tout à l'heure.

Il résulte de tout cela, pour moi du moins, que l'éther le plus pur peut, quand il est donné d'une certaine façon, provoquer les accidents que l'on a reprochés, que l'on reproche encore à l'éther plus ou moins pur, à l'imperfection des appareils, aux idiosyncrasies. Mon Dieu! qu'il y a-t-il là d'étonnant? qu'ai-je dit jusqu'ici de l'éther, de son action? n'est-il pas irritant pour la peau, pour les muqueuses? Et pourquoi l'aurait-on employé depuis des siècles, contre les syncopes, par exemple, pour ne parler que de l'action des vapeurs? Ce qu'il y a d'étonnant, c'est qu'on ait oublié la propriété irritante de l'éther, pour ne plus se souvenir que de sa propriété *anesthésiante*.

Irritation des glandes salivaires. — Plusieurs fois, dans mes expériences, j'ai ressenti sur les muqueuses nasale, buccale et oculaire une vive impression : de là une modification de la sécrétion de ces muqueuses, du larmoiement, un flot de salive surtout qui m'emplissait subitement la bouche.

La première fois que cela m'arriva (jusque-là, je m'étais toujours éthérisé avec un appareil autre que la vessie), je fus étonné de n'avoir vu ce phénomène signalé nulle part. Je me souvins cependant bientôt : 1° d'avoir lu une ou deux observations dans lesquelles on indiquait une écume à la bouche ; 2° d'avoir remarqué dans les hôpitaux quelques malades rejeter leur salive ; cependant, presque tous les expérimentateurs avaient signalé l'écume à la bouche chez les animaux éthérisés ; moi-même, dont l'attention était éveillée par cette différence (apparente) d'action de l'éther sur l'homme et sur les animaux, j'avais voulu constater et je constatai ce fait chez ces derniers. J'avais été porté à croire qu'il leur appartenait plus particulièrement. L'expérience faite avec la vessie fut pour moi comme un trait de lumière.

Sécrétion bronchique. — Dans les mêmes expérimentations (avec la vessie), je provoquai ou de la toux seulement (quand les vapeurs n'excitaient que le larynx), ou de la toux et de l'expectoration, ou aucun de ces phénomènes quand je m'arrangeais de façon à n'inspirer qu'un air peu chargé de vapeurs éthérées.

La même chaleur brûlante qui avait excité la sécrétion salivaire était ressentie ici, et amenait évidemment la toux et l'expectoration. Et ces phénomènes étaient en rapport avec l'état des vapeurs que j'inspirais; je les ai modifiés à volonté.

De ces faits je tirai les conclusions suivantes : les vapeurs de l'éther le plus pur, pourvu qu'elles soient ce que j'appelais alors *trop concentrées*, irritent les muqueuses, et les individus qui ont présenté de la toux les ont inspirées dans cet état. Depuis, MM. Porta et Buffini ont prouvé que l'air *qui ne contient que des vapeurs dissoutes* n'irrite pas et produit l'effet désiré ; si elles contiennent de l'éther à l'état vésiculaire, c'est-à-dire liquide, elles irritent.

Pour qu'on puisse juger qu'il suffit de *maintenir* sur la muqueuse des voies respiratoires des vapeurs d'éther, même en très-petite quantité relativement au volume d'air, je dirai que j'ai été éthérisé avec l'appareil de M. Doyère, et que j'ai vu M. Doyère éthériser beaucoup de personnes avec un mélange, dans la proportion de moins de 5 pour 100. Ce qui sera établi plus tard sur l'action de l'éther sur le système musculaire montrera que tous les sujets ne sauraient être éthérisés convenablement avec un pareil mélange, par la raison que l'éthérisation demandera plus de temps, mauvaise condition pour certains individus.

On a sans doute observé plus d'une fois la suractivité de la sécrétion bronchique; seulement on y a attaché une médiocre importance. Le plus souvent elle n'a pas eu lieu, pas plus que celle de la sécrétion salivaire , parce que l'appareil d'inhalation n'avait administré que des vapeurs bien dissoutes. Mon attention une fois éveillée, j'ai vu des malades expectorer 1° au commencement de l'éthérisation, quand on administrait des vapeurs *trop concentrées ;* 2° à leur réveil du narcotisme éthéré.

Les exemples de sécrétion salivaire isolée ne sont pas rares ; cela arrive chaque fois que les vapeurs d'éther ne dépassent pas l'isthme du gosier. J'ai vu des observations de malades éthérisés qui présentèrent des vomissements «de mucosités avalées par le malade.» On n'a fait qu'indiquer le fait ; j'en conclus que ces mucosités peuvent être ou de la salive seulement, ou de la salive et du mucus bronchique qu'un heureux mouvement de toux a fait arriver à l'orifice supérieur du larynx ; par des mouvements de déglutition, ou par l'effet du décubitus, elles sont arrivées dans l'estomac.

Dans les éthérisations ordinaires, il est évident que, outre la sécrétion de salive, il y a sécrétion de mucus bronchique.

Les sécrétions salivaire et bronchique continuent de se faire plus ou moins activement pendant l'état d'insensibilité, ce qui se conçoit du reste facilement, le système ganglionnaire n'étant pas éthérisé comme les nerfs sensitifs. Est-ce, comme je l'ai entendu dire à M. Giraldès, parce que les contractions des fibres musculaires des bronches compriment et vident les glandes bronchiques ? Cela ne saurait être admis que tant que ces contractions peuvent exister.

Je ne citerai qu'un exemple, celui qu'a offert l'éthérisation d'un de mes amis, M. Barbier, élève en médecine, et qui est remarquable. Éthérisé dans la position assise, il fut pris d'une quinte de toux violente, avec expectoration de mucosités ; je crus qu'il avait alors parfaitement conscience de tout. La quinte calmée, il exprima les plus vifs regrets de ce qu'on avait mis fin à *son bonheur*. Quand on lui dit qu'il devait s'en prendre à son accès de toux, il ne voulut pas le croire ; il n'en avait pas eu conscience. Je suis convaincu que cet accès de toux a été provoqué par la sécrétion bronchique.

Cependant, il s'en faut bien que toutes les personnes éthérisées expectorent à leur réveil. C'est que le mucus sécrété ici n'est pas, d'ordinaire, un mucus tenace, et il peut être le plus souvent absorbé dans les bronches dont on connaît la puissance d'absorption.

§ 2. *Action irritante sur les muscles.*

Mouvements de déglutition. — Tout le monde les a observés, soit dès les premières inspirations, soit plus tard.

En me maintenant plusieurs fois et assez longtemps sous une influence continue de l'éther, c'est-à-dire dans un état alternatif d'ivresse et de rêves, je fus, à la reprise de plusieurs éthérisations, vivement impressionné à l'isthme du gosier par les vapeurs éthérées. Je ne pouvais m'empêcher d'avaler ; je persistais, en comptant sur l'effet calmant des inspirations suivantes. La lutte entre ma volonté et mon pharynx se terminait à l'avantage du dernier ; j'étais forcé de rejeter l'appareil. Je suis donc porté à croire que ces mouvements sont involontaires, artificiellement spasmodiques.

Quels sont les muscles en jeu dans ces mouvements de déglutition ? Il est évident que tout d'abord ce sont les muscles du pharynx, du voile du palais, de la langue ; mais ce phénomène de déglutition est accompagné quelquefois d'un autre ; je vais y revenir.

D'autres muscles (de la cavité buccale) peuvent se contracter : les muscles de la mâchoire, de la langue elle-même, plus ou moins isolément. Tout le monde, avec un peu d'attention, a pu observer des contractions plus ou moins étendues des masséters ; les dentistes, plus particulièrement, ont eu occasion de les observer. Ce phénomène n'a pas échappé au professeur Heyfelder ; mais voici tout ce qu'il en dit : « Cette embouchure (munie d'un tuyau central en ivoire) faisait qu'on ne pouvait éloigner l'appareil sans difficulté, le narcotisme une fois produit, les patients le retenant solidement entre les dents, et cela non rarement » (*nicht selten*).

Mais, bien plus, les muscles abaisseurs de la mâchoire se contractent quelquefois de leur côté ; tout récemment j'ai observé cette contraction sur un élève en droit, éthérisé pour rendre plus facile une opération très-simple mais très-douloureuse.

Cela me rappelle que le chirurgien d'un hôpital (Macdonnel, de Dublin ? Le chirurgien s'éthérisait avant de soumettre aux inhalations un malade de son service) fut ainsi pris d'une contraction spasmodique des muscles abaisseurs de la mâchoire inférieure. Dans son observation, il dit : Je maintins de la vapeur d'éther en contact avec la bouche, et la contraction cessa.

C

Quant à la langue, on a moins souvent occasion d'en observer quelques fonctions anormales, *avant* le narcotisme éthéré ; *après,* plus d'un individu a l'élocution *lalante,* plus ou moins difficile. Or nous verrons que très-souvent les phénomènes subséquents au narcotisme sont semblables à ceux qui lui sont antérieurs ; et je dirai pourquoi ces derniers phénomènes manquent ou paraissent manquer. Je ne sais pas, d'ailleurs, pourquoi les vapeurs d'éther ne seraient pas absorbées par les capillaires de la muqueuse buccale, pharyngienne et laryngée, aussi bien, ou à peu près aussi bien que par les capillaires bronchiques, et par conséquent, pourquoi leur action irritante ne serait pas portée ainsi immédiatement sur les muscles de ces régions. Mais elle peut aussi être attribuée à l'action dynamique de l'éther absorbé ; cela doit même arriver ordinairement.

Ces mouvements de déglutition accompagnés de l'occlusion de la glotte ne tardent pas à produire des phénomènes asphyxiques, si l'on n'éloigne pas l'appareil d'inhalation.

Arrêts de la respiration. — A une époque de l'éthérisation voisine de celle où surviennent l'insensibilité et la perte de connaissance, au moment ou l'on s'attend à voir le sujet de l'expérience subir l'influence désirée, la respiration, dans beaucoup de cas, se suspend tout d'un coup ; il y a un arrêt qui effraie.

Est-ce l'action directe des vapeurs éthérées qui produit ce remarquable phénomène, et, par exemple, la congestion de la surface pulmonaire, qu'on peut admettre, empêche-t-elle l'absorption de l'air qui ne laisse pas d'arriver avec les vapeurs? La connaissance des lois de l'endosmose apprend à ne pas faire grand cas de cet obstacle, qui d'ailleurs produirait seulement une gêne de la respiration, non la suspension ; mais n'y aurait-il pas encore ici des contractions spasmodiques, celles des muscles du larynx et de la couche musculeuse des bronches, contractions qui suspendraient nécessairement la respiration ?

Toutefois elles ne sont pas dues uniquement à l'action directe, locale, de l'éther; de plus, cet arrêt de la respiration pourrait être produit par d'autres causes que des contractions, comme nous le verrons.

§ 3. *Éther en contact avec les tissus dont la sensibilité a été modifiée.*

Il m'est arrivé d'approcher des lèvres l'embouchure de l'appareil où je venais de verser de l'éther, dans le but de rendre l'éthérisme complet. Le contact d'un peu d'éther liquide et des vapeurs sur le pourtour de la bouche était insupportable. Plus d'une fois la pression de l'embouchure sur les lèvres, après éthérisme complet, me devenait très-douloureuse. Cette exaltation de la sensibilité, produite à la suite de l'absorption des vapeurs éthérées, n'a pas toujours le temps de se manifester, ou bien elle est si passagère qu'on ne s'en aperçoit pas.

ARTICLE III. — *Éther anesthésiant.*

§ 1. Ce que j'ai dit jusqu'ici se rapporte aux vapeurs d'éther qui ne sont en contact avec les surfaces qu'un instant, et qui n'agissent sur elles, par exemple, que le temps d'une inspiration.

Que se passe-t-il quand ce contact et cette action sont prolongés, sont continus par suite de la succession des mouvements d'inhalation? Dans le premier cas, elles irritent. Dans le second, irriteront-elles davantage?... Nullement; elles n'irriteront plus, elles ne seront plus même senties. Tel est le résultat des faits, reconnu par tout le monde. La sensibilité des surfaces en rapport, durant un certain temps, avec les vapeurs d'éther, est par conséquent abolie; ce temps, en général très-court, est celui qui est nécessaire à l'absorption des vapeurs; ces vapeurs agissent alors d'une manière quelconque sur les filets nerveux qui alimentent les surfaces, et on ne perçoit plus leur action. Cette abolition de la sensibilité étant hors de doute, je n'y insisterai pas.

En combien de temps se produit-elle? Quelquefois un fort petit nombre d'inspirations suffit; d'autres fois, il faut plusieurs minutes,

jusqu'à des quarts d'heure. Chez moi, deux ou trois inspirations amènent l'insensibilité locale et l'ivresse.

Mes inspirations sont profondes, et d'une durée aussi grande que
possible. Remarquez ce qui se passe chez les individus à qui il faut
plus de temps : inspirations courtes, dilatant à peine la cage thoracique, souvent même le diaphragme seul est en action. On commande
de larges inspirations : si l'on est obéi, il arrive nécessairement qu'une
nouvelle surface est mise en contact avec les vapeurs éthérées. Elles
n'ont qu'à être un peu concentrées, vous avez immédiatement expui-
tion de salive, sécrétion salivaire, mouvements de déglutition, toux, etc.,
suivant le degré de concentration des vapeurs, suivant la profondeur
de l'inspiration faite.

Si l'on ne sent que de la chaleur, on modère le mouvement inspira-
toire, et les suivants de même.

Ces mouvements peu énergiques sont exercés pendant que les
vapeurs éthérées sont peu concentrées; on se met à respirer avec plus
d'assurance ; mais alors l'*opérateur,* croyant que la *tolérance* est produite, tourne davantage le robinet de l'appareil, et l'on tousse, parce
que ces vapeurs ont pénétré plus loin dans les voies respiratoires.

Je ne m'arrêterai pas plus aux causes qui favorisent ou entravent la
production de l'insensibilité. L'expérimentation sur soi seule permet
de concevoir tout ce qui dépend de l'appareil, de l'opérateur, du
sujet lui-même, considéré dans ses organes ou comme être doué de
volonté. J'ajouterai que l'insensibilité de la muqueuse des voies respiratoires, ou que la *tolérance* se produit, avec les mêmes vapeurs,
plus ou moins facilement, plus ou moins vite pour des sujets différents ; que la sensibilité locale, abolie au moyen d'un air chargé de
vapeurs, n'est pas réveillée par un air plus saturé; mais il ne faut
pas croire qu'on puisse faire inspirer des vapeurs quelconques. Des
vapeurs à l'état vésiculaire amèneraient la toux et d'autres accidents;
car elles exciteraient le pouvoir réflexe de la moelle.

De tout ce qui précède, je conclus : Le temps nécessaire à l'abolition de la sensibilité dépend des conditions matérielles, mécaniques,

des inhalations. Corollaire : chez les sujets qu'on a cru réfractaires à l'action de l'éther, ces conditions mécaniques n'ont pas été remplies. Cette conclusion est contraire à l'opinion de plusieurs chirurgiens. M. le professeur Heyfelder, qui a observé aussi bien que tous ceux qui ont écrit sur la matière, les conditions et les effets des inhalations éthérées, dit qu'il a échoué (une fois sur 120) chez un malade quand il avait déjà manié toutes sortes d'appareils, et malgré leur emploi durant une heure. Il résulte donc, pour le professeur d'Erlangen, qu'il en est de l'éther comme des autres médicaments. Y a-t-il place à une objection? Oui, et à plus d'une. Je n'ai pas le loisir de faire ici la guerre aux idiosyncrasies ; je ne réponds donc que par un seul fait. Un garçon d'environ dix ans a inhalé l'éther au moyen d'un appareil à soupapes et d'*un bon appareil*, pendant *une heure*. Il était devenu gai ; mais insensible, nullement. On eut recours à la vessie : un instant après le malade était endormi. Point d'accident consécutif. (Hôpital de Prague.) De faits analogues à celui de M. Heyfelder, il faut donc conclure que tous ces sujets réfractaires à l'action de l'éther ne le sont qu'en apparence ; ils ne sont que très-difficiles à éthériser avec certains appareils.

L'insensibilité est produite, mais elle ne se produit pas brusquement, quoiqu'elle se produise souvent presque instantanément. On sait très-bien que des malades ont été opérés, et n'ont que médiocrement souffert ; leurs nerfs n'étaient qu'engourdis. Il en est de même des parties en rapport direct avec les vapeurs éthérées. Qu'on augmente ou non la concentration des vapeurs administrées, on peut encore avoir une sensation plus ou moins confuse, qui finit elle-même par disparaître. Cet engourdissement peut tenir à deux causes plus ou moins réunies : 1° à ce qu'une partie des filets nerveux est déjà frappée d'anesthésie ; 2° à ce que tous les filets nerveux sont eux-mêmes plus ou moins sensibles. Inutile d'y insister.

Dans cette production graduelle de l'insensibilité, y a-t-il un moment où la sensibilité est exaltée? Oui, assurément. Ces filets nerveux, pendant un court instant, doivent être excités par l'action des vapeurs : comme je reviendrai à cette question, et qu'y insister à cet endroit de mon travail pourrait paraître trop minutieux, je passe outre. Enfin, la sensibilité est complétement abolie, en ce sens qu'on n'a plus conscience d'aucune sensation. Que deviennent alors les surfaces insensibles ? Nous les avons vues irritées, leurs fonctions activées. Continuent - elles de sécréter du mucus ? C'est à n'en pas douter, comme je l'ai dit plus haut.

La durée de l'insensibilité locale ou le retour de la sensibilité dépendant de la quantité de vapeurs d'éther qui a pénétré dans le torrent circulatoire, ce n'est pas le lieu d'en parler ici. Elle est, en général, courte, et la sensibilité revient graduellement, mais d'une manière inverse de celle dont elle a disparu.

La sensibilité revenue, l'éther a-t-il causé sur les tissus avec lesquels il a été en contact (quelquefois des heures entières), a-t-il causé, dis-je, une altération qui se manifestera maintenant ?

Je me suis éthérisé bien souvent, bien longtemps, avec des vapeurs irritantes : jamais aucune trace d'*inflammation* chez moi.

Je n'ai lu nulle part quelque chose qui puisse être regardé comme un accident consécutif à l'action irritante de l'éther en vapeur ; sans parler des mémoires, etc., je n'ai rien trouvé dans plus de 400 observations que j'ai dépouillées ; rien dans 120 expériences si bien observées de M. le professeur Heyfelder, d'Erlangen, dont voici les conclusions (Heyfelder, p. 65) : « L'expérience finie, je n'ai jamais entendu une plainte relative à une gène de la respiration ou à quelque lésion des organes. » Quand je dis rien, je suis trop absolu. J'ai rencontré deux faits ; voici l'un d'eux que j'ai trouvé dans l'excellent opuscule de M. Heyfelder lui-même : il lui a sans doute échappé. Un malade à qui le professeur d'Erlangen avait enlevé la parotide gauche et qui inspira les vapeurs d'éther pendant quarante-six minutes en tout, ne dormit pas la nuit suivante, accusant dans la trachée une sensation analogue à celle d'une plaie récente (page 61, obs. 102). L'autre, je l'ai trouvé dans le journal de Prague. Un malade inspira de l'éther seulement *cinq* minutes ; trois jours plus tard, il fut pris de pneumonie. Le malade avoua alors qu'il s'était vivement refroidi deux jours avant l'opération; que, pour n'être pas renvoyé une deuxième fois (il était de la ville), il avait surmonté la toux dont il était affecté. La pneumonie fut aussitôt combattue avec un succès rapide. (*Viertel-jahrschrift;* Prague, 1847, t. 4, p. 178.)

Bien plus, je possède des observations de malades opérés et éthérisés, quoique affectés de bronchite. Celle-ci, comme les suites de l'opération, a eu la marche la plus heureuse.

§ 2. *Action relâchante locale sur les muscles.* — Nous avons vu des contractions musculaires provoquées par l'action des vapeurs d'éther, qu'elles soient administrées par la bouche ou par l'anus. Chose remarquable! mais dont il n'est pas impossible de se rendre compte, ces mêmes muscles cessent de se contracter par le contact prolongé des vapeurs d'éther. Pour que celles-ci soient retenues dans l'intestin et puissent produire les mêmes effets que les inhalations, comme M. Pirogow l'assure, il faut bien que la tunique musculaire soit paralysée. Quant aux muscles du pharynx et des voies respiratoires proprement dites, qui ne sait qu'ils cessent de se contracter, et que tous les phénomènes de l'éthérisme finissent par survenir? J'ai déjà cité le cas de ce chirurgien de l'hôpital de Dublin, pris de contraction des muscles abaisseurs de la mâchoire, et qui eut l'idée de maintenir des vapeurs dans la cavité buccale; la contracture cessa, et il continua les inhalations avec un plein succès. Si l'on était tenté de nier, même aujourd'hui, cette action relâchante locale, nous ferions appel au traitement empirique et ancien des spasmes, dont on a de nouveau signalé l'efficacité peu de temps avant la découverte de Jackson (mémoire de M. Ducros).

De tout ce qui précède je tire les conclusions suivantes :

1° L'éther a une action irritante locale.

2° Cette action exalte, émousse, enfin abolit la sensibilité.

3° L'exaltation de la sensibilité locale amène avec elle la suractivité fonctionnelle, d'où la sécrétion plus active de salive et de mucus bronchique *qui persiste, la sensibilité étant abolie.*

4º Cet agent a une action anesthésiante locale.

5º Elle exalte l'action musculaire.

6º L'éther, par un contact prolongé, relâche les muscles contractés.

7º Tous ces effets sont fugaces, presque instantanés, tellement que les effets nos 1, 3 et 5 ont souvent passé et doivent souvent passer inaperçus.

Corollaires. — Si des vapeurs *trop concentrées* sont administrées à un malade une, deux, trois fois, il se refusera, et même le plus intelligent, aux inhalations éthérées, car il en trouvera l'action si douloureuse qu'il aimera mieux supporter l'opération pure et simple. De mes propositions il résulte encore :

1º Ce n'est pas seulement au relâchement des muscles du larynx, du voile du palais, qu'il faut attribuer la respiration râlante, stertoreuse, observée chez beaucoup de malades éthérisés, mais surtout au liquide sécrété et mis en mouvement par la colonne d'air inspiré et expiré.

2º C'est à cette dernière cause, *quand tous les muscles* sont dans la résolution, qu'il faut faire remonter la congestion, la lividité de la face (cas intéressant de M. Sédillot); c'est là , *dans les cas indiqués,* la cause du défaut de l'hématose, et non celle qu'on a alléguée comme constante, savoir l'absence d'une quantité suffisante d'oxygène.

3º Il est prudent de chercher immédiatement à enlever la cause des phénomènes asphyxiques ; sinon le malade est exposé à des dangers graves, surtout quand il y a raison de redouter une gêne de la circulation (anévrysme, prédisposition à une apoplexie cérébrale, pulmonaire, etc.).

4º La *sage* administration des vapeurs éthérées n'amène jamais la congestion redoutée, tout au plus une congestion très-fugace, et ceux qui (Anglais et Allemands surtout) ont proscrit l'éthérisation des *individus affectés d'une maladie des poumons et du cerveau* n'ont pas saisi la cause de cette congestion et exagéré, d'un autre côté, l'action irritante de l'éther, ou, si l'on veut, ils n'ont pas compris l'action physiologique des vapeurs d'éther. J'oserai avancer que le perfectionnement des appareils et la sagacité de ceux qui les emploient permettront de faire jouir ces individus eux-mêmes de tout le bénéfice des inhalations éthérées.

5° *Quelque prolongées qu'elles soient, les inhalations éthérées ne provoquent pas d'inflammation locale* (stomatite, laryngite, bronchite, pneumonie). Nous verrons même plus tard qu'agissant comme le tartre stibié à doses fractionnées, l'éther peut être utile dans les bronchites chroniques et dans les pneumonies, où le tartre stibié est indiqué.

CHAPITRE II.

ACTION GÉNÉRALE DE L'ÉTHER (DYNAMIQUE, PRIMITIVE).

ARTICLE I.

Nous avons vu qu'administré par la bouche, l'éther sulfurique donne lieu à une sensation de chaleur dans le canal digestif. « Cette excitation manifeste, qui part du centre épigastrique, s'irradie instantanément vers la tête et les extrémités, en répandant une douce chaleur dans toutes les cavités et le trajet des membres. A cette première impression succède un sentiment de bien-être et d'hilarité qui, pour le plus grand nombre des individus, a quelque analogie d'abord avec l'effet que produisent les liqueurs spiritueuses, et qui bientôt est suivi d'un calme au moins momentané de toutes les douleurs, et même d'un sommeil quelquefois très-profond... Quelques personnes nerveuses, qui sont très-impressionnables à l'action des odeurs, et qui ne peuvent supporter celles de l'éther, sont constamment excitées par cet agent diffusible, comme par les liqueurs alcooliques, éprouvent des nausées, de la céphalalgie, dès que l'odeur seule de l'éther vient frapper leurs sens, et quelquefois même, comme j'en ai été témoin, tombent en convulsions... Quelques personnes, sans éprouver aucune incommodité de l'odeur de l'éther, ressentent néanmoins, lorsqu'elles l'ont ingéré dans l'estomac, des espèces de vertiges, une certaine pesanteur et un embarras vers la tête, et n'éprouvent aucune tendance ni au calme ni au sommeil. » (*Dict. de méd.*, t. 12, p. 409.)

J'ai cité ce passage pour qu'on puisse comparer ce qu'on pensait autrefois de l'éther avec ce qu'on en sait aujourd'hui.

ARTICLE II.

Observations de M..... sur lui-même, élève en médecine, vingt-cinq ans, blond, bien musclé, peu d'embonpoint, médiocrement nerveux.

Première expérience. — Inhalations graduées avec une vessie, et les narines restant libres ; quelques inspirations suffisent pour chaque fois. Sensation de chaleur douce se répandant dans la poitrine, et de là dans les extrémités, la pensée pouvant en suivre la marche pour ainsi dire.

Sentiment de bien-être dans tout le corps ; désir des vapeurs éthérées et profondes inspirations comme par gourmandise. Ce bien-être est si grand, qu'on ne se soucie nullement des suites de l'expérience.

Les molécules des tissus semblent se disjoindre, se dilater (on a dit qu'il semblait qu'on devenait d'une taille gigantesque ; en tout cas, tant que la vision est conservée, elle ne saisit pas de changement dans la grandeur relative des objets), elles deviennent plus légères, vibrent enfin comme les ondes sonores.

Les avant-bras se fléchissent et s'étendent alternativement à chaque mouvement respiratoire, comme pour exprimer le rhythme des vibrations, plus intenses à chaque inspiration.

L'ouïe est le siége de battements étonnants : c'est elle la première qui a paru commencer à vibrer. C'est d'abord un son grave, comme ce bruit sourd et continu qu'on entend dans un endroit solitaire de Paris, comme la grande voix de Paris ; à ce bruit viennent s'ajouter d'autres de plus en plus clairs ; ce sont les retentissements précipités de marteaux de forge, de roues de moulin ; les voitures de la rue, les pas des hommes, le cliquetis de la montre placée à plusieurs pas, s'entendent distinctement, comme les notes d'instruments différents dans une symphonie. C'est aussi une symphonie qui plaît d'abord, parce qu'elle est étrange, mais les battements métalliques de forge deviennent si violents, qu'ils affectent enfin désagréablement, agacent les nerfs comme des sons métalliques discordants.

M... se lève, vacille comme un homme ivre, arrive à son bureau et écrit: chose remarquable, il écrit deux fois le même caractère, il trace deux fois le même trait; s'en apercevant aussitôt, il ferme le yeux pour écrire; dès qu'il les ouvre, il écrit de nouveau double (11,3″,255 au lieu de 1,3′,25). M... retourne à son fauteuil en vacillant et fait quelques nouvelles inspirations éthérées, pendant lesquelles toutes les sensations décrites redoublent de force.

Sentiment de vigueur musculaire. — Contraction du muscle risorius et envie de rire sans motif. L'impression de l'air, des objets sur la peau, n'est plus l'impression ordinaire; la sensibilité est comme engourdie, est dans un état tout à fait comparable à celui de la sensibilité d'une partie frappée de froid. M... est séparé du monde extérieur comme par un voile.

En se pinçant, M... constate qu'il sent à peine. — Les bruits dans les oreilles n'attirent pas l'attention. — Envie de dormir. — Sommeil. — M... fait un rêve relatif à cette expérience, la discute ainsi que toutes les précédentes qu'il a faites. — Réveil : la première chose qu'il remarque, c'est qu'il rit d'un rire spasmodique, il en entend les éclats et ressent les contractions du diaphragme. — Il n'en sait pas la cause ; le rire cesse quelque temps après avoir été perçu. Il remarque presque en même temps qu'il fait une inspiration profonde, puis une deuxième, troisième; il s'en alarme, croyant qu'il revient comme d'une syncope de longue durée, et que ces inspirations indiquent son retour à la vie. Il ouvre les yeux; les perceptions deviennent moins confuses; il est assis le corps droit, une main tenant l'appareil. Il se lève, regarde la montre, et voit qu'il s'est passé au moins douze minutes depuis qu'il s'est endormi. Pour lui, ces douze minutes ont duré deux heures; tant il a vu, parlé, raisonné dans son rêve. Il marche, il vacille, il écrit double et s'en aperçoit. — Vive impression de tous ces phénomènes ; facultés intellectuelles surexcitées ; mais leur harmonie n'est nullement troublée. La perception est vive, nette.

La mémoire, cependant, n'est pas tenace ; le fil des idées se rompt facilement ; la parole est un peu embarrassée, comme celle d'un homme ivre.

Les pulsations à l'artère radiale paraissent plus fortes, mais non plus fréquentes que d'habitude ; les battements du cœur ne sont pas plus énergiques.

Les oreilles résonnent vivement des bruits déjà indiqués ; à la fin, le bruit sourd, comme la voix, mais plus grave, d'une locomotive, persiste seul (le lendemain matin, M... croyait encore entendre ce bruit).

Deuxième expérience. — M... fait quelques nouvelles inspirations. Rien de particulier dans cette nouvelle ivresse et ce nouveau sommeil, sinon que la première chose dont M... ait conscience n'est plus un rire spasmodique, un rire sans motif, mais des gémissements, n'exprimant nullement la souffrance, mais analogues au miaulement suspirieux du *chat.*

M... se met devant la glace, pour regarder les pupilles ; elles ne sont ni contractées, ni dilatées ; mais elles se contractent à l'approche de la bougie. (Expérience faite au milieu de la nuit.)

Il reste debout, s'endort et rêve, mais il est réveillé par les vacillations de son corps. Une sueur abondante couvre le visage.

Troisième expérience. — M... s'assied et fait quelques nouvelles inhalations, pendant lesquelles il prend la montre d'une main, tenant l'appareil de l'autre, décidé à les retenir tant qu'il pourrait. Mais il a peur de contractions en quelque sorte cataleptiques, et se sentant s'endormir, il dépose la montre et bouche le tuyau de l'appareil avec un doigt.

Il rêve qu'il laisse tomber la montre et l'appareil, entend le choc de l'embouchure sur le parquet, l'éclat du verre de montre, et ne s'en soucie pas. Puis, M... est ramené (dans son rêve) à ses expériences, les discute, en se demandant s'il n'est pas le jouet d'un rêve.

Il s'assure (rêvant) qu'il expérimente l'éther et qu'il est maître de toutes ses facultés, qu'il se réveille et que le premier fait dont il a conscience, c'est une inspiration profonde, comme en ferait quelqu'un près d'être asphyxié et qui est rappelé à la vie. La pensée, courant dans cet intervalle comme un éclair, a conclu déjà de ce fait à la présence d'un danger grave. Cette terreur, sans doute, met fin aux angoisses du rêve et à ce rêve lui-même ; car M... se réveille, se sent penché en avant, comme dans un sommeil ordinaire. Il se redresse, se demandant ce qui est arrivé; il tient l'appareil dans la main, et un doigt bouche *toujours* l'embouchure. Il croit que son front ruisselle de sueur, passe sa main sur le front, qui est d'une sécheresse âcre. Bientôt des contractions spasmodiques des muscles du cou font exécuter à la tête plusieurs mouvements de circumduction; ces contractions spasmodiques sont accompagnées d'un sentiment très-pénible. M... veut regarder l'heure; il croit se souvenir qu'il a laissé tomber la montre ainsi que l'appareil. L'appareil, il le tient; mais la montre, il la cherche sur le parquet... quand il l'entend résonner sur le marbre de la cheminée. Le rêve, le cauchemar est reconnu. Plus de quinze minutes se sont écoulées depuis les dernières inhalations. M... va à son bureau indiquer en quelques mots ces circonstances remarquables. A peine peut-il écrire, se tenir sur les jambes, il a des vertiges, et un vacarme effroyable (des battements) assiége ses oreilles. (Je ferai remarquer combien le sommeil, non troublé chez M..., dure longtemps.)

Quatrième expérience. — De plus en plus étonné de tous ces phénomènes remarquables, et n'ayant plus d'éther près de lui, M... va, non sans décrire des zigzags, en chercher dans un cabinet voisin. Il en verse dans l'appareil, s'assied pour recommencer. (Par précaution, les fenêtres avaient été largement ouvertes.) En approchant l'embouchure de la bouche (de l'éther liquide est resté dans la rainure qui unit l'embouchure au tube d'ivoire), il ressent une impression brûlante, insupportable, sur les bords des lèvres, et sur la muqueuse oculaire; des vapeurs ayant pénétré plus loin, un flot de liquide inonde la bouche (remarquons-le, c'est la première fois). Deuxième essai, les vapeurs distendant la vessie. Cette fois, irritation et contraction des muscles du pharynx et de la glotte. Ces phénomènes reviennent à chaque nouvelle tentative. M... se repose quelques minutes.

Cinquième expérience. — M... reprend la vessie où il n'y a que l'odeur de l'éther; inspirations et expirations dans l'appareil. Etonné de sentir les phénomènes du côté de la tête augmenter en intensité, par l'inhalation de cet air altéré, il veut voir jusqu'à quel point les phénomènes de l'éthérisme vont se reproduire, et recommence les inhalations *à vide* en maintenant les narines fermées avec deux doigts d'une main, tandis que de l'autre il applique l'embouchure de la vessie sur la bouche. Il constate le retour des mêmes phénomènes, excepté, peut-être, qu'ils sont moins intenses; mais bientôt la respiration est gênée, la congestion de la face survient, et force est de respirer librement. Cette expérience est répétée peu d'instants après avec les mêmes phénomènes, n'amenant que des battements dans les oreilles, plus intenses, et une gêne de respiration bientôt insupportable. (Le temps nécessaire pour amener la congestion est bien plus long que le temps nécessaire à une éthérisation complète.)

Sixième expérience. — M..., pour corriger cet échec, verse de nouveau de l'éther dans la vessie; et, comme s'il était guéri de ses craintes, rien que par l'odeur, il est résolu d'abolir cette fois l'action musculaire, de rester debout, de tomber au besoin et de laisser tomber, sous l'influence de l'éther, montre et appareil. Respirant avec plus de précaution que dans la quatrième expérience, il est bientôt, après deux inspirations de vapeurs d'éther, dans une ivresse complète; il est obligé de s'asseoir, et il continue les inspirations; mais cette fois il éprouve un affaissement musculaire inattendu. Il sent qu'il va perdre connaissance, dépose la montre, laisse tomber l'appareil et s'étend au fond du fauteuil. Le pressentiment de cette perte de connaissance lui vaut un rêve dans lequel il meurt. En se réveillant, il a de la peine à se rassurer contre la réalité des dangers que le songe lui a fait courir.

Il va, tant bien que mal, respirer, à pleins poumons, de l'air frais sous la fenêtre; l'odeur éthérée de son haleine lui inspire un profond dégoût, comme cela arrive pour le vin quand on y est peu habitué et qu'on en a pris une certaine quantité. Malaise général, excrétion de gaz par la bouche et par l'anus, comme avant ou après le vomissement, comme aussi dans l'ivresse produite par l'alcool ou par le tabac. Affaissement musculaire avec un léger tremblement; agacement des dents, tiraillements nerveux dans les muscles des membres inférieurs, comme après des veilles prolongées ou des fatigues physiques; besoin de repos et de sommeil. Toutes ces expériences ont duré de neuf heures trois quarts jusqu'à deux heures et demie, en tout trois heures trois quarts.

M... se met au lit, n'éprouvant que de la fatigue et du dégoût pour l'éther; mais point de céphalalgie; il se réveille au bout de quelque temps après avoir rêvé, puis dort d'un trait jusqu'au matin.

Le lendemain, M... se réveilla bien dispos, actif d'esprit et de corps. L'haleine était fortement éthérée et le fut encore d'une manière sensible pour d'autres personnes pendant plus de trente heures. Dégoût pour l'éther : soif d'air frais et d'eau pure; fonctions digestives activées; urines pas plus abondantes que d'ordinaire, jaunes, limpides; quelques érections dans la journée. Il ne faut pas oublier un peu de chaleur à la tête, qui se dissipa en moins d'une heure. Pendant quelques jours, l'activité musculaire persista, malgré les occupations les plus fatigantes et la chaleur des premiers jours de juillet. De même aussi, des craquements dans les articulations et particulièrement dans toutes les articulations des doigts.

ARTICLE III. — *Remarques générales.*

De ces observations répétées souvent, il résulte pour moi des *vérités* importantes.

Inhalations : avec la vessie, ou un appareil clos au moyen duquel on inspire les vapeurs d'éther, l'éthérisation marche aussi rapidement qu'avec tout autre appareil. Que si l'on bouche les narines de manière à être obligé d'expirer dans l'appareil, l'effet est bien plus prompt. Il est produit dans deux, trois longues inspirations, en une minute et demie, deux minutes au plus. Si l'on verse dans l'appareil une quantité d'éther, considérable ralativement à la capacité de l'appareil, des phénomènes d'irritation insupportable sont amenés. MM. Porta, Buffini, ont démontré que l'air de l'appareil devait n'être que saturé. Au delà, l'éther ne s'y trouve plus en dissolution seulement, mais aussi à l'état vésiculaire. J'ai déjà parlé à satiété de l'action irritante de vapeurs que j'appelais *trop concentrées,* ignorant alors les conditions dont M. Buffini a si bien rendu compte. L'observation personnelle m'avait démontré qu'il y avait tel état de l'air chargé de l'éther le plus pur, qui irritait. On peut juger maintenant la valeur du principe des appareils qui envoient sur les surfaces des voies respiratoires un air éthéré, dont le degré de saturation ne peut être évalué, ou qu'on agite avec des moyens plus ou moins simples.

Le temps qui suffit à l'éthérisation (5e expér.) est moindre, avec la vessie, que le temps au bout duquel la gêne de la respiration, ou le besoin d'oxygène se fait sentir. Bien plus, l'éthérisme produit, en fermant les narines, et en maintenant l'appareil appliqué sur la bouche, on peut prolonger l'expérience au delà de cette époque, sans qu'il survienne de congestion, comme elle surviendrait s'il n'y avait pas de vapeurs d'éther dans l'appareil et dans le sang. Ce fait, remarquable à plus d'un titre, je l'ai observé dans une éthérisation avec la vessie, et j'en ai été vivement frappé, sur M. R...., élève en droit, qui alors avait déjà absorbé une grande quantité de vapeurs d'éther.

L'expérience n° 5, au moment même, m'arrachait ce cri : «Ils ont raison, ceux qui prétendent que les vapeurs d'éther agissent en asphyxiant ! Les effets de l'ivresse redoublent parce que j'inspire l'acide carbonique expiré, qui agit comme les vapeurs d'éther. Donnez-moi assez d'acide carbonique, assez de vapeurs... dans une minute, je serai insensible, etc.» Mais évidemment, les effets ont augmenté parce que j'inspirais les vapeurs d'éther que j'expirais au moment même, ce qui prouve, soit dit en passant, quelle grande quantité de vapeurs est exhalée à chaque expiration ; les effets ont augmenté, peut-être parce qu'en même temps l'action de l'acide carbonique s'ajoutait à celle des vapeurs d'éther.

Faites encore l'expérience suivante, pour savoir si les vapeurs d'éther produisent l'insensibilité en rendant le sang noir, en asphyxiant. Avec deux doigts fermez complétement les narines, et maintenez les lèvres rapprochées. On se trouve tout à fait dans les conditions de la 5e expérience. Ce sont les conditions où les partisans de l'asphyxie éthérique placent le sujet qui fait les inhalations d'éther. Eh bien, avant une minute et demie, l'air qui pénètre dans les poumons ne suffira plus aux besoins de l'hématose ; le visage se congestionne, on est forcé de respirer librement et l'on est *essoufflé*. Que deviendrait donc votre malade si les vapeurs d'éther non-seulement déplaçaient dans les poumons une quantité d'oxygène nécessaire à la respiration, mais encore enlevaient au sang rouge celle qui le rend rouge, lui donne ses propriétés physiologiques ? On peut s'étonner que, cinquante ans après Bichat, il se rencontre des physiologistes qui font circuler sans danger du sang noir dans l'économie pendant le temps que dure l'insensibilité, c'est-à-dire pendant deux ou trois heures.

Je reviens aux remarques générales sur le résultat des expériences précédentes.

En ne faisant que deux inspirations, je n'étais qu'*enivré* ; cela prouve que si la période d'ivresse manque, c'est parce qu'elle n'a pas le temps de se manifester.

8

Sauf les battements d'oreille, les vibrations et les contractions musculaires spasmodiques, et enfin sa fugacité, M... n'a point trouvé de différence entre l'ivresse éthérée et l'ivresse alcoolique. Quand il a été,
en quelque sorte, saturé de vapeurs d'éther, il a éprouvé pour elles,
que d'ordinaire il inhale avec délices, un dégoût qui lui a paru, ainsi
que toutes les circonstances concomitantes, tout à fait semblable au
dégoût qu'il éprouve pour le vin, quand il en a ingéré une certaine
quantité. Malaise, nausées, etc., au bout de la sixième expérience, identiques aux mêmes phénomènes produits par l'ivresse alcoolique, ou
par l'ivresse de tabac. L'ivresse postérieure au sommeil a toujours
été semblable à l'ivresse antérieure, qu'il produisait en ne faisant pas
les inhalations avec suite. D'où je conclus que les malades qui ont été
éthérisés sans avoir été en apparence excités, ont échappé à l'excitation parce qu'ils ont absorbé en un temps donné une quantité de
vapeurs assez considérable pour les endormir ou les *prostrer* presque
immédiatement, quantité proportionnelle à la *capacité* de chaque individu.

Il y a ici une nouvelle analogie avec l'ivresse alcoolique.

Le narcotisme, dans les dernières expériences, a été amené aussi
rapidement que dans les premières, seulement M... éprouve à la première expérience des contractions spasmodiques qu'il n'avait pas
éprouvées précédemment. M... est assez robuste, je l'ai dit, il est
médiocrement irritable ; voilà des vapeurs irritantes en contact avec
ses muscles ou avec ses nerfs : il éprouve des contractions spasmodiques ; un peu plus, c'étaient des contractions tétaniques, ou si les
mouvements avaient été dirigés par les facultés intellectuelles, per-
verties, c'était un délire furieux. Les vapeurs d'éther ont ajouté au
système musculaire de M... une irritabilité qu'il n'avait pas, elles ont
mis son système musculaire dans les conditions du système musculaire
d'une femme hystérique, et à un moindre degré, dans celles du système musculaire d'un individu irritable, naturellement ou par l'usage
de boissons alcooliques. Il est à prévoir, de là, qu'il sera difficile de

prévenir l'excitation chez ces sortes de sujets. Mais le remède est à côté du mal. L'excitation musculaire ou autre se résolvant dans le narcotisme, et celui-ci survenant d'autant plus vite, que l'individu absorbera dans un temps donné une quantité plus considérable de vapeurs, *quantité variable suivant la capacité de l'individu,* l'excitation et les convulsions seront prévenues ou arrêtées par l'administration rapide de vapeurs suffisantes.

L'activité musculaire, plus grande seulement avant ou après le narcotisme, quand le système musculaire est naturellement peu irritable, ou n'est pas irrité par des vapeurs d'éther déjà introduites, *tend à s'exercer d'une manière désordonnée, spasmodique,* quand les nouvelles vapeurs peuvent augmenter, et augmentent l'irritation déjà existante (6e expérience). Mais l'organisme est abattu par les vapeurs quand il en a été en quelque sorte saturé, et les spasmes n'ont plus lieu, pas plus que s'il était hyposthénisé par du tartre stibié; considération de la dernière importance pour la pratique. Quand vous voudrez éviter l'*agitation de retour,* faites absorber beaucoup d'éther; quand le malade a besoin de toutes ses forces, éthérisez avec la moindre quantité de vapeurs qu'il est possible.

Le sommeil qui survient à une certaine époque de l'éthérisation est analogue au sommeil ordinaire; seulement il est produit par un agent introduit brusquement dans l'économie, et à cause de cela peut en être distingué, et appelé narcotisme : de plus, il ne sera dissipé qu'à mesure que l'excès de la quantité de vapeurs absorbées est éliminé. Les rêves faits durant ce narcotisme, et le réveil, ne diffèrent pas des rêves, du réveil ordinaires. On continuerait de rêver, de dormir, plus longtemps que cela arrive habituellement, si une cause quelconque ne vous réveillait pas. J'ai vu des individus opérés dormir ainsi: alarmé de ce sommeil, on les a secoués, on leur a jeté de l'eau froide à la figure. Ils ont été réveillés en sursaut, s'il y avait simplement sommeil. Ils regrettaient vivement le bonheur dont ils jouissaient, et protestaient contre ces précautions quand on voulait les renouveler.

Si le narcotisme est plus profond, il n'y a point de sursaut ; il se passe ce qu'on voit quand on réveille quelqu'un d'un profond sommeil, ou d'un sommeil qui survient dans une ivresse alcoolique. Enfin, le narcotisme éthéré est tel que les fonctions cerébrales restent abolies malgré toute excitation : le malade est dans le coma d'un homme ivre-mort. L'abolition de la sensibilité générale, de la sensibilité spéciale, de la sensibilité du cerveau, comme organe de perception des sensations tactiles, est distincte du narcotisme ; car elle peut être amenée en dehors de ce narcotisme. L'abolition des fonctions de chaque appareil peut être isolée, ou avoir lieu en même temps que celle d'un autre. De là ces éthérismes si variés ; de là cette *action si capricieuse* de l'éther.

Mes observations, celles que j'ai puisées partout, démontrent cette localisation, non constante cependant, de l'action de l'éther. J'en prends acte pour ma théorie. Avant d'être abolie, la sensibilité générale ou spéciale, comme la contractilité musculaire, dans une *éthérisation normale,* est exaltée, puis engourdie ; avant d'être réveillée, elle est engourdie, et passe à un certain degré d'exaltation qui disparaît bientôt ; oscillations semblables à celle du pendule qui a reçu un choc insolite.

Action secondaire. — C'est à l'action secondaire de l'éther que j'attribue les sueurs, les rapports gazeux, les nausées, la faiblesse musculaire, la chaleur à la tête : qu'on juge de ce qui serait arrivé à un individu moins bien portant que M... Je ne comprends pas comment on a pu noter comme des phénomènes presque propres à l'action de l'éther, des céphalalgies qui ont duré des semaines entières, des convulsions, des tremblements, des vomissements, etc. Enivrez plusieurs fois l'homme le plus vigoureux avec de l'alcool, et vous verrez ce qui lui arrivera. Mais on le voit tous les jours.

Suites. — Les suites de l'éthérisation de M... prouvent qu'il a été *tonifié.* Je puis déclarer que je me suis toujours parfaitement trouvé d'une éthérisation ordinaire, et j'ai profité et je profiterai de l'éther comme d'un tonique très-agréable.

J'ai parlé de l'abolition de la sensibilité ; il est évident qu'il ne s'agit que de la sensibilité la plus exquise, de la sensibilité animale des auteurs; nous verrons plus tard avec plus de détails les modifications éprouvées par la sensibilité dite *végétative,* et que j'ai à peine indiquées. Je vais maintenant insister sur les points les plus importants parmi ceux qui constituent l'éthérisme.

ARTICLE IV. — *Sensibilité générale.*

Qu'une douce chaleur se répande du thorax dans tout le corps, et que successivement, mais non dans l'ordre toujours le même, elle se répande dans les extrémités, les membres inférieurs, dans les membres supérieurs, dans la tête, c'est un fait acquis. J'ai même lu quelque part que cette chaleur partait du côté gauche du thorax. Je ne l'ai jamais constaté, mais cela ne m'étonne pas. A l'impression bientôt générale de cette chaleur, succède un sentiment de dilatation ; puis des vibrations rhythmiques semblent ébranler tout l'organisme ; elles augmentent de plus en plus en intensité, deviennent de véritables battements.

Si alors on veut constater l'état de la sensibilité en pinçant ou en piquant le sujet éthérisé, il témoigne une douleur plus vive que celle qu'on s'imaginait produire. La sensibilité est exaltée. Bien des fois, avec un appareil à soupapes et dans des éthérisations lentes, j'ai éprouvé une véritable douleur au pourtour des lèvres, soit au commencement, soit à la fin, là où l'embouchure de l'appareil a été appliqué. Les sujets éthérisés se révoltent, quand on veut les pincer plusieurs fois, au commencement de l'ivresse éthérée. Cette exaltation, si courte dans les heureuses éthérisations qu'on ne la remarque pas, fait place à une diminution de la sensibilité. C'est alors que des fourmillements sont ressentis par certains sujets (plante des pieds, membres).

Le monde extérieur, les objets, l'air atmosphérique, ne produisent plus leur impression ordinaire; celle qu'ils produisent ne saurait être mieux comparée qu'à celle de l'air et des objets sur une partie presque congelée ou qui a été comprimée directement, ou dont le tronc nerveux a été comprimé, et, encore, dont la sensibilité est lésée consécutivement à une altération du système nerveux central. Tout cela revient au même.

Les sensations du chaud, du froid, continuent-elles de persister, comme on l'a dit, jusqu'au moment de la perte de connaissance : de même nous verrons persister le toucher, la vision, l'audition, pendant que la sensation douloureuse n'est pas perçue. Il est évident pour moi que, dans ces cas, il n'y avait pas éthérisation complète.

Enfin, la sensibilité engourdie disparaît complétement; le sujet éthérisé ne réagit plus contre les irritants, soit qu'il parle et exécute tous les mouvements volontaires comme dans l'état normal, soit qu'il paraisse, et soit réellement endormi et que la perte de l'exercice des sens et des facultés intellectuelles l'ait rendu étranger à tout ce qui l'environne. Les battements dont retentissait tout l'organisme ont suivi une marche inverse de celle de la perte de la sensibilité, c'est-à-dire qu'ils sont le plus intenses au moment où le sommeil survient, où la conscience s'efface. *Quand celle-ci est conservée* (sauf pour ce qui est relatif à la sensibilité générale), je ne saurais dire si les battements sont perçus, mais cela ne doit pas être, parce qu'elles dépendent de la modification des nerfs sensitifs; la fonction de ceux-ci complétement abolie, les vibrations, ainsi que la lésion des tissus, ne sauraient être transmises au cerveau; quant aux battements particuliers, bourdonnements d'oreille, dans le dernier cas, ils persistent, comme on peut s'en assurer en interrogeant les malades parfaitement insensibles non endormis.

Non-seulement la sensibilité n'est pas brusquement abolie, mais encore elle ne subit pas au même moment une modification égale dans toutes les parties du corps; ainsi, *j'ai pincé* des personnes éthérisées aux membres, et elles ne manifestaient pas de douleurs, tandis que pincées ailleurs, elles étaient encore sensibles. Je ne pense pas, du reste, que l'insensibilité se distribue dans l'organisme en suivant un ordre donné; au moins n'ai-je pas assez de faits pour rien affirmer à cet égard.

D'ailleurs, cette sorte de localisation de l'action éthérée n'est pas particulière à la sensibilité animale générale, nous la verrons se reproduire non-seulement pour des systèmes organiques, mais même pour de petites fractions de système.

Je n'insisterai pas sur les conditions *mécaniques* ou constitutionnelles qui influent sur la rapidité avec laquelle la sensibilité s'abolit (toux, agitation musculaire, etc.); comme l'insensibilité est obtenue ou n'est pas obtenue, surtout, suivant l'action de l'éther sur le système musculaire, je renvoie à ce chapitre l'étude de l'influence de l'âge, du sexe, des constitutions, sur la production de l'insensibilité.

Une première éthérisation rend-elle plus faible une éthérisation suivante? S'il y a plusieurs jours d'intervalle entre les deux éthérisations, la seconde peut être plus facile par cela que le sujet à éthériser remplira mieux les conditions mécaniques d'une bonne inhalation. S'il y a un intervalle d'un jour, comme alors il se trouvera encore sous une certaine influence de l'éthérisation antérieure, influence tonique selon moi, et pour peu que sa constitution soit robuste, il sera exposé plus facilement aux inconvénients d'une excitation plus ou moins vive. Il n'en est pas autrement quand les éthérisations sont pratiquées à quelques heures d'intervalle. Je crois ces propositions justifiées par ma propre expérience. Je trouve une pareille remarque dans la brochure de M. Heyfelder, relativement à ses 12ᵉ et 14ᵉ observations (p. 17). Ce que je dis ici ne s'applique pas, d'ailleurs, aux sujets faibles, qui s'éthériseront toujours sans difficulté.

Quand il s'agit d'éthérisations faites coup sur coup dans le but de maintenir un état d'insensibilité durant une longue opération, la deuxième exerce un effet plus rapide que la première; l'heureuse pratique de tous les chirurgiens qui ont recours aux inhalations intermittentes en fournit des preuves journalières. Ce que je viens de dire n'engage pas à faire *des inhalations d'essai.*

Durée de l'insensibilité. — Quand on voudra bien se rendre compte de toutes les circonstances qui augmentent ou diminuent la quantité de vapeur absorbée dans une inhalation, on ne comptera pas avec tant de soin le temps des inhalations antérieures à l'abolition de la sensibilité pour en tirer des conclusions relatives à la persistance de cette abolition. En d'autres termes, la rapidité avec laquelle l'insensibilité a été amenée n'influe pas sur sa durée : on sait, en effet, si les inhalations sont suspendues, l'insensibilité une fois produite, que celle-ci n'a généralement que la durée d'un instant ; généralement, car il s'est présenté des cas où l'éthérisme a lieu dans des circonstances pareilles où le sujet a été plongé dans le sommeil quand on n'avait aucune raison de s'y attendre. Un cas très-remarquable est celui d'un noble de Vienne, grand et robuste, que cite Kronser (p. 41).

Il est vrai de dire que la sensibilité reste abolie d'autant plus long-temps que les inhalations ont duré davantage, depuis le moment où l'insensibilité a été établie. Je ne citerai que le fait le plus remarquable que je connaisse ; il est emprunté à la pratique de M. Hey-felder (100ᵉ observation). Une malade âgée de vingt et un ans, d'une constitution robuste, demeura insensible près de trois heures ; elle l'était devenue au bout de quatre minutes d'inhalations : celles-ci furent continuées près de trente minutes en tout.

L'insensibilité peut être accompagnée d'un état variable des diverses fonctions de l'économie ; je ne ferai que les indiquer sommairement.

L'insensibilité survient : 1° avec le sommeil éthéré qui la précède quelquefois, mais toujours de fort peu de temps ; 2° en même temps que la perte de connaissance ; 3° dans un état d'intégrité en apparence complète des fonctions intellectuelles ; 4° au milieu de phénomènes d'excitation le plus souvent si peu vive, qu'elle n'attire pas l'attention ; 5° toujours avec spasmes plus ou moins étendus.

J'ai déjà indiqué, plus haut, ce qu'il faut penser du narcotisme qui suit les éthérisations. Je dirai ici, à cause de l'intérêt pratique, ce qui devrait se rattacher au paragraphe des facultés intellectuelles. M. le professeur Blandin, en résumant (Acad. de médecine, séance du **23 mars**) ce qui avait été fait jusqu'alors dans la question de l'éther, non sans de grandes réserves contre l'emploi de cet agent, a relevé avec éclat un fait de la chirurgie américaine, un fait de M. Dix, rapporté par J. Bigelow (*The Lancet,* **2** janv.). J'en trouve un analogue dans la brochure de M. Warren (p. **7**, obs. **9**). Pendant près d'une demi-heure, le jeune homme de Dix et la malade de Warren restèrent plongés dans le coma. On les fit alors marcher, en les soutenant, pour dissiper la torpeur, après avoir employé d'autres moyens.

Mais si l'on veut bien considérer les phénomènes éthériques, se rappeler les propriétés de l'éther déjà établies par Barbier, propriétés analogues à celles de l'alcool, peut-on encore s'étonner que des individus qu'on a profondément enivrés ne se réveillent pas immédiatement après l'opération, ne parlent pas, ne marchent pas? Parce que les chirurgiens américains n'ont pas su se rendre compte de l'état de leur malade, est-il nécessaire de répandre l'alarme? Il est inutile d'aller en Amérique chercher des malades qui ont présenté un narcotisme plus ou moins profond, après avoir été éthérisés. Si tous les sujets faibles qui l'ont été tant soit peu étaient forcés de marcher, au lieu d'être étendus tranquillement dans leurs lits; si l'on essayait de réveiller tous ceux qui ont été éthérisés pour des opérations longues, on verrait comme ils marcheraient, comme leur intelligence serait lucide!

Je vais traduire la fin de la 100ᵉ observation de M. Heyfelder; c'est un beau cas d'ivresse éthérée qu'il faut signaler à ceux qui ne reconnaissent pas encore cette ivresse. « Le visage, pendant la durée des inhalations, était pâle, la pupille contractée, la salivation abondante, le pouls petit et à **76**; la résolution, générale. La malade ne reprenant pas connaissance, on la porta à la fenêtre deux minutes après l'opération; on projeta sur elle de l'eau froide, et on lui fit respirer de l'ammoniac. Après quatre minutes, elle ouvrit un instant les yeux, ne répondit pas aux questions, et ne réagit même pas contre les piqûres d'épingles et contre le chatouillement de la muqueuse nasale avec une

9

plume. Après six minutes, elle porta la main saine à la main opérée ;
après huit minutes, vomissements, gémissements, tressaillements de la
main malade ; de plus, elle ouvrit les yeux. Après onze minutes, elle
chercha à se lever, étendit les membres, voulut parler, mais ne put
articuler des sons intelligibles ; enfin, elle dit avec beaucoup de peine :
J'ai froid. Elle ne sentait pas encore. Après quinze minutes, on la mit
au lit. L'ivresse éthérée dura jusqu'à trois heures de l'après-midi (inhalations à midi). Il y eut alors une légère hémorrhagie qui fut arrêtée
avec des compresses imbibées d'eau froide. Là-dessus elle reprit ses
sens. Son pouls était normal, la coloration du visage naturelle, les
pupilles très-dilatées ; elle manifesta de l'appétit. En décomptant les
interruptions, elle a respiré les vapeurs d'éther, en tout pendant trente
minutes. A son réveil, elle rendit une quantité considérable d'urine
claire, qui avait une forte odeur éthérée. » (P. 55.)

Après cette observation, qui ne laisse pas percer une très-grande
inquiétude de la part du chirurgien, je n'ai plus à parler beaucoup du
coma ou du narcotisme consécutif à l'éthérisation. Il est toujours proportionnel au volume de vapeurs d'éther absorbées, ce qui ne veut
pas dire grand'chose, puisque ce volume varie pour chaque constitution, pour chaque individu. Cette observation confirme également
plusieurs points déjà traités ou qui me restent à traiter. Il est inutile
de faire observer que le coma consécutif à une opération est d'une
gravité relative à celle de cette opération et à l'état général du malade.
Nous verrons quels seront les moyens propres à y remédier ; mais on
peut déjà prévoir que du vin, des alcooliques, tous les excitants moins
faciles à éliminer que l'éther, seront plus dangereux qu'utiles.

Retour de la sensibilité. — Elle revient graduellement, obtuse d'a-
bord, puis ordinaire, normale ; puis exaltée, et cela plus ou moins
longtemps. Cette gradation de la sensibilité se fait en général très-
rapidement.

L'exaltation de la sensibilité, *exaltation de retour,* n'est pas constante ; elle manque dans les cas où le sujet saturé de vapeurs d'éther

est invinciblement porté au sommeil ou est en proie à une grande prostration.

Les piqûres, les contusions de la peau, faites pendant l'état d'insensibilité, ne rougissent point; mais elle deviennent rouges et très-douloureuses à mesure que la sensibilité revient.

«Une brûlure superficielle assez large, causée par de l'éther enflammé pendant les inhalations, guérit si rapidement, qu'on n'eût pas cru qu'une lésion avait eu lieu.» (*Zeitsch. Henle u. Pfeuffer* 6, 1°, p. 78.)

Article V. — *Sensibilité spéciale.*

Toucher. — Est-ce le sens du toucher qui est surexcité quand, au commencement de l'ivresse éthérée, on éprouve des vibrations si bizarres dans tout l'organisme? est-ce lui qui persiste quand, près de devenir insensible, on ne sent plus qu'un *contact* sans douleur si l'on est pincé, piqué, opéré, ou n'est-ce que la sensibilité générale exaltée, dans le premier cas, engourdie, dans le second? Il est cependant remarquable que le toucher paraisse s'exercer encore parfaitement, comme s'il était dû à une névrosité spéciale, alors que la sensation douloureuse n'est guère perçue.

Ouïe. — Les bourdonnements, ou plutôt ces battements rhythmiques de diverses sortes décrits plus haut, sont-ils des bruits réels qui frappent l'ouïe, dont la sensibilité est excessivement exaltée? Sont-ils dus à une espèce d'hallucination de l'ouïe? La vive impression des bruits ordinaires, le son grave au-dessus duquel les autres retentissent, m'avait fait pencher vers l'opinion que l'ouïe n'était que plus sensible aux bruits qui l'environnent. Mon ami, élève de Strasbourg, M. Kaufmann, s'est demandé si les battements sentis par l'oreille étaient autre chose que les battements des artères.

On pourrait objecter à cette explication que les battements des artères devraient être bien plus fréquents (les pulsations radiales le sont bien moins que les battements des oreilles); d'un autre côté, les battements des vaisseaux de tout calibre entourant l'oreille sont loin d'être isochrones à ceux du cœur.

Mais voici d'autres faits que j'ai constatés en songeant à ces singuliers bourdonnements d'oreille. 1° En faisant contracter aussi énergiquement que possible les muscles de la face qui concourent à l'expression sardonique, le risorius, les zygomatiques, etc., on entend la vibration sourde qu'on perçoit dès le commencement de l'éthérisation. Dans ces efforts de contraction, il y a sans doute contraction des muscles élévateurs du voile du palais, qui empêche la libre circulation de l'air dans la trompe d'Eustache; mais cette contraction ne semble pas avoir lieu dans le cas suivant. 2° Faites contracter de même isolément les muscles des yeux : même vibration, dont la durée est toujours celle des contractions. 3° Placez un index dans chaque conduit auditif : même vibration isochrone du reste aux ondes sonores qui viennent de la *rue,* transmises par le sol au corps par l'intermédiaire des corps solides. 4° Fermez les conduits auditifs, faites contracter tous les muscles précédents : les vibrations sont plus intenses. 5° Faites contracter de plus, et toujours énergiquement, les muscles rotateurs du cou, de manière à secouer vivement la tête, non-seulement vous percevez des vibrations intenses, mais elles ont un timbre métallique, semblable, sauf une plus grande fréquence, au bruit métallique perçu quand on ausculte le cœur de certains malades, ou qu'on frappe avec le doigt d'une main sur l'autre, appliquée sur une oreille. Ces exercices, qui finissent par devenir peu agréables, permettent de s'assurer de l'influence qu'exercent sur l'audition les contractions musculaires, et un certain état dû aux vapeurs d'éther, identique à celui qu'on produit en bouchant les conduits auditifs externes ou la trompe d'Eustache. Je laisse maintenant construire la théorie des bruits étranges dont les oreilles sont le siége durant l'éthérisation. Je rappellerai seulement qu'ils ont le même timbre que les bruits perçus dans les circonstances précédemment citées.

Si l'on admet que le bourdonnement d'oreille, le premier phéno-

mène éthérique qui apparaisse et qui est d'abord identique au bourdonnement produit artificiellement, correspond à une diminution
de la sensibilité acoustique, il n'y aura donc point de période d'exaltation pour l'ouïe ? Je rappellerai que, malgré les bourdonnements,
malgré les battements métalliques, on entend distinctement les bruits
extérieurs, que leur retentissement finit par devenir très-désagréable ;
d'autre part, l'ouïe perçoit mieux l'ébranlement des corps solides par
l'auscultation immédiate que par l'intermédiaire de l'air atmosphérique.
Je regarde donc les sons de toute espèce, dont l'oreille est frappée au
commencement de l'éthérisation, comme étant des ébranlements réels
perçus par l'ouïe exaltée. J'ai dit, dans les observations, que ces bruits
désagréables disparaissent avant qu'on ait tout à fait perdu conscience.
Évidemment alors, l'appareil auditif est déjà engourdi, et sa période
d'insensibilité, arrivée. J'ai souvent remarqué la persistance de l'audition pendant que je paraissais *mort*. Vous entendez les bruits, les voix ;
vous savez que votre état inspire de vives inquiétudes ; vous ne respi-
rez plus. Plusieurs observateurs ont fait la même remarque ; l'audition
ne semble être abolie qu'avec la conscience ; il en est souvent de même
de la vision, du toucher. La vision et l'audition persistent quelquefois
ensemble pendant qu'on est parfaitement insensible. Je m'explique
cela par l'éthérisation incomplète de l'économie, et particulièrement du
cerveau et des organes des sens spéciaux.

Vue.—Je ne connais qu'un seul fait d'oxyopie (Ryba,*Vierteljahschrift*,
Prague) ; elle a dû s'offrir à un moment peu avancé de l'éthérisation.
On comprend qu'il est difficile de constater souvent l'augmentation de
la puissance visuelle ; il n'en est pas de même du trouble et de l'abolition de la vision. C'est une chose remarquable que les vapeurs éthérées
finissent par agir partout comme une cause qui paralyse le système
nerveux. Nous avons déjà vu des fourmillements et autres sensations
de même nature ; nous verrons les muscles frappés dans leur contractilité, et capables encore de se contracter sous l'influence de l'action
réflexe de la moelle, comme cela arrive dans une paralysie patholo-

gique. Ici, ce sont des paralysies des fonctions de l'œil, analogues aux paralysies partielles, générales, momentanées ou permanentes de l'appareil visuel. (Tout cela éclairera le diagnostic, et, par suite, le traitement de ces affections; tout cela vient à l'appui de ma théorie de l'action physique, mécanique, des vapeurs d'éther.) Il est inutile d'insister sur l'abolition graduelle du trouble de la vision en général. J'ai devant les yeux, entre autres observations, celle d'un malade de quarante et un ans, sorti guéri d'une fistule à l'anus le 3 mai. Il a été opéré par M. Roux. Voici ce que j'ai lu dans le registre du bureau : Au bout de deux minutes d'inhalations, contractions dans les muscles des avant-bras et des cuisses qui deviennent rigides; face injectée, *bluettes rouges devant les yeux,* paroles sans suite, etc. Il faut peut-être rapporter le fait que je citerai tout à l'heure, au même genre de trouble; il aurait seulement coïncidé avec l'extraction de la dent. On sait que ces bluettes, ces étincelles, etc., appartiennent à l'amaurose commençante. Je rappellerai encore, parmi de nombreux faits d'amblyopie, celui qui m'est propre (voy. observations p. 51).

Dans ce cas, l'éthérisation a influé sur l'action d'écrire, comme si chaque œil disposait à son tour, et presque instantanément, de la perception cérébrale et de la volonté. Les yeux étant fermés, la main, dirigée par la volonté, pouvait écrire. — L'irritation du nerf optique, par un courant galvanique, chez les animaux éthérisés, dit M. Longet, ne détermine point de contraction pupillaire, ce qui démontre l'insensibilité du nerf optique, une contraction de l'iris indiquant les étincelles lumineuses.

Voici des faits contraires : on n'a pas noté l'état de la pupille chez un patient éthérisé à qui l'on pratiquait l'extraction d'une dent; mais il a exprimé en paroles très-claires que l'opération a été accompagnée du passage d'un éclair, d'une lumière éblouissante devant les yeux.

Chez plusieurs malades éthérisés, j'ai écarté les paupières pour constater l'état des pupilles. Ils ne voyaient pas, et cependant leur pupille se contractait sous l'influence de la lumière. Admettez-vous

que les vapeurs d'éther n'ont aboli que le degré de sensibilité de la
rétine, nécessaire à l'exercice normal de ses fonctions? Mais on sait que
la rétine peut être paralysée, et la contraction de l'iris avoir lieu (dans
certaines amauroses). Sous l'influence de l'éther les mêmes contractions peuvent avoir lieu, et c'est évidemment par une action réflexe
des tubercules quadrijumeaux. (V. Longet, p. 471.)

Qu'il nous soit permis d'ajouter ici, pour l'iris, ce qui, dans l'ordre
physiologique, serait mieux à sa place au chapitre de la contractilité
musculaire. Remarquons d'abord cette action de l'éther, analogue à
celle des excitants et des narcotiques, qui ne diffèrent au fond des
excitants que par leur action plus énergique pour des doses données.
Dans une ivresse éthérée légère, contraction des pupilles comme dans
une ivresse alcoolique; dans le coma éthéré, dilatation des pupilles,
comme elle existe dans le coma alcoolique, dans les autres intoxica-
tions narcotiques ou non. Mais on observe des pupilles contractées
pendant un éthérisme profond? C'est vrai, et, chose plus curieuse,
on observe quelquefois une pupille très-dilatée, l'autre étant très-
contractée, comme aussi un *œil strabique*, tandis que l'autre ne l'est
pas. J'explique cela encore, en disant que les vapeurs d'éther n'agissent pas également, et surtout dans une éthérisation peu longue, sur
toute l'économie; que tel organe est paralysé dès qu'il reçoit et tant
qu'il reçoit du sang convenablement éthéré. Donc, s'il y a des contractions pupillaires, comme d'autres, c'est qu'elles ont lieu à cause de
l'éthérisation légère du liquide qui passe. Qu'on se souvienne de l'élimination rapide des vapeurs d'éther. Et je dis que cela n'arrive qu'a-
près des inhalations de courte durée; car je défie l'observation de
trouver une contraction musculaire quelconque dans un coma profond, coma qui a dû être produit par des vapeurs d'éther saturant
tout l'organisme. Maintenant on peut apprécier à leur valeur, comme
signes diagnostiques de l'éthérisme, la dilatation de la pupille, ainsi
que la contraction du muscle grand oblique de l'œil.

L'odorat, le goût, s'abolissent également, et ainsi tous les autres
sens, sens du chatouillement, etc. (voy. Gerdy, *Physiol. philosoph.*

des sensations). J'ai eu occasion de constater une exaltation du goût.
M'étant un jour légèrement éthérisé avant le dîner, j'ai trouvé *très-
salé* ce qui n'avait pas une saveur particulière pour d'autres personnes. Le *sens de la volupté*, au commencement de l'ivresse éthérée,
non durant le sommeil, où les causes de l'excitation des organes
génitaux peuvent être complexes, est quelquefois plus actif. Au
moins, deux de mes amis, dont l'un, le docteur Sk., m'ont assuré,
après avoir été légèrement enivrés, dans des expériences auxquelles ils
ont voulu se soumettre, que le sens de la volupté, chez eux, n'a pas
été désagréablement affecté; l'un d'eux, le docteur Sk., n'a senti
qu'une douce chaleur. (Nous avons noté une douce chaleur se répandant du cœur vers les extrémités.) D'un autre côté, les aliénés de
M. Moreau ont eu des émissions spermatiques involontaires.

En résumé, la sensibilité spéciale parcourt les phases que parcourt
la sensibilité générale. Tous les sens spéciaux, *dans un ordre variable,
non constant,* sont émoussés, et enfin ne sentent plus. Non, ils peuvent
encore *sentir* ainsi que les parties qui ne sont douées que de la sensibilité générale, mais la *sensation* ne sera pas *perçue;* on sait, en effet,
qu'à la section des téguments des muscles, dans une amputation,
la *sensibilité* n'est pas abolie; la lésion locale provoque des mouvements directs ou indirects, liés plus ou moins à une action du système
nerveux central (pouvoir réflexe), mouvements en quelque sorte sympathiques; évidemment, ils ont été *sentis,* mais ils n'ont été nullement *perçus,* pas plus que le cerveau n'a perçu, par l'intermédiaire de
l'ouïe, les cris, les gémissements qui ont accompagné ces mouvements.
C'est cette perception qui fait toute la différence entre la sensibilité
animale et la sensibilité *végétative :* l'action de l'organe de la perception (qui est à trouver), nœud qui unit les deux moitiés de l'homme
et l'homme au monde extérieur, cette action, dis-je, a été abolie.

(J'ai vu, il y a peu de jours, une analyse du livre de M. Gerdy, sans
doute par un membre de l'Académie des sciences morales. Le critique
signale de suite une faute capitale, relativement à la signification donné
au mot *sensation.* Il est étonnant, j'ose en faire la remarque à un acadé

micien, qu'il n'ait pas été convaincu par les nombreux arguments
que M. Gerdy, comme par précaution, a développés largement (loc. cit.,
p. 13-29). Que les *philosophes* viennent donc voir éthériser !)

Facultés intellectuelles. — Il serait superflu de parler de l'exaltation
des facultés intellectuelles qu'amène l'ivresse éthérée comme toute
ivresse. J'indiquerai donc seulement de quelle manière les facultés
intellectuelles se comportent durant le narcotisme éthéré, et par rapport à la sensibilité.

1° Rarement le sujet s'endort avant d'être insensible. L'assoupissement correspond à l'abolition graduelle des facultés intellectuelles.

2° Rarement il les conserve toutes, quoiqu'il soit insensible, toutes,
moins celle de percevoir l'action du couteau sur les chairs. On a vu des
malades encourager le chirurgien durant l'opération.

3° Quelquefois les facultés sont abolies tout à coup, comme dans
une syncope (6ᵉ expérience).

4° Le plus souvent l'abolition des facultés intellectuelles est, pour
ainsi dire, isochrone à l'abolition de la sensibilité, comme dans un
sommeil ordinaire, avec cette différence que la sensibilité, dans le
narcotisme, a disparu complétement par l'action plus ou moins directe,
mais profonde, des vapeurs d'éther sur le cerveau, et que les muscles,
dans un éthérisme léger, ne sont pas toujours dans un état de relâchement. A un moindre degré de narcotisme, la sensibilité générale réagit contre une irritation énergique (division des tissus); seulement cette réaction, qui se traduit par des mouvements et par des
cris, n'est pas perçue par le cerveau, pas plus que ces cris et ces
mouvements.

5° Souvent, la sensibilité générale s'éteint avant les facultés intellectuelles (elle se rétablit aussi après elles). En d'autres termes, le
sujet devient d'abord insensible; on lui fait de profondes piqûres, il
ne se plaint pas : quand on lui demande s'il sent : «Oui, dit-il; mais
ce n'est pas douloureux,» ou bien : «Non, je ne sens rien.» Dans le

premier cas, la sensibilité persiste, mais elle est engourdie; dans le second, elle est abolie. Toujours l'intelligence s'exerce encore; elle s'éteint bientôt elle-même plus ou moins dans le narcotisme. Ce cas est intermédiaire au deuxième et au quatrième.

6° Qu'après une profonde intoxication, le sujet ne se réveille pas, plongé qu'il est dans le coma, il n'y a rien là d'étonnant. Qu'il se réveille, paraisse complétement revenu à lui, et que tout à coup il retombe dans un profond narcotisme, puis dans un état de somnambulisme, c'est plus remarquable. Je résumerai une observation qui montre un exemple du dernier cas (voy. un autre cas très-curieux, *Gazette des hôpitaux*, 14 août 1847).

Une lady, âgée de vingt-quatre ans, douée d'une belle constitution et de beaucoup d'esprit, d'un tempérament nullement nerveux, inhala, dans l'intervalle d'environ dix minutes, deux fois de l'éther pour l'extraction de deux dents. Une demi-minute après la dernière opération, elle reprend ses sens, sait tout ce qui s'est passé, sans avoir cependant rien souffert; elle rit, se félicite du résultat, tout en se rinçant la bouche, quand tout d'un coup elle tombe en faiblesse. Les extrémités sont froides. On lui fait respirer les sels, on emploie tous les moyens mis en usage dans ces cas, *on lui fait prendre un peu de vin*. Au bout de peu de temps, lady R. dit qu'elle sentait bien qu'elle avait sommeil; pendant deux heures elle resta couchée sur son divan. Durant la première, elle était dans un état comateux; châtouillée, elle montra qu'elle sentait et qu'elle était libre de ses mouvements; durant la seconde, son esprit était d'une vivacité, d'une justesse extraordinaire; conversation, anecdotes piquantes, discussions sur des morceaux de poésie, railleries inaccoutumées, elle fit tout, mais seulement d'un ton emphatique, comme si elle se possédait complétement. On aurait pu lui arracher des pensées secrètes. Deux heures ainsi passées, elle vit où elle était, et ne voulut croire qu'on lui avait extrait deux dents, ne se rappelant rien. Toujours affaissement musculaire, sensibilité parfaite. Elle voulut marcher, ses membres ne purent la porter; sa *tête* était troublée. Mise au lit, elle dormit peu toute la nuit; elle avait de la céphalalgie; elle se réveilla le matin, et elle dit qu'elle avait rêvé. Quand on lui parla de ce qui s'était passé la veille, elle fut bien surprise; elle n'avait souvenir d'aucun détail. (*The Lancet,* 27 avril.)

En définitive, l'état de cette lady, durant la première heure, diffère-t-il de celui d'un homme ivre-mort? Je ne le crois pas. Beaucoup d'individus n'oublient-ils pas ce qu'ils ont fait étant ivres? Durant la seconde, la lady paraît avoir eu les facultés intellectuelles plus intactes que cela n'arrive d'ordinaire, et même plus puissantes comme des somnambules.

Il est donc possible que les malades qui crient, quand on les opère, souffrent réellement, et que plus tard ils n'aient plus aucun souvenir de leurs souffrances? Certainement, si l'on ne pouvait crier et gémir qu'à la condition de souffrir; mais on crie parfaitement, sans qu'on ait conscience ni de ses cris, ni d'aucune souffrance.

Les *facultés affectives* doivent se comporter comme les facultés intellectuelles. Toutefois, dans une éthérisation ordinaire, quand on a vu des personnes maintenir l'appareil spasmodiquement sur la bouche, tout endormies qu'elles étaient, on est saisi d'une panique au moment de céder au sommeil (voyez observations). On peut dire, il est vrai, qu'alors l'intelligence est encore assez nette. D'un autre côté, quand on se réveille, il faut être prévenu qu'on peut être l'objet de l'illusion d'un rêve (voyez observations). J'ai vu un malade amputé d'un doigt par M. Guersant : pas la moindre expression de souffrance ni par la contraction des traits, ni par un cri. Réveillé, il dit qu'il avait horriblement souffert, qu'il avait été opéré à Saint-Cloud, quoiqu'il voulût être opéré par M. Guersant.

Relativement encore à ce que le malade éthérisé peut éprouver pendant qu'il est opéré, M. Beau, agrégé de la Faculté de Paris, s'est demandé s'il ne souffre pas dans une partie quelconque du corps, comme des femmes, durant des accès hystériques où elles peuvent être insensibles, disent avoir souffert. C'est une question d'autant plus naturelle, que, à part l'agent, cause des phénomènes, l'éthérisme a souvent la plus grande analogie avec des accidents hystériques. Jackson a déjà observé la nature convulsive de l'éthérisme. Mais, parmi mes nombreuses observations, il n'y a que le malade de M. Guersant qui ait déclaré, après l'opération, qu'il avait éprouvé des douleurs, et il avait évidemment rêvé.

Quant à la marche que suit l'abolition des facultés de l'intelligence et de l'affectivité, elle est graduelle, comme pour les sensibilités spéciales; de plus, elle suit l'abolition de celles-ci, mais de peu de temps. On a encore parfaitement conscience de son être, du moi, quand on est séparé déjà du monde extérieur, et de son propre corps, comme par un voile épais. Le cerveau bientôt est éthérisé lui-même davantage, et le moi persiste encore dans un rêve, si on fait un rêve (1). Le cerveau est-il éthérisé davantage, le moi du rêve disparaît lui-même. Le retour des facultés cérébrales se fait identique-

---

(1) Durant le rêve, le cerveau est d'une activité extraordinaire; on se réveille au bout de deux, trois minutes, et l'on ne conçoit pas comment en si peu de temps on a pu faire, penser toutes les choses qu'on a faites et pensées. Elles semblent avoir dû exiger au moins plusieurs heures. Notez que toutes les facultés paraissent avoir toute leur puissance ordinaire, si elle n'est pas plus grande. C'est ce qui m'a si souvent frappé, qu'en me réveillant, je me suis souvent écrié : L'âme est immortelle! avec un accent et dans des circonstances qui me rendaient passablement plaisant. Mes rêves sont toujours relatifs à mes expériences et à celles des autres. Point de ces erreurs qui accompagnent les rêves ordinaires, et qui les font reconnaître. Souvent je ne croyais pas avoir rêvé, tant l'action cérébrale, avant, durant et après le sommeil, était une, continue, régulière. J'ai toujours été étonné aussi de voir chaque fois toutes mes expériences comme récapitulées, un fait découvert dans la dernière des expériences entrer en ligne de compte avec les faits des expériences précédentes, et les contrôler. Je ferai observer à ceux qui, dans cette intégrité des facultés intellectuelles durant le rêve, croiraient trouver la preuve de l'indépendance d'un être psychique à l'égard du cerveau, qu'aucune des illusions ordinaires des songes ne pouvait avoir lieu, les faits auxquels ils étaient relatifs étant tout récents, tout *frais*, et ma tête étant *saturée* de cette question d'éther.

ment de même au réveil, et comme il se fait pour les sensibilités périphériques, mais dans l'ordre inverse. J'ai eu mainte occasion de
constater un phénomène assez curieux dans le rétablissement des
facultés intellectuelles : c'est leur retour par véritables saccades.
Pendant cinq, dix, vingt minutes, on s'écrie à chaque instant : « Maintenant, je suis tout à fait à moi ; » elles dépendent de l'exhalation des
vapeur d'éther à chaque expiration. Tout le monde a pu constater
la vérité de l'observation de M. Gerdy relativement à l'intelligence,
au moment où elle entre en action. M. Gerdy a observé ce qui se passe
chez le dormeur qui se réveille. L'éthérisation amène les mêmes résultats, et cela n'étonnera pas : la personne éthérisée ne s'endort que
d'un *sommeil artificiel*; ou bien, si vous voulez, cela prouve encore
que presque toujours la perte de connaissance, le narcotisme éthéré,
ne diffèrent pas du sommeil, de l'abolition journalière des facultés
intellectuelles chez l'homme sain.

J'ai dit presque toujours. En effet, bien des malades dont j'ai l'observation ont éprouvé une perte de connaissance subite comme dans
une syncope, je l'ai indiqué ailleurs ; elle est survenue chez moi-même
(expérience 6). Faut-il attribuer cette abolition de l'intelligence à la
paralysie momentanée et subite des nerfs du cœur par une grande quantité de vapeurs d'éther ? Oui, si en même temps la pulsation radiale a
disparu ; c'est ce que l'observation a encore à constater, comme tant
d'autres choses, dans cette question de l'éthérisation. Alors, dans ces
cas, la perte de connaissance subite a lieu par défaut d'une quantité
suffisante de sang dans les capillaires du cerveau, comme dans une
syncope ordinaire. Au contraire, le pouls n'a-t-il pas disparu, le visage
a-t-il une coloration normale ou même plus vive, on admettra nécessairement une éthérisation du cerveau lui-même : on comprend que
ce soit même plutôt lui que le cœur. Voici ce qui est arrivé chez l'un
des deux élèves en droit que j'ai éthérisés, celui qui l'a été pour une
petite opération (vingt-deux ans, vigoureux ; appareil de M. Lüer).
Après avoir fait plusieurs bonnes inspirations, il perdit connaissance ;
un peu auparavant, ses yeux étaient hagards, et il fit un signe de ter-

reur ; son visage n'était pas coloré, mais il n'était point d'une pâleur syncopale. Deux coups de ciseaux provoquèrent une agitation furieuse, en même temps que des contractions tétaniques des plus violentes. Revenu à lui, il dit qu'avant de perdre connaissance, il avait fait signe, parce qu'il se sentait perdre connaissance, et qu'il se croyait *mort*. Eh bien, je crois que, dans ce cas, c'est le cerveau qui a été subitement éthérisé.

L'observation des phénomènes éthériques démontre que, les facultés intellectuelles abolies, la volonté et les facultés affectives le sont aussi, que les unes et les autres s'exercent, cessent de s'exercer en même temps, et qu'elles ne s'exercent pas indépendamment les unes des autres. Point de mouvement volontaire, point de sentiment agréable ou pénible, sans l'intelligence, sans l'action du moi. Il faut conclure de là qu'il y a quelque chose de commun aux organes dont les fonctions respectives sont de percevoir, de se souvenir, de comparer, de juger et de vouloir, qu'il y a un centre qui réfléchit tout en lui et hors de lui; en un mot, un *sensorium commune*. Il n'était pas besoin de l'éthérisation pour arriver à cette conclusion: mais puisque l'éthérisation isole si bien les diverses fonctions du système nerveux et remplace, sans en avoir les inconvénients, les mutilations du scalpel, qu'il me soit permis d'examiner les résultats auxqnels sont arrivés MM. Flourens et Longet (1).

M. Flourens place le siége de la volonté et de l'affectivité dans la

---

(1) Pour se faire une idée de l'*accord* qui règne entre les localisateurs des facultés intellectuelles, affectives et volontaire, etc., on n'a qu'à comparer les opinions des auteurs suivants : Flourens (*Recherches expér. sur les propr. et fonct. du syst. nerv.*, édit. 1823 et édit. 1842, p. 98), Longet (*Phys. du syst. nerv.*, et son mémoire), Desmoulins, Serres, Gerdy, Muller, etc. M. Flourens me paraît avoir été plus près de la vérité en 1823 qu'en 1842; son opinion d'alors correspond à celle de M. Gerdy, qui place la perceptivité de la douleur et la volonté à la fois dans le cerveau et dans le mésocéphale (*Bulletin de l'Académie de médecine*, p. 247; 15 juin 1840).

moelle allongée ; M. Longet, dans la protubérance annulaire, qui, pour lui, est de plus le centre perceptif des sensations tactiles. M. Flourens admet que le cerveau est éthérisé avant la moelle ; M. Longet admet que les lobes cérébraux sont éthérisés avant la protubérance annulaire. On demandera à M. Flourens pourquoi la volonté et la faculté affectives sont abolies dès que l'intelligence est abolie, même pendant que la moelle épinière, qui devra être éthérisée avant la moelle allongée, jouit encore de son pouvoir réflexe ? Ne faudrait-il pas admettre que la moelle allongée aussi est déjà éthérisée en partie, ou qu'elle n'est pas le siége des facultés affectives ni du mouvement volontaire? On fera les mêmes objections à M. Longet pour le siége de ces facultés, qu'il place dans la protubérance. L'intégrité des facultés sensoriales à côté de l'insensibilité a fait soupçonner l'existence de deux centres de perception : un centre perceptif pour l'intelligence, et un centre perceptif pour la sensibilité. La démonstration de l'action locale de l'éther sur la névrosité périphérique fait justice de cette monstruosité physiologique.

Il résulte de tout cela ou que la volonté et les facultés affectives ne sont pas des fonctions des organes auxquels on les a rapportées, ou que ces organes sont éthérisés en même temps que les lobes cérébraux. D'autres physiologistes pensent que c'est le système ganglionnaire auquel il faut rapporter la volonté et les facultés affectives. Il résulterait de là que le système ganglionnaire serait éthérisé en même temps que les autres systèmes. Je n'oserais attribuer un pareil rôle à ce système. Nous verrons, du reste, que, présidant à la nutrition et à l'action des muscles involontaires, il subit l'influence de l'éther d'une manière manifeste (1).

_____

(1) Des expériences faites par Budge (Journal de Roser et Wunderlich, 5e année, 4e cahier) démontrent, selon lui, que les ganglions du grand sympathique ne forment pas l'organe central des mouvements du cœur, ils ne les entretiennent pas et n'en fondent pas le rhythme, mais ils paraissent suspendre l'influence de la volonté et du principe réflexe.

Quel que soit d'ailleurs le siége des diverses facultés intellectuelles ou affectives, il faudra toujours admettre que l'abolition des unes coïncide avec l'abolition des autres, que le moi qui cesse de juger, de parler, cesse de percevoir n'importe quelle sensation (l'inverse n'est pas vrai); qu'il est enfin impossible de souffrir, si le moi ne perçoit d'une autre façon, ne se souvient pas. Établir cela paraîtrait singulier, si l'on ne savait que des chirurgiens, et aussi M. Longet, prétendent le contraire.

J'ai pu constater souvent par moi-même l'influence de l'éther sur une faculté particulière, la mémoire : elle perd de sa ténacité, quand on est sous cette influence. J'ai vu une jeune femme, amputée de la cuisse par M. Roux, raconter après l'opération le rêve plaisant qu'elle avait eu, et ne plus s'en souvenir le lendemain, et tant d'autres. Sans avoir de pareils faits à l'appui de leurs arguments, des chirurgiens, voyant leurs malades s'agiter et crier sous le couteau, et déclarer, plus tard, qu'ils n'avaient pas souffert, se sont écriés : Ils ont souffert, mais ils ont oublié. Pour les cris et pour les mouvements, je dirai seulement ici qu'ils sont provoqués par l'action réflexe de la moelle, à laquelle a été transmise une irritation non perçue par le cerveau. Quant à la perte de la mémoire, quelle en est la valeur? Peut-on oublier des douleurs aussi vives que celles qu'auraient supportées la plupart de ces malades? Si, durant l'ivresse éthérée et en racontant à un assistant les sensations éprouvées, il m'arrivait de perdre le fil de mon discours ou de mes idées, quelques minutes plus tard l'idée perdue me revenait, si elle était d'une certaine importance. Qu'on se rappelle bien que l'ivresse éthérée ne diffère en rien de l'ivresse alcoolique (toujours abstraction faite de sa fugacité). Tout le monde a entendu raconter à quelqu'un, qui revient d'une ivresse alcoolique assez profonde, ses souvenirs sur ce qui s'est passé pendant son ivresse. Il ne se souvient que des faits saillants. Les malades éthérisés, qui ont raconté avec volubilité leurs sensations, sont dans le cas de cette personne ; même ils auront été moins ivres. Et ils auraient oublié d'atroces souffrances? Ce n'est pas possible.

Le débat serait vidé en votre faveur, si des malades ne pouvaient, sans souffrir, crier et se mouvoir comme à l'état de veille, dont leur état ne diffère que par cela qu'ils n'ont pas *conscience* de l'irritation locale, de leurs cris, de leurs mouvements (comme aussi dans un rêve). Leurs cris, leurs mouvements, sont purement automatiques. L'étude des phénomènes éthériques aurait fait admettre le pouvoir réflexe de la moelle, si Prochaska, Marshall-Hall, et tant d'autres depuis, et M. Longet en particulier, ne l'avaient pas mis hors de doute. La même étude aurait fait admettre un certain pouvoir réflexe du cerveau (j'y suis arrivé par là, avant d'avoir consulté Muller) si on ne l'avait déjà constaté par l'analyse des mouvements qu'exécute le dormeur, et dont Muller a parlé le premier. Oui, dans le rêve ordinaire, non-seulement une irritation peut provoquer chez le dormeur l'action réflexe de la moelle, mais cette irritation peut arriver au cerveau, et provoquer des mouvements volontaires dont on n'a pas conscience. Pour qu'on en ait une conscience nette, il manque ce je ne sais quoi, qui fait défaut aussi aux somnambules, qui a manqué à la lady dont j'ai donné l'observation plus haut, avec cette différence que cette lady et les somnambules jouissent de toute leur sensibilité. Tout serait dit si avec un tel état du cerveau, état où les facultés intellectuelles sont souvent plus puissantes qu'à l'état de veille (somnambules et lady), les nerfs périphériques ne pouvaient pas, cependant, être insensibles (excepté à l'irritation qui excite le pouvoir réflexe). Mais on sait bien que l'insensibilité peut exister indépendamment d'un état quelconque des facultés intellectuelles, même avec l'intégrité parfaite du cerveau.

M. Malgaigne a vu, le premier, à l'hôpital Saint-Louis, un de ces cas si remarquables, où le malade non-seulement est insensible, mais encore peut encourager l'opérateur de la voix et du geste. Quel chirurgien n'a pas été, depuis, témoin de pareils faits ? Il résulte de tout ce qui précède, que pour prétendre que les malades qui crient, souffrent, mais oublient qu'ils ont souffert, il faudrait nier le pouvoir réflexe de la moelle, et un pouvoir analogue du cerveau dans un éthérisme plus léger, qui ne diffère pas essentiellement d'un sommeil ordinaire; il faudrait nier l'indépendance où se trouve tel état des nerfs périphériques avec tel état du cerveau. Et tout cela ne saurait être nié. Je n'ignore pas les cas (entre autres un cité par M. Revel , de Chambéry, *Gaz. des hôpit.*) où des malades ont affirmé qu'ils souffraient quand on le leur a demandé, sauf à déclarer, plus tard, qu'ils n'avaient pas souffert. Ici il y a une distinction à faire : ou bien le malade a répondu, éprouvant des souffrances comme on croit en éprouver dans un rêve et comme on peut répondre aux questions qui sont faites : je le mets à côté du malade de M. Guersant, qui n'a pas crié, mais qui aurait pu crier, et accuser positivement de la douleur ; ou bien, il a réellement souffert, mais médiocrement, et il a tout oublié par l'effet de l'ivresse éthérée. Remarquons bien, du reste, que, dans ces cas très-rares, l'éthérisme est bien léger; il est bien près de cette ivresse où le malade a déjà entière conscience de lui-même ; des individus qui ont une telle volubilité de parole, une telle sûreté dans leurs mouvements, ne sont guère éthérisés. Ils peuvent ensuite s'endormir, éliminer les vapeurs d'éther qu'ils ont absorbées, se réveiller ensuite, ne se rappelant rien, comme font tant d'autres après une ivresse alcoolique. Il est bon d'être prévenu de toutes ces circonstances, pour n'être pas induit en erreur; il est toujours certain que jamais rien d'analogue ne se présente, si l'on éthérise convenablement ; je répète, convenablement.

Certains résultats obtenus par les vivisections, et auxquels on peut arriver, par hasard, au moyen de l'éthérisation, sont incontestables; mais l'éther, pas plus que le scalpel, ne permettra d'établir le siége de la perception, de la volonté, et en un mot, du *sensorium commune* dans telle petite partie du système nerveux. Le *sensorium commune* paraît résulter de l'action harmonieuse de l'ensemble du système nerveux ; vous introduisez une certaine quantité de vapeurs d'éther dans le sang : vous lui enlevez le stimulant nécessaire à l'exercice des fonctions des lobes cérébraux et du cervelet ; introduisez-en davantage, le sang ne sera plus assez stimulant pour l'exercice de la fonction du mésocéphale, de la moelle épinière ; augmentez encore la quantité de

vapeurs, le sang ne saura plus alimenter la sensibilité la plus résistante, la plus essentielle à la vie, celle du bulbe rachidien et de ses
annexes. Mutilez le système nerveux de manière à détruire l'action de
l'une ou l'autre de ces parties, le trouble de l'organisme sera en raison de l'importance de l'organe mutilé; est-il étonnant qu'en détruisant le mésocéphale, vous détruisiez la perception sensoriale? Vous
avez porté une profonde atteinte à l'organisme; vous l'avez réduit
aux conditions d'un végétal; vous vous étonnez qu'il ne sente pas
plus que lui, et vous placez dans la protubérance annulaire le siége
de la perception.

J'expliquerai plus tard ces rires si étonnants de certains sujets
éthérisés, en faisant observer toutefois que, s'ils surviennent après le
retour de la conscience, ils peuvent avoir leur source dans une modification directe de l'*organe affectif* par l'éther; nous verrons qu'ils
sont souvent, presque toujours, automatiques. J'en dirai autant des
sentiments qui s'expriment par des pleurs, des sanglots. Je ferai remarquer encore que la modification indirecte des lobes cérébraux
pourrait bien s'accomplir aussi chez les femmes hystériques qui pleu-
rent, sanglotent, etc.

Rêves. — Ce qui tendrait aussi à prouver que le narcotisme éthéré
n'est qu'un sommeil profond déterminé par l'action des vapeurs d'éther
sur le cerveau, plus l'abolition de la sensibilité générale, déterminée par l'action (souvent purement locale) de l'éther sur les nerfs
sensitifs, ce sont les rêves qui d'ordinaire accompagnent le narcotisme éthéré. Un point maintenant tout à fait hors de doute, c'est l'influence sur les rêves d'une impression vive antérieure ou actuelle.
L'éther a-t-il aboli la sensibilité de la moelle seule, il rêvera sans faire
de mouvements. Il exécutera des mouvements réflexes ou volontaires,
si elle n'est pas complétement abolie. D'un autre côté, dans ces cas
où il faut supposer que le cerveau n'est pas assez éthérisé lui-même
pour n'être pas tout à fait inactif, le sujet fera d'ordinaire un rêve
agréable; le rêve sera modifié pa rune irritation extérieure. Un malade

narcotisé est emporté dans une chambre voisine : il rêve que des voleurs l'emportent au fond d'un forêt. On pratique à d'autres une opération : ils rêvent qu'on les assassine. Je sais bien qu'il n'en est pas toujours ainsi. Chose curieuse, des malades ont rêvé qu'ils se noyaient, comme cela arrive dans des cas d'asphyxie. Les rêves agréables sont déterminés par des souvenirs de même nature.

En songeant qu'une sensation locale donne un cachet particulier au rêve, mais qu'il faut, avant tout, une idée, une connaissance des faits sur lesquels portent les rêves, on ne dira plus que les inhalations éthérées sont un moyen immoral parce qu'elles provoquent des rêves érotiques, mais on peut dire de la jeune *fille pudibonde* qui aura un rêve immoral sous l'influence des vapeurs d'éther ce que Jean-Jacques a dit en répondant à une objection contre la publication de *la Nouvelle Héloïse :* « La jeune fille qui lira *ce roman* sera déjà corrompue. »

Il faut d'ailleurs ne pas faire dire autre chose aux personnes qui ont été éthérisées que ce qu'elles ont voulu dire. Il m'est arrivé, après la dernière de mes nombreuses éthérisations comme après la première, de déclarer étrange, indicible, tout ce qu'on ressent sous l'influence de l'éther. Qu'une jeune fille déclare qu'elle ne saurait dire ce qu'elle a éprouvé : vous concluez de là qu'elle a eu un rêve érotique ?

Je connais le cas de la malade de M. Gerdy et dont on a fait si grand bruit ; bien plus, j'en ai signalé deux plus haut (sens de la volupté). Il faut avouer que ces cas sont extrêmement rares, qu'ils rentrent dans le cas de la jeune fille pudibonde, et qu'enfin il vaudra toujours mieux avoir des sensations agréables que douloureuses.

Que penser du jugement de cet accoucheur anglais qui nous montre la femme en travail se rendant, à son insu, coupable d'infidélité à l'égard de son mari, et cela avec le médecin que, sans doute, elle violerait ? Il compare la femme éthérisée aux femelles des animaux, chez lesquelles l'absence des douleurs de la parturition laisse subsister toute la puissance de l'orgasme vénérien, ce qui les porte à une union sexuelle immédiatement après la parturition!!! (Tyler Smith, *The Lancet,* 27 mars.)

ARTICLE VI. — *Sensibilité végétative.*

Si, durant l'éthérisme, on éprouvait des douleurs dans quelque partie du corps, comme des femmes en éprouvent durant des accès hystériques accompagnés d'anesthésie, on serait obligé d'admettre que l'éther exalte vivement la sensibilité végétative. M. Beau s'est posé cette demande, je l'ai dit plus haut ; j'ai également dit qu'il n'y a pas de fait qui permette d'assurer quelque chose à cet égard. Cela ne saurait avoir lieu d'ailleurs que dans une éthérisation partielle, périphérique, c'est-à-dire pendant que l'organe de perception ne serait point paralysé. Quant à une exaltation d'un degré moindre, la sensibilité végétative la présente manifestement. C'est à elle qu'il faut attribuer le larmoiement, la supersécrétion salivaire, l'activité plus grande des reins, les sueurs qui s'établissent dès le commencement de l'éthérisation, peut-être les émissions spermatiques involontaires observées par M. Moreau sur des aliénés de Bicêtre.

Pour le larmoiement, il est facile de constater qu'il n'est pas dû, sauf accidentellement, à l'action directe des vapeurs d'éther, ni à la pression du nez, soit avec le doigt, soit avec le pince-nez. Il a lieu d'ordinaire avant et après le narcotisme éthéré. La personne éthérisée ouvre souvent, au réveil, des yeux pleins de larmes. Il va sans dire qu'il peut être sympathique dans ces cas, où le sujet est pris de ces rires et de cette gaieté sans motif, qu'on observe si souvent. Je ferai remarquer que le larmoiement n'existe souvent que d'un seul côté. Je n'ai jamais eu occasion d'observer l'état de la sécrétion salivaire par action indirecte des vapeurs d'éther. M. Pirogow, qui emploie l'éthérisation rectale, parle de glaires et de sang rejetés par deux malades. M. Dupuy a constaté une plus grande activité de la sécrétion salivaire chez les animaux (thèse du 28 juillet 1847, p. 50). Quant à l'augmentation de la sécrétion urinaire, elle est loin d'être fréquente ; mais j'ai des observations de chirurgiens de tous les pays qui l'ont notée. Cette action sur les glandes a lieu pendant l'ivresse éthérée. Pendant le narcotisme, elle est différente, c'est-à-dire qu'elle est moins énergique; c'est ce qu'on observe au moins pour les glandes lacrymales. L'œil est terne; il effraie même, tant il ressemble à un œil sans vie. Il ne doit pas être question ici des sécrétions bronchique et salivaire, excitées par l'action directe des vapeurs d'éther. C'est toujours à l'action de l'éther, mais à son action secondaire, qu'on devra attribuer les sueurs abondantes, la diarrhée qui surviennent durant et après un éthérisme profond; on peut attribuer à l'action dynamique, primitive, la diarrhée qu'a présentée le malade de M. Sédillot (voy. observat. plus loin); seulement, dans ce cas, la muqueuse intestinale était déjà un peu irritée. Les sécrétions sont activées, grâce à la circulation plus rapide et grâce à l'agent que le cœur chasse, avec le sang, vers les glandes. La sensibilité du cœur est donc elle-même exaltée et c'est par elle que j'aurais dû commencer; mais l'élément nerveux qui est irrité agit sur l'élément musculaire, dont l'action produit la circulation, et j'ai mieux aimé parler de l'effet de l'éther sur le cœur, au chapitre de la contractilité musculaire; j'en dis autant de la sensibilité de l'utérus. Si la sécrétion lacrymale est diminuée, si d'autres le sont pendant un éthérisme de longue durée, et cela doit être, c'est encore à la faiblesse des contractions du cœur qu'il faut l'attribuer.

Je n'ai trouvé qu'une seule observation où des vomissements bilieux ont été notés. Si la sécrétion du foie et les autres sécrétions principales sont rarement activées, cela ne doit pas étonner. La quantité et la forme gazeuse de l'éther absorbé ne sauraient avoir une action aussi irritante qu'un puissant diurétique, ou un drastique. S'il agit ainsi chez certains individus, c'est qu'ils sont plus susceptibles, ou que les vapeurs d'éther ont agi plus particulièrement sur ceux des organes dont la sécrétion est activée. Car on ne saurait encore ici expliquer le larmoiement d'un seul œil autrement que par l'action d'un courant de sang plus éthéré que le sang apporté à l'autre œil (ou, si vous voulez, à leur appareil nerveux).

En définitive, les vapeurs d'éther ont une action aussi patente sur le système nerveux ganglionnaire que sur les autres systèmes nerveux. Nous le verrons influencé, comme les systèmes cérébral et spinal, dans le chapitre suivant, où il s'agit de l'action de l'éther sur la contractilité musculaire.

CHAPITRE III.

INFLUENCE DES VAPEURS D'ÉTHER SUR LA CONTRACTILITÉ MUSCULAIRE.

ARTICLE I. — § 1. *Action irritante de l'éther sur les muscles.*

Quel chirurgien n'a pas observé des contractions de muscles sous l'influence de l'éther, depuis celles du grand oblique de l'œil, jusqu'à celles de presque tout le système musculaire ? Pour montrer combien cette action de l'éther est générale, je citerai d'abord sommairement les phénomènes musculaires qu'on observe durant l'éthérisation :

Sentiment de vigueur; besoin de mouvements invincible chez certains sujets, vivacité insolite; tressaillements fibrillaires à la face (paupières, masséters), aux membres et sur le tronc; trépignements de pieds; extension et flexion alternatives des membres; sourires, ou rires bruyants; traits du visage tirés, lèvres involontairement écartées ou rapprochées; œil fixe ou roulant dans l'orbite, caché ou non sous la paupière supérieure; pupilles contractées, une seule ou les deux; élocution difficile, lalante; trismus; mouvements de la tête alternatifs à droite, à gauche, et mouvements de circumduction; convulsions générales plus ou moins violentes, opisthotonos; arrêts de la respiration; battements tumultueux du cœur; vomissements, excrétions de matières fécales; émission involontaire d'urine, de sperme; contractions de l'utérus.

Il n'est pas un individu, quels que soient son âge, son sexe, sa constitution, son degré de vitalité, il n'en est pas un qui ne présente, sous l'influence de l'éther, un nombre plus ou moins considérable de ces phénomènes. Ils correspondent toujours, sauf l'arrêt de la respiration, qui, le plus souvent, pourrait être attribuée à une paralysie, à une contraction musculaire qu'il serait superflu d'indiquer. Ils ont été rangés presque dans leur ordre de fréquence ; il est des sujets qui pourraient les offrir tous réunis ; d'autres, les enfants, les adultes faibles, en offrent si peu, qu'il faut être prévenu pour les remarquer.

Ces contractions ont lieu durant l'ivresse initiale, durant le narcotisme éthéré, ou durant l'ivresse finale.

Elles sont volontaires, soit à l'état de veille, soit durant le sommeil éthéré, et alors ce peut être dans un rêve, ou en l'absence d'un rêve; ou elles sont spasmodiques avant, après le sommeil éthéré, et plus ordinairement durant ce sommeil.

Les mouvements volontaires qui ont lieu pendant le narcotisme ne sont pas perçus par le *sensorium commune,* mais, au réveil, le sujet éthérisé raconte le rêve auquel ils se rapportent, ou bien il n'y a pas eu de rêve ; dans les deux cas ils ont été provoqués par une véritable action réflexe du cerveau.

Les mouvements spasmodiques, au commencement et à la fin de l'éthérisme, sont perçus ; on en a conscience, et on en souffre.

Les uns et les autres peuvent plus ou moins se combiner. Plus d'une fois j'ai pu, au commencement des éthérisations ou à la fin, maîtriser des mouvements évidemment dus à une autre action que celle de la volonté. Des observateurs ou des malades ont également parlé du pouvoir dont ils auraient pu disposer, s'ils avaient voulu, contre des mouvements dont les assistants leur demandaient compte ; on voit des sujets éthérisés et pris de convulsions les maîtriser plus ou moins complétement. Mais l'irritation musculaire devient quelquefois telle, que le sujet est comme tordu par une force invincible (le corps tout entier ou les membres seulement).

De véritables contractions cataleptiques ont été observées par des chirurgiens, par MM. Malgaigne, Heyfelder, etc.

Spasmodiques ou volontaires, tous les mouvements dont le malade n'a pas eu conscience ne sont pas l'expression d'une douleur relative à l'opération, qu'il les ait exécutés durant un état de narcotisme ou dans un état de délire furieux. Cette proposition fait le fond de la question si simple, qu'on s'étonne vraiment qu'elle ne soit pas encore résolue pour tout le monde, à savoir si le malade éthérisé, qui s'agite sous le couteau, souffre réellement, a la conscience de la douleur pour le moment, mais ne s'en souvient pas plus tard.

J'ai déjà traité un côté de cette question : j'ai établi qu'il était impossible d'oublier une sensation profonde nettement perçue. On se rappelle bien les circonstances d'un rêve qui a fait de vives impressions; à plus forte raison, un homme garderait-il le souvenir de douleurs atrocesqu'il aurait endurées pendant une ivresse qui lui a permis de se débattre avec énergie. Ce serait maintenant le moment de démontrer que les cris et les mouvements résultent de contractions automatiques, qu'ils soient dus uniquement à une action réflexe de la moelle, ou à la fois à cette action et au pouvoir réflexe du cerveau. Mais ces propriétés de la moelle et du cerveau sont depuis longtemps démontrées. Pour la moelle, il suffit de citer Prochaska (*Opera omnia*, 1800, Vienne), M. Lallemand (*Dissertation inaugurale sur les anencéphales,* 1818), Legallois, Fodera, M. Calmeil, et surtout Marshall-Hall et Muller. Il est assez singulier qu'un de nos plus grands physiologistes, M. Longet, qui a ajouté ses beaux travaux à ceux de tous ces auteurs, et qui aurait dû défendre l'opinion, l'opinion vraie, de l'action réflexe de la moelle dans cette question de l'éther appliqué à la chirurgie, que M. Longet, dis-je, ait soutenu une opinion opposée, comme s'il avait fait table rase de toute sa science. Pour le pouvoir réflexe du cerveau, il me suffit de renvoyer à Muller, qui montre non-seulement la réflexion des impressions sensitives des nerfs rachidiens sur la moelle et sur le cerveau, mais encore celle des impressions des filets du grand sympathique sur les mêmes organes (voy. *Manuel de physiologie,* t. 2, p. 608, édit. 1841).

Je l'ai déjà dit, le pouvoir réflexe de la moelle et du cerveau n'aurait-il pas été établi depuis de nombreuses années, les éthérisations journalières l'auraient fait découvrir, tant il est patent. Aussi me contenterai-je de poser les faits d'action réflexe de la moelle et du cerveau, sans les discuter, dans l'ordre qu'on peut leur assigner selon leur degré de complexité:

12

1° Le malade semble gémir, tous les muscles paraissent dans la résolution, ou il ne gémit pas, mais fait quelques mouvements avec les
membres.

2° Il pousse des gémissements sourds à chaque expiration, et fait
des mouvements du membre blessé, ou de tous les membres. Ils sont
volontaires ou spasmodiques, ou les uns sont volontaires et les autres
spasmodiques.

3° Il crie et s'agite sous le couteau, dirigeant plus ou moins bien
ses mouvements; il semble éveillé; seulement ses mouvements et ses
cris n'ont aucun rapport avec l'opération pratiquée.

Si l'on veut bien examiner trois cas où il se passe ce qui a été
indiqué, on verra qu'il y a eu toujours éthérisme proportionnel aux
trois états indiqués; l'éthérisme (je ne parle pas de la longueur des inhalations) a été léger dans les derniers cas. Je dis que l'éthérisme a été
alors léger, soit qu'il n''ait cessé d'être léger, soit que, l'appareil ayant
été éloigné depuis un certain temps, l'éthérisme soit devenu léger, de
profond qu'il était. En effet, tout le monde a pu remarquer que ce
n'est pas d'ordinaire au moment le plus douloureux de l'opération
que le malade commence à s'agiter (section des téguments dans une
amputation); c'est plus tard, et alors l'état du malade montre qu'il a
perdu de sa torpeur, ou, s'il parait toujours endormi, qu'on a interrompu les inhalations depuis quelque temps et que des vapeurs
ont eu le temps de s'échapper des poumons.

Dans le premier cas, la moelle épinière *perçoit* à sa façon l'irritation,
la transmet aux muscles dont l'action produit une espèce de gémissement, ou à d'autres muscles des extrémités.

Dans le second, la moelle transmet l'irritation à divers muscles.

Dans le troisième, la moelle *perçoit,* le cerveau perçoit l'irritation,
mais plus faiblement, et de là des mouvements comme durant un
rêve. — La preuve que cet état est à la limite des mouvements spasmodiques, c'est que, dans le premier moment, ils sont purement de
cette nature, c'est qu'il est des muscles qui se contractent encore

spasmodiquement, tandis que d'autres sont déjà sous l'influence de la volonté, volonté de dormeur ou d'homme en délire (1).

En résumé, il faut distinguer deux cas : 1° Ou le malade dort, et ses facultés intellectuelles peuvent agir, ou sont aptes à agir, comme dans un sommeil ordinaire ; si elles agissent, si le malade a un rêve, le rêve sera modifié, il criera, il s'agitera violemment, il dira plus tard qu'il s'est querellé, qu'on l'assassinait. S'il ne rêvait pas, il fera un mauvais rêve dès que le cerveau percevra l'irritation locale. 2° Le malade est éthérisé et de sa sensibilité générale, et de l'organe de la perception, isolément ou en même temps. Alors vous n'aurez plus que des mouvements automatiques réglés ou convulsifs.

Les uns et les autres, pour moi, sont déterminés sans que le malade souffre (bien entendu que la mutilation retentit toujours sur le nerf trisplanchnique).

Dans le premier cas seulement, il y a une perception confuse ; je veux dire que l'irritation locale peut arriver au cerveau qui rêve, et amener par cet intermédiaire des contractions volontaires (comme dans un rêve ordinaire). Dans le second, où il n'y a plus de rêve, l'irritation n'agit plus d'ordinaire que sur la moelle, mais quelquefois elle réveille encore l'action réflexe de l'organe chargé de régler les mou-

---

(1) Il me semble difficile de bien distinguer les diverses sortes de mouvement, et je confesse tout mon embarras. Quoi ! des mouvements volontaires dans le sommeil, et qui ne sont pas perçus ! Pour tout dire en un mot, j'entends par mouvements volontaires ceux qui paraissent réglés, comme à l'état de veille, par le cerveau ; par mouvements spasmodiques, ceux qui paraissent étrangers à toute direction cérébrale. Les uns et les autres sont *réflexes,* c'est-à-dire déterminés par l'action réflexe soit du cerveau, soit de la moelle ; de plus, des mouvements spasmodiques peuvent être déterminés, à mon avis, par l'action irritante directe de l'éther sur les nerfs moteurs des muscles. Voltaire, dont le génie ne le cède, pour l'universalité, qu'à celui de Gœthe, parle des mouvements qu'on exécute pendant le sommeil, en faisant l'analyse des songes, avec la verve et la clarté à lui propres ; il est arrivé à établir assez franchement le degré de liberté humaine (voy. *Dictionn. philosoph.,* SONGES

ments ; elle produit des mouvements purement spasmodiques par cette action réflexe. Ce qui prouve que ces mouvements et les cris n'expriment pas une *sensation nette, vive, perçue par le cerveau,* ou la douleur, c'est, 1° que le malade ne s'en souvient pas ; 2° qu'ils n'ont *aucun rapport* avec l'opération pratiquée ; si le malade retire le membre, c'est tout simple, un irritant agit, soit directement sur les muscles divisés, soit sur la moelle qui renvoie l'irritation vers l'endroit lésé ; 3° c'est que des gémissements, des mouvements analogues, convulsifs ou non, sont provoqués en l'absence de toute lésion.

Si maintenant l'on demande pourquoi, dans une opération, le malade gémit, pourquoi la femme en couches et éthérisée pousse le cri particulier à la dernière période du travail, il faut invoquer la loi, la force qui préside à la conservation des êtres. Cette force inhérente à l'animal vivant, et qu'on a appelée instinct, résiste et doit résister plus longtemps chez les animaux d'espèces supérieures, que la force qui leur permet de se mettre en relation avec les autres êtres. En d'autres termes, c'est la sensibilité végétative, la plus essentielle à la vie, qui persiste, après que la sensibilité animale, qui n'est que la première élevée à une plus grande puissance, a déjà succombé sous l'agent ennemi de l'économie. Les individus éthérisés qui crient et s'agitent, sont comme ce fœtus dont Beyer (*Archives de méd.,* t. 5, 2ᵉ série, p. 615 ; 1834) a dû vider le crâne pour l'extraire du sein de la mère, et qui a crié et s'est agité quelque temps, comme en aurait fait un autre non mutilé. Ils sont dans les conditions des anencéphales, des animaux de classes inférieures. Rappelons d'ailleurs que, durant l'influence éthérée, des systèmes de muscles se contractent, comme à l'état de veille ; cela arrive pour les muscles de la face, le diaphragme, la glotte (rires) ; que de même une lésion locale peut provoquer, pendant l'éthérisme, les contractions *sympathiques* qui ont lieu à l'état normal.

Chose remarquable, mais qui du reste est en harmonie avec tout ce que nous savons sur l'influence réciproque des sens et des facultés intellectuelles, les mouvements spasmodiques agissent sur le cerveau, quand il n'est pas éthérisé lui-même, de telle façon qu'ils donnent lieu à des idées, à des sentiments correspondants à ces mouvements, idées ou sentiments qui, d'ordinaire, provoquent ces derniers. Exemple : je m'éthérise; l'ivresse marche dans un calme parfait; une envie de rire me *prend*, et je ne puis m'en défendre; je sens l'action du risorius; elle persiste et je m'endors; on me dit, au réveil, que j'ai continué de rire. Tant que je pouvais raisonner, je m'étais demandé quel motif me poussait à sourire d'abord, puis à rire. Tout en raisonnant, je me sentais gagné par une gaieté, par un contentement intérieurs. Une autre fois, je perçois de même la contraction du risorius, et avec chaque inspiration, elle augmente, s'accordant d'ailleurs parfaitement avec le bien-être qui dilate tout le corps; peu à peu mes yeux sont tournés vers le ciel, la paupière supérieure élevée; la volonté est d'abord assez forte pour les faire regarder en avant; une fois, deux fois, ils sont reportés dans la première position; ils s'élèvent de nouveau et je m'endors, les mains convulsivement fermées, la tête renversée en arrière. Quand mes yeux se sont tournés en haut, savez-vous l'idée qui m'est venue? Voici les paroles que je disais en moi-même (je n'ai point l'habitude de contemplations extatiques) : Mon Dieu! quel bonheur!... Je me suis exposé, mais mourir ainsi, c'est une mort si douce (je continuai les inhalations mieux que jamais)! et, dans une extase parfaite, le sommeil me gagna. Remarquons d'ailleurs que le *bien-être intellectuel*, ressenti sans coïncidence de contraction musculaire, n'est autre chose que la perception du bien-être matériel ressenti dans tout le corps. Pourquoi des contractions musculaires n'agiraient-elles pas de même sur les facultés cérébrales?

Dans ces exemples, l'expression gaie ou extatique du visage et du corps a persisté quand le sommeil est survenu et quand la conscience était abolie. On sait combien sont fréquents les cas où l'expression, automatique ou non, de gaieté ou d'extase éclate dans les traits du malade.

Voici un exemple des contractions spasmodiques du risorius et du diaphragme, non perçues d'abord par le cerveau, puis perçues.

Quand je m'éthérisai publiquement, à la clinique de M. le professeur Roux, pour essayer l'appareil de M. Doyère, je m'endormis comme d'ordinaire ; reprenant conscience, je me *sentais riant ;* cependant, en ce moment, mon cerveau était encore préoccupé vivement de ce que les nombreux témoins de l'expérience pouvaient penser des effets de l'éther produits sur moi.

J'avais beaucoup ri. M. Roux me demanda si j'étais d'un naturel gai. — On comprend le but de la demande. — Mais, je n'ai pas eu de rêve agréable, et d'après tout ce que je viens de dire, on voit bien la véritable cause des pleurs, des rires qu'on observe isolément ou alternativement chez des sujets éthérisés : c'est toujours l'action de l'éther, localisée plus particulièrement sur tel muscle, sur tel système de muscles qui correspondent aux organes nerveux et autres, dont le concours produit les rires, les pleurs. Les contractions spasmodiques peuvent cesser avant qu'on soit réveillé : de là des rires, des pleurs, dont on ne sait absolument rien.

Les fonctions des centres nerveux sont-elles intactes, ou revenues, les rires et les pleurs, d'abord purement automatiques, se lient bientôt à un sentiment gai ou triste. Ceci n'est d'ailleurs qu'une conséquence de l'action localisée de l'éther, action qu'il faudra bien admettre. Il résulte de là aussi, que le plus souvent l'expression d'un sentiment sera due comme d'ordinaire à une modification de l'organe central de l'affectivité ; mais elle pourra être due aussi à la modification de tout organe qui concourt d'ordinaire à cette expression. Cet organe, glande ou muscle, amène une action réflexe de l'organe central, comme la moelle qui a perçu une irritation locale la réfléchit sur d'autres muscles.

La durée des contractions, spasmodiques ou non, est en général courte, et en rapport avec celle des inhalations de vapeurs à doses petites et en quelque sorte fractionnées, sauf des modifications individuelles.

Causes déterminantes des contractions. — Les contractions, volontaires ou spasmodiques, sont provoquées par l'éther, mais il n'est que la cause déterminante ; car, sans parler des convulsions qui sont la suite d'une émotion morale, ou d'une prédisposition organique, comme chez des individus non éthérisés, ce n'est pas plus ou moins de vapeurs éthérées qui amènent les contractions musculaires. De longues inhalations paraissent souvent ne pas avoir d'influence sur elles, tant cette influence est faible; d'autres fois, c'est une inhalation de courte durée, à la suite de laquelle surviennent des convulsions générales, tétaniques et hystériformes. Il n'en serait pas de même si l'éther était la cause unique des contractions.

Les contractions, volontaires ou spasmodiques, peuvent survenir durant une opération, dès que le malade n'est pas assez éthérisé. Alors l'irritation de la périphérie du corps est perçue par la moelle, et à un degré plus léger d'éthérisme par le cerveau lui-même : de là les mouvements d'une violence proportionnée à la constitution du malade.

Causes prédisposantes, âge, etc. — L'éther provoque des contractions musculaires à tous les âges, chez tous les individus, de quelques constitutions qu'ils soient. Il en provoque toujours de spasmodiques chez ceux qui sont en apparence le plus impassibles.

Elles sont d'autant plus nombreuses et d'autant plus désordonnées que l'individu se trouve dans de meilleures conditions d'âge, de constitution, etc. Ainsi, les enfants, les vieillards, les femmes faibles, les hommes adultes faibles, s'éthérisent sans autre contraction que celle de quelques muscles de la face; tandis que des adultes, des femmes en bonne santé et robustes, sont plus ou moins disposés à l'agitation musculaire, volontaire ou spasmodique. C'est ce que de nombreuses observations me permettent d'affirmer comme une chose hors de doute. Nous voyons ces vigoureuses constitutions résister jusqu'à un certain point à l'action de l'éther, et on peut en donner l'explication suivante : les sujets les plus faciles à éthériser présentent une agitation plus ou moins vive, si l'on ne fait faire que quelques inhalations ou si elles se prolongent sans produire le sommeil ou la perte de connaissance; ils sont excités encore au réveil quand une certaine quantité de vapeurs d'éther s'est déjà échappée du torrent circulatoire, par les poumons surtout.

Eh bien, comme il faut une assez grande quantité de vapeurs d'éther pour plonger les sujets vigoureux dans l'éthérisme, celles qui pénètrent d'abord dans le torrent circulatoire ont *le temps* d'irriter le système nerveux et les muscles : de là ces mouvements plus ou moins spasmodiques, suivant le degré d'irritabilité de leur système musculaire. Les *ivrognes de profession* et les femmes plus ou moins hystériques, qui ont leur système musculaire assez développé, presque naturellement irritable, seront encore plus facilement exposés aux convulsions, dès qu'un agent irritant comme l'éther viendra agir sur lui. La présence des vapeurs irritantes dans le sang explique également les convulsions hystériques ou hystériformes, dont des femmes, femmes toujours jeunes, robustes, ont été prises plus ou moins longtemps après leur éthérisation, dans l'espace de un ou deux jours qui l'ont suivie. Je mets en avant cette condition du développement musculaire comme essentielle, car je possède de nombreuses observations qui montrent des femmes d'un *tempérament très-nerveux, très-délicat,* aussi susceptibles d'éprouver l'influence de l'éther que des enfants et des vieillards.

Et ne savons-nous pas combien ces théoriciens se sont fourvoyés qui ont conclu de faits de convulsions survenues chez des adultes, à la proscription des inhalations éthérées chez les enfants, si sujets aux convulsions ? Ce qui démontrerait que la quantité de vapeurs introduites dans le sang, dans un temps donné, influe sur l'excitation musculaire ou générale, ce serait l'expérimentation sur des enfants par éthérisation lente. Mais on sait déjà que l'enfant dans le sein de la mère, exposée à l'action de l'éther dans les conditions indiquées, présente les phénomènes d'excitation, des convulsions probablement. C'est ce qu'il est facile de voir par l'observation publiée par M. Cardan et par les observations du professeur de Gœttingue, M. Siebold (*Comptes rendus de l'université de Gœttingue,* 10 mai 1847). Le fœtus s'agitait d'autant plus que la mère avançait dans l'ivresse; *les mouvements cessaient, l'ivresse étant complète.*

Autre preuve : on observe des phénomènes plus où moins analogues à ceux que les sujets réfractaires présentent chez ceux-là mêmes

qui s'éthérisent le plus facilement à la période de l'ivresse consécutive au sommeil.

Autre preuve : les sujets qui paraissent d'abord le plus réfractaires
à l'action de l'éther (c'est surtout à cause de l'excitation musculaire),
ceux qui ont été pris de délire furieux, ont à la fin subi l'influence
complète de l'éther, si l'opérateur a osé persévérer dans l'administration des vapeurs, ou bien dans une autre tentative, c'est-à-dire
quand l'appareil ou le sujet était dans des conditions telles que très-
rapidement une quantité de *vapeurs suffisantes* a été introduite dans le
sang. On dira, il est vrai, que les enfants, les sujets faibles, que beaucoup d'autres sujets, ne présentent pas de phénomènes d'excitation
ni avant, ni après l'éthérisation. Eh bien, on fera une objection fondée
sur une observation incomplète; il n'est pas un sujet qui ne soit pas
excité, mais c'est plus ou moins, et c'est tout ce qu'il faut pour la
solution de notre question.

J'ai déjà dit qu'il y a toujours une excitation au moins musculaire chez tous les sujets, sans exception, avant et au milieu de l'é-
thérisme. A la dernière période, c'est autre chose. S'il est des sujets
qui ne présentent comme phénomènes d'excitation qu'un pouls plus
ou moins accéléré, plus ou moins fort, ou qui s'endorment immédiatement d'un doux sommeil, dans ces cas, l'éther a agi sur l'organisme
assez profondément, pour paraître en avoir abattu les forces. Je
rappellerai, en effet, l'expérience 6 (page 56), qui montre comment
ces forces sont abattues. Ce sont des nausées, un malaise, une fatigue
musculaire, qui dominent momentanément les phénomènes excitants,
ou bien c'est un penchant invincible au sommeil. Les sujets dont
les voies digestives sont plus susceptibles ont même des vomissements. Or, tous les individus qui offrent peu ou point de phénomènes d'excitation après l'ivresse éthérée (ils sont toujours très-jeunes,
très-âgés ou faibles, ou bien ont été *saturés* de vapeur d'éther), tous
ces individus sont dans les conditions indiquées.

§ 2. *Action relâchante de l'éther sur les muscles.* — Chez les sujets

13

les plus prédisposés à l'éthérisme, ceux qui s'endorment avant que la sensibilité disparaisse ou presque en même temps, le relâchement musculaire a lieu, mais incomplétement, comme un effet de l'action enivrante de l'éther. Certains muscles sont contractés, d'autres sont relâchés, mais seulement comme dans un sommeil ordinaire ; ils sont prêts à entrer en action dès la première irritation. Prolonge-t-on, les inhalations, les muscles contractés, et ceux qui étaient dans le relâchement spécifié tout à l'heure, tombent dans une résolution qui, les rend incapables de toute réaction momentanée (1).

Il est évident que, lorsqu'on a besoin de cette inertie absolue du système musculaire, il faut pousser jusque-là l'éthérisation ; car, encore une fois, l'éther agit sur toute l'économie, en agissant sur chaque système particulier d'organes ; et quant aux dangers d'une éthérisation de longue durée, tant que les fonctions de la vie animale ne sont pas suspendues, ces dangers ne sont pas graves. C'est ce que l'on peut hardiment établir en loi, aujourd'hui que des tétanos ont été guéris par les inhalations éthérées, c'est-à-dire quand presque tous les muscles du corps ont cédé à l'action de l'éther. En formulant, comme je viens de le faire, ma conviction relativement à l'emploi de l'éther contre les contractures musculaires, je n'ai plus à insister sur la possibilité de lutter sans danger contre l'agitation musculaire des individus qui y sont prédisposés. Mais il est bon de rappeler encore que les individus qui ont paru d'abord le plus réfractaires ont fini par être

---

1) Il n'est pas impossible que des *muscles peu volumineux*, alimentés par des vaisseaux très-ténus, ne soient jamais paralysés, quelque loin qu'on poussât l'éthérisation, d'autant plus que la circulation dans les capillaires est bientôt entravée. Les vapeurs d'éther arriveront en assez grande quantité pour convulser ces muscles, en trop petite quantité pour les paralyser. Ainsi s'expliquerait la contraction des muscles de l'œil ou de l'iris pendant des éthérisations, même profondes. Il est bon de faire cette remarque, pour que, dans la pratique, on ne se laisse pas induire, par l'état de l'œil, dans une erreur qui pourrait coûter la vie au malade.

calmés et plongés dans le collapsus. Toutefois, l'administration des vapeurs d'éther, dans ces cas, demande une manière de procéder particulière, à laquelle j'aurai occasion de revenir (théorie de l'action de l'éther). Je l'ai déjà dit : relativement à la sensibilité, la contractilité musculaire est abolie plus ou moins longtemps après elle.

De ce qui vient d'être dit, faut-il conclure que quand on aura à réduire une luxation, on doive produire l'éthérisme comateux ? Nullement. Je constate ce fait, qu'en éthérisant profondément, on abolit jusqu'au pouvoir réflexe de la moelle ; de sorte que si vous avez à lutter contre ce pouvoir réflexe, il vous sera permis de l'abolir. Mais il s'en faut bien que vous le rencontriez toujours. Ordinairement, et chez des sujets dont vous avez à réduire les luxations, un relâchement suffisant existe, un relâchement qui peut précéder l'insensibilité. J'établis qu'il existe avec tout le pouvoir réflexe de la moelle. Vous l'avez tel, profitez-en pour faire votre réduction, sans prétendre que vous n'aurez certainement pas de résistance musculaire. Votre relâchement est simplement celui que Richerand demandait à l'ivresse alcoolique. Mais, je le répète, toute motricité ne disparaît qu'après la sensibilité. J'ai insisté sur ce point, parce que M. le professeur Velpeau paraît bien convaincu qu'il n'en est pas ainsi.

Les muscles relâchés, même de manière à ne plus réagir contre des irritations mécaniques portées sur leurs nerfs, se contractent énergiquement sous l'influence du courant galvanique. Ayant expérimenté sur lui-même, et pour dissiper l'influence de l'éther qui se prolongeait, le docteur Chiminelli, de Vicence, se soumit au courant électrique de l'appareil de Clark. Celui-ci, quoique insupportable pour toutes les personnes présentes, ne produisit qu'un sentiment de pesanteur aux poignets du médecin italien, mais il provoqua des contractions énergiques des muscles de l'avant-bras. C'est surtout chez les animaux qu'on a eu occasion d'expérimenter le courant électrique. MM. Longet et Patruban ont confirmé ainsi ce qui vient d'être dit. Cette action de l'électricité sur les muscles relâchés par l'éther n'a rien d'étonnant, puisqu'elle s'exerce ordinairement quelque temps après la mort. Les mêmes physiologistes ont constaté que les muscles des animaux morts à la suite de l'éthérisation se contractent, sous l'influence du courant galvanique, moins longtemps qu'après décapitation.

M. Gruby a trouvé les muscles des chiens profondément éthérisés flasques et comme macérés; plus tard encore, examinés au microscope, ils présentent une désagrégation des fibrilles et des globules qui constituent les faisceaux musculaires, et leurs fonctions sont pour toujours abolies (*Comptes rendus des séances de l'Académie des sciences,* 8 février 1847, p. 192.)

« Sauf une flaccidité notable des fibres musculaires et la difficulté de voir aussi nettement les noyaux des cellules dans la gaîne après l'application de l'acide acétique, on ne peut remarquer aucune modification appréciable dans la structure des tissus » (voy. Patruban; Prague, *Expér. sur des grenouilles*). On voit que ces messieurs ne sont pas tout à fait d'accord.

On s'imagine bien qu'il faudrait produire une éthérisation mortelle chez l'homme, pour approcher d'une altération de tissus analogue à celles dont je viens de parler. Je dis analogue, et c'est encore beaucoup trop dire : la vie serait éteinte longtemps avant qu'une altération du tissu nerveux eût eu le temps d'avoir lieu.

Après avoir ainsi considéré la contraction de certains muscles en rapport avec certains phénomènes, nous nous rendons facilement compte de l'hébétude, de l'expression stupide ou plaisante du visage, des traits tirés des sujets éthérisés; nous saurons à quoi rapporter les mouvements de déglutition, la suspension subite de la respiration, les symptômes d'asphyxie, la congestion de la face ou des yeux en particulier. Ces derniers peuvent être fixes, rouges, tournés en haut ou strabiques, nous n'en serons pas effrayés, et nous n'en conclurons pas que tel état marque un éthérisme plus ou moins profond. M. Richet, chirurgien par intérim à l'hôpital Saint-Louis, m'a dit qu'il jugeait de l'éthérisme par l'état de l'œil. Des chirurgiens anglais en ont jugé de même. Qu'arriverait-il si le chirurgien se mettait à opérer, dès

que le malade devient strabique tout au commencement de l'ivresse,
ou seulement alors que tous les muscles seraient dans un relâchement
égal? M. Hirtz, de Strasbourg, ayant observé des contractions des
muscles de la mâchoire, rappelle une opinion de Henle, relative à
un antagonisme de ces muscles (*Gaz. méd.;* Strasb., 20 février). On
peut juger maintenant s'il y a antagonisme.

Nous venons de voir l'action de l'éther sur les muscles en général,
et surtout sur les muscles volontaires. Nous allons la considérer relativement à des muscles mixtes ou tout à fait involontaires.

ARTICLE II. — *Muscles mixtes.*

Muscles respiratoires. — La respiration est d'ordinaire accélérée, ou
devient bientôt plus profonde, ou l'un et l'autre à la fois, ce qui indique
une activité plus grande des muscles respiratoires (qu'elle soit due à
une action directe de l'éther, ou indirecte, peu importe). Cette activité
peut durer durant toute l'expérience ; mais si l'éthérisme est profond,
elle faiblit: la respiration alors est fréquente, mais presque sans mouvements du thorax, ou elle est lente avec des mouvements à peine
perceptibles. Mais un phénomène remarquable, dont la cause véritable a été souvent méconnue (je ne dis pas qu'il n'a pas été noté), un
véritable arrêt de la respiration survient très-souvent à un certain
moment de l'éthérisation. Je l'ai déjà mentionné : il mérite que j'y
revienne. C'est toujours chez des sujets qui paraissent respirer les
vapeurs avec une sorte de plaisir. Les mouvements inspiratoires sont
tels qu'elles arrivent en grande quantité dans les poumons. L'éthérisme
va être complet, les yeux sont immobiles, le sommeil est survenu
ou va survenir. Tout d'un coup plus de respiration; on attend, elle
ne revient pas; on s'effraie (plus ou moins, selon le degré d'attention
avec lequel on a observé), on éloigne l'appareil, on secoue le malade,
on lui crie de respirer, il ouvre les yeux, ou s'ils étaient déjà ouverts,
le regard est fixe; enfin, il fait une profonde inspiration, puis une
deuxième... il respire. Déjà insensible, ou encore sensible, il reprend
les inhalations éthérées avec la même facilité, et alors le phénomène

ne revient plus, ou bien il se présente de nouveau pour disparaître de même, et ne plus reparaître, quelque longtemps que dure l'éthérisation. Notons que la figure était pâle, et qu'elle n'a pas changé de coloration, sans doute parce que la suspension de la respiration n'a pas assez duré, car elle disparaît rapidement, quoique le temps de sa durée paraisse long. Quelle est la cause de ce phénomène? Les muscles de la glotte, les fibres musculaires de Reisseissen, les uns et les autres sont-ils spasmodiquement contractés, soit par l'influence locale des vapeurs d'éther, soit par l'action générale de l'éther sur le système nerveux, contractions spasmodiques que nous avons vues amenées par l'action locale de l'éther, pour les muscles du pharynx, des mâchoires; par l'action réflexe, pour un système des muscles, ou pour un seul muscle de la vie animale? Dans ce cas, sans être paralysés, le diaphragme, les autres muscles respiratoires, ne sauraient agir, ou bien tous les muscles respiratoires ont-ils perdu la faculté de se contracter (par la paralysie du bulbe)? Les deux cas peuvent être acceptés à ce moment de notre étude de l'action de l'éther sur la contractilité musculaire.

Toujours est-ce à une contraction ou à une paralysie musculaire qu'il faut rapporter la suspension de la respiration, que j'ai souvent observée, que depuis j'ai trouvée notée bien des fois, soit comme suspension, soit comme suffocation.

Que ce soit cette cause ou avec elle tant d'autres qui influent sur la fréquence, la force de la respiration, un fait positif encore, ce sont les modifications éprouvées par les mouvements respiratoires durant l'action de l'éther. Ces modifications correspondent à celles des fonctions du cœur, à celles des pulsations artérielles, quoiqu'elles puissent ne pas suivre durant une expérience une marche régulière; cette marche n'est irrégulière que jusqu'à un certain point dans une expérience ordinaire, je veux dire que la respiration est activée d'abord, puis très-affaiblie, hyposthénisée, et, dans la dernière période, elle revient plus ou moins vite à son état normal.

Vessie. — C'est à l'action excitante de l'éther que j'attribue l'é-

mission involontaire d'urine que j'ai observée, le 18 juillet, chez
M. R..., élève en droit, qui a voulu se donner le plaisir de l'ivresse
éthérée. L'émission a eu lieu durant un sommeil peu profond; s'il
avait été profond, c'est à la paralysie du col de la vessie qu'il aurait
fallu attribuer ce phénomène. Inutile de dire qu'il pourrait se présenter par l'effet d'un rêve ou d'une infirmité habituelle; ici, ce n'était
pas le cas. Je possède d'autres observations qui confirment admirablement tout ce que j'ai dit jusqu'ici sur les deux propriétés de
l'éther. D'un côté, des observations de tailles faites, la vessie étant
vide, tant elle s'est contractée sous l'influence première de l'éther (on
pense bien que la sensibilité dans tous ces cas était abolie); de l'autre
côté, des observations de tailles et de lithotrities où la vessie a gardé
l'urine. J'ai recueilli moi-même deux observations très-remarquables
de tailles pratiquées par M. Roux sur des adultes; j'ai vu plusieurs
autres tailles pratiquées par M. Guersant sur des enfants de quatre
à treize ans. Ces malades étaient dans un éthérisme satisfaisant sous
tous les rapports; toutefois, c'est un peu par l'effet du hasard. Cette
étude de l'action de l'éther jettera un jour tout nouveau sur bien des
questions importantes.

ARTICLE III. — Muscles involontaires.

Utérus. — L'utérus n'échappe point à la loi commune; je l'affirme-
rais sans connaître le moindre fait favorable à cette proposition,
tant je suis convaincu de l'harmonie, de l'unité qui régit la nature
entière; mais je suis heureux d'avoir mieux à exprimer qu'une vue
théorique, dont la science exacte ne doit pas se contenter. Que disent
les faits? M. Dubois (mémoire lu à l'Académie de médecine, 22 février) a constaté que les contractions utérines n'étaient pas suspendues. M. Simpson a vu chez plusieurs femmes les contractions activées à mesure que la femme perdait davantage connaissance; cela
eut lieu particulièrement, il faut le dire, chez une ou deux femmes
qui respirèrent l'éther combiné avec la teinture d'ergot ou contenant

une solution d'huile d'ergot (*The Lancet*, 1er mai). « La matrice, dit M. Stoltz, continue de se contracter comme avant l'éthérisation ; il est même probable qu'elle acquiert plus d'énergie » (*Gaz. méd. ;* Strasb., 27 mars).

Quand M. Bouvier a rapporté une observation dont il tirait des conclusions contraires à celles de M. Dubois, les objections n'ont pas fait défaut, et depuis, d'autres observations ont paru les appuyer. Mais M. Siebold a enrichi la science de faits tout opposés aux faits observés par MM. Dubois, Simpson et Stoltz. Du 25 au 14 avril, il soumet huit femmes en travail à l'influence de l'éther. Chez toutes, on produisit une ébriété plus ou moins complète ; chez toutes, le narco- tisme fit cesser les contractions utérines, « même alors que peu de temps auparavant elles se montraient des plus intenses. » (*Comptes rendus,* 10 mai ; Gœttingue.)

Pour moi, la cause de la divergence des résultats obtenus de part et d'autre, c'est la différence du degré de narcotisme dans lequel les femmes ont été plongées. Je suis d'autant plus disposé à le croire, que le professeur de Gœttingue, ayant expérimenté sur des femmes non enceintes et sur des femmes enceintes, ayant expérimenté dans un pays où l'on ne s'effraie pas autant qu'à Paris des dangers de pro- fondes éthérisations, a dû être plus hardi que les autres observa- teurs. Simpson a observé, dans quelques cas, la cessation des contrac- tions utérines dès le commencement des inhalations, et il l'attribue à une émotion morale : ce n'est pas impossible ; mais ne pourrait-on pas admettre qu'un courant de sang plus particulièrement éthéré a atteint l'utérus tout d'abord (ses nerfs)? (Voy. *Théorie.*) L'éther produit donc ici encore, à mon avis, son action ordinaire : 1° action excitante ; 2° action hyposthénisante, quand il est absorbé en grande quantité.

L'utérus *assez profondément éthérisé* se comporte, à l'égard d'un ir- ritant, comme le muscle de la vie animale. On frictionne le ventre, et les contractions utérines se réveillent ; on exerce une irritation à la face interne de l'organe (dans le cas d'une opération), et il se contracte vivement : c'est ce qui résulte clairement des opérations de Siebold.

(On peut prévoir ce qu'il adviendrait, si l'éthérisme était poussé jusqu'à plonger l'utérus dans une inertie complète.)

Nous avons vu la section des tissus retentir sur des muscles éloignés, provoquer des mouvements, des gémissements, par l'action réflexe de la moelle; dans les accouchements naturels, la femme éthérisée ne laisse pas de pousser le cri particulier à la dernière période du travail, surtout au moment du passage de la tête au détroit inférieur (observ. de Siebold et de M. Pr. Smith). Pourquoi les muscles de l'enceinte abdominale se contractent-ils ainsi que l'utérus, tandis que les autres muscles sont dans la résolution sous l'influence de l'éther? « Il est évident que cet accoucheur distingué, dit un docteur anglais de M. le professeur Dubois, est dans une ignorance complète de la physiologie réflexe de la parturition, et met en discussion des points sur lesquels il ne reste aucun doute » (Tyler Smith, *The Lancet*, 27 mars).

M. Tyler Smith ne dit pas si la moelle pour exercer son action réflexe a reçu l'irritation de l'utérus par des nerfs ganglionnaires ou si elle l'a reçue par des nerfs spinaux. Si l'utérus (le corps) est animé par des nerfs spinaux, et de cette opinion sont MM. Bidder et Volkmann, Kölliker, Brachet, etc., les muscles abdominaux se contractent, comme nous avons vu d'autres muscles se contracter sous l'influence du pouvoir réflexe de la moelle; si l'utérus ne reçoit que des nerfs ganglionnaires, comme le veut M. Longet, il faut alors admettre que l'irritation utérine fait contracter les muscles abdominaux par l'intermédiaire des filets ganglionnaires qui la transmettent à la moelle. M. Thomas Snow-Beck (*Philos. transact.*, 1846, part. 2, p. 213) paraît avoir démontré que l'utérus ne reçoit presque pas de filets appartenant à la moelle; peu importe, pourvu que l'utérus communique avec la moelle. L'action réflexe de cet organe ne peut-elle donc pas être mise en jeu par une irritation du grand sympathique ? (V. Muller, loc. cit., t. 2.) N'est-ce pas une conquête déjà assez ancienne de la science pour qu'on ne l'ignore plus ?

14

Estomac, intestins; excrétions de gaz, vomissements, etc. — L'éther a une action primitive plus obscure sur l'estomac et sur les intestins. Les phénomènes qui se présentent ici appartiennent souvent à l'action secondaire de l'éther. Pour les instestins, M. Mandl a toutefois constaté sur les animaux l'abolition des mouvements péristaltiques, mouvements qui ont reparu après la mort. C'est ce que j'ai observé aussi.

Les vomissements, la diarrhée, ont lieu d'autant plus tôt que le sujet est plus faible, c'est-à-dire qu'il supporte moins bien l'action irritante de l'éther. De là les vomissements plus particuliers aux enfants et aux femmes. Il en est de même, du reste, de l'ivresse alcoolique. S'il y a des aliments dans l'estomac, c'est une raison de plus pour qu'ils soient rendus. Aussi, dans ce but, la thérapeutique pourrait faire usage de l'éther. Il est évident que cette action de l'éther est un effet de sa propriété irritante. Plus le sujet est faible, ou la substance absorbée irritante, pour des sujets plus forts, plus facilement sera provoqué le vomissement. Ce que je dis de l'action de l'éther sur l'estomac est confirmé par une conclusion de la thèse de M. Chambert sur les inhalations d'éther nitrique qui provoquent presque constamment les vomissements.

Cœur. — L'influence des vapeurs d'éther sur le cœur se traduit par la modification de ses battements ou par ceux des artères. Ce qu'on a dit sur ces modifications témoigne encore des erreurs où conduisent les idées préconçues. Ici l'on attribue à l'émotion, ou à un vice des fonctions circulatoires ou respiratoires, l'accélération du pouls qu'on a observée après des inhalations de vapeurs d'éther (*Annali Omodei fascicolo di febrajo*, 1847); là elles ne produisent sur le cœur qu'une excitation par faiblesse, qui n'est pas une excitation, propre aux hommes de cabinet, aux personnes d'habitudes sédentaires, que sais-je (docteur Pickford, journal cité de Henle et Pfeuffer)? Que les sujets qui sont soumis à l'action de l'éther soient émus ou ne le soient pas, en général le pouls bat plus fréquemment au commencement des inhalations éthérées. C'est là le résultat de presque toutes les observations. Quelquefois il est seulement plus fort ou il reste normal. Plus rarement encore, il devient plus lent ou est plus petit dès le commencement des inhalations. A mesure que l'influence éthérée augmente et amène le sommeil, le coma, le pouls perd de sa force en augmentant de fréquence ; assez rarement il conserve à peu près sa force, tout en se ralentissant. En jetant les yeux sur les observations de M. Heyfelder, on voit qu'il ne s'effraie guère de la disparition du pouls radial. Au réveil, les pulsations deviennent plus fréquentes et conservent ce caractère plus ou moins longtemps, ou bien elles deviennent seulement plus fortes. Les différents états du pouls peuvent persister isolément tout le temps de l'éthérisation ou se combiner entre eux de toutes les façons connues. J'ai des observations où le pouls est tombé de 100, 120 à 40, 44. La plus grande fréquence observée est de 174 ; elle a été constatée à la deuxième minute d'inhalation dans la 19e des expériences faites à Paris avec tant de soin par le cercle des médecins allemands (voyez *Gaz. méd.*, 6 févr.). Avant les inhalations, le pouls était à 98. Le cœur présente, sous l'influence de l'éther, des changements correspondants à ceux du pouls. Cependant M. Heyfelder prétend qu'il n'en est pas ainsi ; le cœur a conservé une fois sa force de contraction, la pulsation artérielle ayant disparu même dans l'aisselle. Il m'est arrivé aussi de trouver le pouls radial insensible, tandis que les battements du cœur étaient forts et fréquents sous la main : c'est d'ailleurs un résultat très-physiologique. A mesure que les vapeurs sont éliminées, les battements du cœur deviennent plus forts qu'avant l'expérience, mais cette modification n'est pas si notable que celle des battements artériels. Une seule fois, sur plus de cent cas, le professeur d'Erlangen a observé des battements tumultueux à la fin de l'expérience (Heyfelder, p. 65).

Je répéterai ici ce que j'ai dit pour la respiration, avec laquelle, d'ailleurs, la circulation a une connexion si étroite ; savoir, que diverses causes plus ou moins *extrinsèques* peuvent ralentir, accélérer les mouvements du cœur, et, par exemple, pour en citer une à laquelle surtout on serait tenté d'attribuer ici l'accélération du pouls, ou son ralentissement, la contraction ou la résolution musculaire ; mais les modifications de la circulation sont loin d'être en rapport avec ces conditions des muscles, et il est impossible de ne pas admettre, les faits en main, une activité du cœur plus grande (dans la règle) à la première période de l'éthérisme ; un abattement, une hyposthénisation du cœur, quand l'éthérisme est complet ; un retour à l'activité initiale, puis à l'état normal, quand le narcotisme perd de son intensité.

Ces divers états de la circulation correspondent exactement à la quantité de vapeurs d'éther absorbées par chaque sujet, aussi peut-on les modifier à volonté dans le courant d'une expérience. « En général, la fréquence et la force des inspirations sont en rapport avec la fréquence et la force du pouls »(docteur Reclam, *Gaz. méd.*, loc. cit.); mais souvent la respiration est lente et profonde, le pouls étant devenu fréquent. Il serait plus exact de dire que l'activité du cœur est en rapport avec l'activité de la respiration, résultat connu sans éthérisation.

J'ai vu les veines du cou gorgées de sang, dans une expérience où j'ai injecté de l'éther liquide dans la carotide d'un chat, tandis que les artères paraissent peu volumineuses ; M. le docteur Chambert a aussi constaté ce fait. Cela prouve l'affaiblissement de l'activité du cœur ; mais notons que cette accumulation n'a lieu que dans les gros vaisseaux veineux ; au moins n'observe-t-on pas de congestion dans les capillaires dans les *éthérisations ordinaires*.

M. Heyfelder s'est demandé si les hémorrhagies qu'il a observées ne seraient pas dues au relâchement de la tunique musculaire des artères (loc. cit., p. 78). C'est une explication si peu physiologique qu'elle étonne de la part du professeur d'Erlangen.

La circulation chez le fœtus paraît éprouver, sous l'influence de l'éther, les mêmes modifications que chez l'adulte. Ainsi, M. P. Dubois, M. Cardan, etc., ont observé une plus grande fréquence des battements du cœur du fœtus. M. Siebold ne les a pas trouvés changés. Il est bon de rappeler que les femmes éthérisées par M. Dubois étaient en travail.

CHAPITRE IV.

INFLUENCE DE L'ÉTHER SUR LE SANG.

ARTICLE I.

Le sang qui s'échappe des vaisseaux d'un homme éthérisé répand naturellement l'odeur d'éther ; il doit en être ainsi de tous les liquides de l'économie. M. Lassaigne a voulu doser la vapeur d'éther contenu dans du sang. A quoi de pareilles recherches peuvent-elles servir ?

Des chirurgiens, en fort petit nombre d'ailleurs, ont cru avoir observé un changement de coloration dans le sang artériel qui s'échappait des vaisseaux divisés. M. Mason Warren rapporte trois cas où il aurait eu lieu, que nous désignerons par *a, b* et *c*. (*Inhal. of ether,* obs. 7, 8 et 9). Dans les deux premiers, il y avait des contractions musculaires convulsives ; dans le troisième, une malade était dans la période de *cadavérisation*, quoiqu'elle n'eût respiré que pendant quatre minutes environ les vapeurs d'éther. Elle était pâle, la respiration à peine perceptible. Il faut dire que le chirurgien ne s'aperçut de cet état que l'opération terminée, opération d'une durée de deux minutes, pendant laquelle les inhalations furent continuées. Dans les deux premiers, il y a eu obstacle à l'entrée de l'air dans les bronches par contraction musculaire ; dans le deuxième, elle était consécutive à l'action des vapeurs d'éther sur la fonction de la respiration. M. Heyfelder dit que chez deux individus (*d, e*) affectés du cancer de la lèvre inférieure, le sang était *rouge-brique*. L'un fut narcotisé profondément au bout de treize minutes d'inhalation ; l'autre, au bout de seize minutes. Les deux, au milieu du narcotisme, toussèrent ; l'un rejeta du sang ; de l'autre, on dit seulement qu'il fut pris d'un violent accès de toux (asphyxie par mucus bronchique).

Ces cas me suffisent pour montrer qu'il peut y avoir changement de coloration du sang par asphyxie de deux sortes: 1° asphyxie directe (*a*, *b*, *d*, *e*); 2° asphyxie indirecte (*c*), c'est-à-dire par la paralysie des fonctions respiratoires.

C'est de cette manière qu'il faut expliquer, à mon avis, la modification de la couleur du sang artériel chez tous les individus qui l'ont présenté noir, chez tous les lapins de MM. Amussat, Flourens, Blandin et Longet, et de tous les partisans de l'*asphyxie éthérique.*

J'ai éthérisé un chien pour vérifier les résultats annoncés par M. Amussat. L'appareil administrait les vapeurs d'éther avec une colonne d'air convenable. Au bout d'une demi-heure, l'artère crurale mise à nu fut divisée. Le sang était rouge, mais d'un rouge moins rutilant que je ne comptais le trouver. L'animal, que je croyais perdu, est revenu à lui. M. le docteur Chambert (thèse du 28 juillet 1847) a éthérisé également un chien pendant *une heure dix minutes*. La couleur du sang était alors brunâtre. L'animal n'est pas mort, m'a dit M. Chambert.

Le sang est-il modifié dans sa consistance? Des expérimentateurs l'ont trouvé plus liquide; selon d'autres, il l'est moins. J'ai eu deux fois occasion d'examiner du sang tiré de la veine de malades qui ont subi des opérations graves sous l'influence de l'éther (1° taille chez un adulte, 2° amputation de cuisse, service de M. Roux); ils ont été saignés vingt-quatre heures après l'éthérisation, quand des vapeurs d'éther s'échappaient encore des poumons. J'ai noté: premier cas, caillot de couleur ordinaire, adhérent partout à la palette, à cassure nette, recouvert d'une couenne mince, opaline, résistante; un peu de sérosité limpide surnage. Dans le second, même état du sang, moins la couenne, c'était chez une femme à peau fine, peu affaiblie cependant par sa maladie (arthrite post-puérpérale).

M. Giraldès a trouvé sous les lambeaux, le lendemain d'une amputation de cuisse, un caillot de sang noir, un caillot, m'a-t-il dit, comme on n'en observe pas dans de pareils cas. Pour que ce fait ait de l'importance, il faudra que d'autres faits analogues soient observés. M. de Gorup a recueilli le sang de deux malades opérés par M. Heyfelder; rien de particulier dans la consistance du caillot; il l'a analysé : point de changement dans la constitution chimique.

M. Lassaigne a trouvé pour le sang artériel de chiens éthérisés, un caillot plus consistant que celui de sang non éthéré ; ce qui contredit l'observation de M. Amussat ; mais il a sans doute éthérisé moins profondément. Le même chimiste a conclu de ses analyses que le sérum était augmenté de quantité chez les animaux éthérisés ; que les globules étaient diminués ; que la quantité de fibrine n'était pas modifiée. M. Chambert a frappé de nullité les conclusions de M. Lassaigne et par le raisonnement et par les analyses de sang qu'il a faites. Selon lui, il n'y a point de modification notable. Et il fait observer avec raison qu'il n'était pas besoin d'analyses pour arriver à cette conclusion. On se demande, en effet, ce qu'un peu d'éther qui ne diffère de l'alcool que parce qu'il a un atome d'eau de moins, peut faire sur la constitution des éléments du sang ?

Un médecin anglais, M. James Pring, de Weston, a fait d'autres expériences et a obtenu les résultats suivants :

1° De deux quantités de sang artériel de mouton, enfermées dans des vases à l'abri de l'air, l'une forma un coagulum ferme et rouge ; l'autre, à laquelle on avait ajouté de l'éther, était noire, quelque peu fluide ; au moins le caillot était-il moins consistant que d'ordinaire.

2° De l'oxygène introduit dans un vase renfermant du sang et de l'éther n'empêcha pas l'éther d'agir sur le sang, comme plus haut.

3° De l'oxygène passant par du sang éthéré ne lui rendait pas ses propriétés, quoiqu'il soit probable que cela soit dû à l'excès d'éther dans le vase.

4° De l'éther ajouté au sang produit le même effet que du sang tombant dans un vase où il y a de l'éther, et dans les deux cas, l'effet est augmenté par l'agitation. Du sang artériel mêlé d'éther a été trouvé plus noir que du sang artériel saturé d'acide carbonique.

5° L'éther sulfurique du commerce et l'éther nitrique du commerce produisent sur le sang artériel la même action que les mêmes éthers lavés.

M. Pring conclut de là que l'état du sang, chez les individus éthérisés, ne dépend pas simplement de l'absence de la quantité d'oxygène, ni de ce que le mode d'inhalation empêche l'acide carbonique de se dégager des poumons; l'éther n'agit non plus en s'opposant, comme le prétend M. Robin, à la transformation du sang veineux en sang artériel, l'expérience montrant que l'éther enlève l'oxygène au sang artériel lui-même. (M. Robin a dit cela aussi dans une note adressée à l'Académie des sciences, postérieure à un autre qu'a lue sans doute M. Pring.)

De toutes ses expériences et de ses raisonnements, M. Pring conclut que l'éther exerce sur le sang une action chimique, action favorisée *par la haute température des poumons*. La conclusion de M. Pring est ruinée par les analyses de MM. Gorup et Chambert.

De toutes les expériences, et surtout de l'observation des phénomènes physiologiques, je ne conclus qu'une chose : c'est que l'éther (les vapeurs d'éther) agissent sur le sang d'une manière mécanique. Votre sang est noir, plus liquide : eh! faites traverser un liquide coagulable par des vapeurs; interposez entre les molécules d'un corps, les molécules d'un corps plus fin, et voyez si le premier se coagulera, s'il aura sa consistance, sa couleur ordinaire. L'oxygène ne saurait rendre au sang devenu noir par l'éther sa coloration rouge. Mais si ce n'est que l'oxygène qui manque, le sang devrait devenir rouge, puisqu'il n'y a point de modification chimique; c'est par une action mécanique, c'est ma conviction, que le sang, dans de pareilles conditions, est noir. Et dans l'économie? J'admets que le sang n'a plus sa coloration normale après une éthérisation d'une certaine durée. Mais au commencement, le sang n'est pas noir: c'est que la quantité d'éther qui s'y trouve n'est pas à comparer avec celle que vous mélangez avec votre sang; de l'air arrive, point d'asphyxie, point de coloration noire pour cette cause. Plus tard, c'est autre chose : un corps étranger, dans le sang depuis quelque temps, a affaissé le système nerveux; c'est une raison pour que l'hématose soit imparfaite, pour que le sang devienne plus ou moins noir. Notez aussi que tous les capillaires, tous les tissus sont alors saturés d'éther. Cet agent agira donc sur l'hématose d'une manière à la fois mécanique et vitale.

Aussi profondément atteinte, l'économie peut fort bien renfermer du sang plus liquide, et je comprends que des hémorrhagies consécutives puissent avoir lieu, soit pendant qu'il y a des vapeurs d'éther dans le sang, soit alors qu'il n'y en a plus. M. Serres (de Marseille), après une opération de sarcocèle où il a dû lier sept vaisseaux; M. Heyfelder, dans trois opérations *sur les lèvres;* M. Guersant, dans une opération de *taille,* ont observé le jour même des hémorrhagies. Il faut faire ici la part de la vascularité de la région; mais, en dehors de cette considération, je crois les hémorrhagies consécutives possibles, et surtout quand l'individu a subi un éthérisme profond ou plutôt de longue durée, ce qui n'est pas la même chose.

Du reste, le sang est-il plus liquide, les vaisseaux les plus petits donneront durant l'opération, et seront liés; il y aura autant de chance d'hémorrhagie de moins. Je dois dire aussi que j'ai ausculté les gros vaisseaux de plusieurs malades avant et après leur éthérisation, et que je n'ai constaté aucune différence dans les bruits.

Examiné au miscroscope, le sang d'individus éthérisés n'a pas offert de globules altérés dans leur forme.

Pour être cependant aussi complet que possible, je dois dire que les globules du sang de grenouille ont paru plus *rouges* à M. Patruban, de Prague, et citer deux conclusions de la thèse de M. Chambert, page 31 :

«IV. L'éther nitreux (le plus actif de tous les éthers, comparable à l'acide cyanhydrique) communique au sang une couleur bistrée ou d'un brun-chocolat d'autant plus foncée que les inhalations ont été plus prolongées.

«V. Les globules du sang ainsi altéré, examinés au microscope, ne présentent aucune altération de forme. Leur *consistance* paraîtrait seulement *un peu moindre.* » (Expérience sur des chiens.)

ARTICLE II. — *Urines.*

Des observations trouvées dans la brochure de M. Warren (Amérique) et ailleurs, quelques observations de M. Heyfelder, montrent une sécrétion active des reins pendant l'éthérisation; émises immédiatement après, les urines de deux malades de M. Heyfelder ont été analysées par M. de Gorup : elles n'ont rien présenté de particulier, sauf l'odeur éthérée. Les résultats s'accordent avec ceux qu'ont indiqués M. Becquerel et M. Simon pour des cas analogues aux cas des deux malades.

ARTICLE III. — *Action de l'éther sur la calorification.*

Après avoir vu partout l'éther agir d'abord comme excitant, puis comme déprimant, on ne trouvera rien de neuf dans ce fait, à savoir que dans une éthérisation profonde, la température du corps éprouve une élévation sensible, puis un abaissement notable. On conçoit que, dans une courte éthérisation, ces changements de température s'apprécient par les autres phénomènes éthériques aussi sûrement que par le moyen d'un thermomètre. M. le docteur Demarquay, prosecteur de l'École pratique, n'a pas voulu laisser subsister le moindre doute à l'égard de l'action de l'éther sur la calorification. Avec un thermomètre, il a pris la température dans le rectum des animaux, et il a constaté que la température initiale et la température finale peuvent être portées jusqu'à + 2°,5. (Thèse soutenue récemment devant cette Faculté.) Pour confirmer l'action asphyxiante des vapeurs d'éther, M. Rével, de Chambéry, rapporte les phénomènes qu'ont présentés deux malades; voici la dernière preuve, la plus convaincante, sans doute, car elle est soulignée : « *enfin, chez tous les deux, un froid intense, et qui a duré près de deux heures,* a suivi les inspirations d'éther » (*Comptes rendus des séances de l'Acad. des sciences,* 5 avril 1847). On demandera à M. Rével, professeur de physiologie, si ces frissons sont bien dus à l'éther; s'il

en est ainsi, sont-ils dus à une action particulière primitive de l'éther?
enfin a-t-il rencontré souvent, depuis, le même phénomène?

ARTICLE IV. — *Produits de l'exhalation pulmonaire.*

MM. Ville et Blandin ont étudié l'influence de l'éthérisation sur la
composition de l'air expiré; ils ont conclu de leurs expériences que
l'acide carbonique, dans le cours de l'éthérisation, augmente toujour
à mesure que la sensibilité s'affaiblit, et diminue à mesure qu'elle
revient à son état normal. Ces recherches ne me paraissent que confirmer une loi posée par M. Vierordt (*Archiv. physiol. Heilkunde,* n° 2,
1847). D'après cette loi, l'acide carbonique contenu dans le sang est
indépendant du travail de nutrition ou de la respiration, et est exhalé
en quantité d'autant plus grande qu'il y en a moins dans les bronches;
on comprend dès lors comment les vapeurs d'éther détruisent le
rapport qui existait entre l'acide carbonique des bronches et l'a-
cide carbonique du sang. En faisant ici l'application du beau travail
de M. Vierordt, on prévoit les résultats des expériences de MM. Ville
et Blandin, et ils ne sont plus que d'une importance secondaire.

CHAPITRE V.

RÉSUMÉ.

Tels sont les phénomènes amenés par l'introduction des vapeurs
d'éther dans le torrent circulatoire.

Ils ne peuvent pas se présenter de même chez tous les individus,
mais cela dépend de conditions qu'il est facile de saisir, car, chez le
même sujet, on peut les faire varier presque à volonté, et, sous ce
rapport, l'étude de l'éther jettera un jour nouveau sur l'action physiologique des autres médicaments.

Aussi établissons-nous de la manière suivante l'action de l'éther, selon la quantité absorbée : 1° excitation de courte durée, de toutes les fonctions (sensibilité plus vive, excitation musculaire, etc.); 2° dépression de toutes les fonctions; 3° excitation générale après la dépression qui a été amenée en peu de temps, réaction véritablement tonique; 4° persistance de la dépression, quand elle a duré un certain temps, ou que d'une autre manière une certaine quantité de vapeurs a été longtemps maintenue en contact avec le tissu nerveux.

Je ferai cette remarque d'une grande importance, c'est que le système nerveux ganglionnaire est encore excité, pendant que les fonctions du cerveau et de la moelle épinière sont abolies depuis longtemps.

Il n'y a là, au fond, rien de particulier à l'éther. S'il détruit la sensibilité rapidement, c'est parce que, sous un grand volume, il est introduit rapidement dans l'économie; si ses effets sont peu dangereux, c'est parce que rapidement il est éliminé par toutes les voies et surtout par l'exhalation pulmonaire.

Division pratique des phénomènes éthériques.

La division suivante résume assez bien les phénomènes décrits : 1° ivresse initiale; 2° *a,* éthérisme calme; *b,* éthérisme agité, convulsif ou non convulsif; *c,* éthérisme comateux; 3° ivresse de retour.

CHAPITRE VI.

SUCCESSION DES PHÉNOMÈNES ÉTHÉRIQUES.

ARTICLE I.

Dans chacune des périodes, les fonctions de relation, celles de la moelle et du système nerveux ganglionnaire, sont modifiées; seulement, les unes résistent plus que les autres. De là, quatre phénomènes prédominants dans ce tableau largement esquissé :

1° L'abolition de la sensibilité générale qui n'est que la sensibilité la plus exquise, la plus fragile en quelque sorte ; elle disparaît chez les sujets difficiles à éthériser, à narcotiser, elle a lieu souvent avant la suivante.

2° L'abolition de l'intelligence, d'ordinaire isochrone à l'abolition de la sensibilité.

3° L'abolition de la motricité. Je rappelle qu'il s'agit ici surtout de l'abolition des mouvements réflexes. Chez tous les sujets, et particulièrement chez les sujets faibles, la plus grande partie des muscles sont relâchés rien que par l'ivresse antérieure à l'insensibilité et au narcotisme ; mais il faut être prévenu que cette inertie, qui est loin d'exister toujours, peut faire place à des mouvements presque incoercibles, volontaires ou spasmodiques.

4° L'abolition, plus ou moins proche, de la fonction du bulbe rachidien et du système nerveux ganglionnaire. Tel est l'ordre dans lequel les vapeurs d'éther agissent sur les divers systèmes de l'organisme, qui ne tarderait pas à succomber si cette action, ayant atteint le quatrième degré, ne cessait point de s'exercer. Ce qu'elle a de remarquable aussi, c'est qu'elle frappe souvent, comme par hasard, un organe dans les quatre divisions, un organe plus particulièrement qu'un autre.

ARTICLE II. — *Éthérisation comparée aux vivisections. Conséquences de l'étude précédente.*

§ 1. MM. Flourens et Longet disent que l'éthérisation isole les fonctions des centres nerveux à l'instar des mutilations du scalpel. Cette proposition est loin d'être exacte. Éthérisez de manière que vous ne produisiez que l'ivresse : toutes les fonctions à la fois sont dérangées, l'intelligence, la coordination des mouvements, la respiration, les sécrétions, etc. Éthérisez davantage, vous abolissez la sensibilité avant l'intelligence, ou l'intelligence avant la sensibilité. En est-il de même par l'ablation des lobes cérébraux ? Nullement. La coordination des mouvements persiste ; l'intelligence et la perception des impressions sensorielles sont simultanément abolies ; il y a encore des cris, des mouvements instinctifs, non perçus, etc. Jamais l'éthérisation n'isolera la fonction du cervelet, comme les vivisections de M. Flourens l'ont fait.

L'éthérisation produit comme les vivisections : 1° assez rarement, l'abolition de la sensibilité périphérique (comme la section des troncs nerveux) ; 2° l'abolition à la fois de l'intelligence, de la perception des impressions sensoriales, de la coordination des mouvements, de la volonté (comme par la mutilation de tout le cerveau) ; 3° l'isolement du pouvoir réflexe de la moelle, des tubercules quadrijumeaux ; 4° l'abolition du principe de sensibilité et du principe moteur ; 5° l'abolition des fonctions essentielles à la vie (comme par la section du bulbe rachidien).

Ainsi l'éthérisation ne démontre pas des choses que démontrent les vivisections ; d'un autre côté, elle jette de la lumière sur des questions que les vivisections n'éclairent pas. Par exemple, elle établit la nécessité du concours des lobes cérébraux et de la protubérance annulaire pour l'exercice de la fonction complexe, mais cependant une, du moi, ainsi que le pouvoir réflexe du cerveau. En résumé, l'éthérisation ne fait guère que confirmer ce qu'on savait déjà, et sera d'un médiocre secours pour les études psychologiques.

§ 2. Les convulsions étant à peine marquées chez la plupart des sujets éthérisés, suspendues ou prévenues chez tous par une éthérisation profonde, provoquées chez un certain nombre par l'absorption d'une minime quantité de vapeur d'éther, on voit que l'idée émise par quelques physiologistes anglais n'est nullement fondée, à savoir, que l'abolition des fonctions cérébrales amène une exagération de celles du système spinal, sur lequel s'accumule le fluide nerveux soustrait à l'autre. M. Longet n'a pas été plus heureux quand il a reporté sur le système ganglionnaire le fluide nerveux chassé des autres systèmes. En effet, ce physiologiste déclare, dans la vingt-quatrième conclusion de son mémoire, que les fonctions du système ganglionnaire paraissent *surexcitées,* sorte de diverticulum pour la force nerveuse. La vérité est que le système ganglionnaire est influencé en même temps et de même que le système cérébro-spinal; mais, comme il préside à une fonction sans laquelle toutes les autres ne sauraient s'exercer, il doit être dans sa nature de mieux résister que le second à l'action des vapeurs d'éther. Il résulte de là qu'il est encore excité après que le système cérébro-spinal est déjà déprimé, qu'on ne pourrait en maintenir longtemps la dépression, sans faire courir au malade des dangers sérieux. Voilà l'explication véritable, selon moi, de la persistance et même de l'activité plus grande des sécrétions chez tous les individus, et des fonctions de l'utérus chez les femmes en couches, alors que la sensibilité est complétement disparue, et que les muscles de la vie animale sont dans la résolution depuis longtemps.

CHAPITRE VII.

ACTION DE L'ÉTHER SUR LE SYSTÈME NERVEUX ; SIÉGE ANATOMIQUE DES PHÉNOMÈNES ÉTHÉRIQUES.

ARTICLE I. — *Action de l'éther sur le système nerveux.*

M. Serres, le premier, a essayé d'immerger un nerf dans l'éther sur des animaux vivants. Le nerf immergé perd immédiatement toute sensibilité au-dessous du point d'immersion, tandis qu'il la conserve au-dessus. L'expérience étant prolongée, la paralysie du sentiment et du mouvement est permanente (séance de l'Institut, 8 février). M. Longet et d'autres expérimentateurs confirment l'action locale de l'éther liquide sur les nerfs. MM. Pappenheim et Good démontrent de plus, par l'examen microscopique, une altération chimique du nerf immergé (*Comptes rendus des séances de l'Académie des sciences,* 22 mars). Le professeur Patruban fait les mêmes expériences; au bout d'un quart d'heure, le nerf a repris sa sensibilité, ce qui est évidemment dû à la durée moindre de l'immersion. D'un autre côté, M. Flourens établit les effets des inhalations éthérées sur les centres nerveux. On peut, sur les animaux, pincer, couper les racines antérieures et les racines postérieures, déchirer la moelle elle-même, sans provoquer ni contraction, ni douleur (Académie des sciences, 8 février). Dans la séance du 22 février, M. Flourens conclut, de nouvelles expériences, 1° que l'action de l'éther sur les centres nerveux est successive et progressive; 2° que cette action successive va d'abord aux lobes cérébraux et au cervelet, puis à la moelle épinière, puis à la moelle allongée. Dans un mémoire auquel j'ai emprunté tout ce que j'ai dit, en citant M. Longet, ce physiologiste confirme à peu près les résultats obtenus par M. Flourens, et en apporte de nouveaux. Il démontre l'ation de l'éther sur les centres nerveux et sur les cordons nerveux; il prétend qu'elle est successive, agissant dans l'ordre suivant sur les centres nerveux : 1° lobes cérébraux et cervelet; 2° protubérance annulaire; 3° moelle épinière, comme centre du pouvoir réflexe; 4° bulbe rachidien.

Je donne ici en entier le résumé de son mémoire, tel qu'il a été présenté à l'Académie des sciences :

1° Chez les animaux éthérisés, il y a suspension absolue momentanée de la sensibilité, aussi bien dans toutes les parties ordinairement sensibles de l'axe cérébro-spinal (*portions postérieures de la protubérance, du bulbe, de la moelle épinière,* etc.) que dans les cordons nerveux eux-mêmes (*nerfs des membres, racines spinales postérieures, nerfs trijuméaux,* etc.).

2° La relation qui existe normalement entre le sens du courant électrique et les contractions musculaires dues à ce courant, relation que M. Matteucci et M. Longet ont fait connaître, persiste dans l'appareil nerveux moteur (*nerfs des membres, racines spinales antérieures, cordons antérieurs de la moelle,* etc.).

3° Toutefois, à l'aide du galvanisme, on constate après la mort que l'irritabilité des muscles et l'excitabilité des nerfs de mouvement durent moins chez les animaux tués par l'éther que chez ceux qui ont succombé à une autre cause de mort, à la section du bulbe, par exemple.

4° Tout nerf mixte (sciatique, etc.) découvert dans une partie de son trajet, soumis à l'action de l'éther, et devenu sensible dans le point directement éthérisé et dans tous ceux qui sont au-dessous, peut cependant demeurer *excitable* au galvanisme dans ces mêmes points; à certaines conditions, il peut même conserver en partie la faculté motrice volontaire.

5° Le nerf optique, dont l'irritation électrique ou mécanique provoque encore, même chez l'animal qui est près de mourir, une sensation lumineuse traduite par le mouvement des pupilles, n'offre plus la moindre trace de cette réaction chez l'animal rendu insensible par l'éther.

6° L'action de l'éther sur l'appareil nerveux sensitif est bien autrement directe et stupéfiante que celle de l'alcool, qui rend seulement la sensibilité plus obtuse sans jamais la suspendre entièrement, du moins dans les centres nerveux.

7° L'éther abolit d'une manière momentanée, mais complète, la propriété excito-motrice ou *réflexe* de la moelle épinière et de la moelle allongée (action spéciale propre), et conséquemment agit en sens inverse de la strychnine et même des préparations opiacées qui l'exaltent.

8° On peut parvenir, chez les animaux mis en expérience, à amoindrir ou même à neutraliser les effets de l'éther sur la propriété excito-motrice de la moelle, par la strychnine, et ceux de la strychnine et des opiacés, par l'éther.

9° Constamment les fonctions des centres encéphaliques se suspendent avant l'action spinale propre, et se rétablissent avant elle.

10° L'éther fournit un nouveau moyen d'analyse expérimentale, qui,

16

employé avec discernement, permet d'isoler, chez l'animal vivant, le siége de la sensibilité générale du siége de l'intelligence et de la volonté.

11° Chez les animaux, on peut graduer l'action de l'éther sur les centres nerveux, et faire naître à volonté les deux périodes que M. Longet nomme *période d'éthérisation des lobes cérébraux* et *période d'éthérisation de la protubérance annulaire.*

12° Ces deux périodes sont faciles à produire, à l'aide de mutilation sur l'encéphale des animaux vivants : chez l'animal qui n'a plus que sa protubérance et son bulbe, mêmes phénomènes qu'après l'éthérisation des lobes cérébraux, et chez celui dont la protubérance elle-même vient d'être lésée directement, mêmes troubles qu'après l'éthérisation de la protubérance.

13° L'éther ne constitue un moyen préventif de la douleur qu'à la condition d'agir sur la protubérance annulaire.

14° Dans les animaux qui ont subi l'éthérisation de la protubérance, cet organe recouvre toujours son rôle de centre perceptif des impressions tactiles, avant de revenir lui-même organe sensible.

15° La marche des phénomènes de l'éthérisation, chez l'homme, est loin d'être rigoureusement la même que chez les animaux.

16° La déséthérisation de la protubérance peut commencer à s'effectuer pendant que dure encore la période d'éthérisation des lobes cérébraux ; ce qui explique les cris poussés vers la fin d'une opération commencée dans le plus grand calme, cris dont le malade ne conservera d'ailleurs aucun souvenir à son réveil.

17° La *vraie période chirurgicale* correspond à celle d'*éthérisation de la protubérance annulaire* ou d'insensibilité absolue.

18° Quelque temps après que la faculté de sentir a reparu, chez les animaux éthérisés, il y a exaltation passagère de la sensibilité.

19° L'ammoniaque liquide ou à l'état de vapeur a paru à M. Longet, dans un certain nombre de cas, diminuer la durée des phénomènes dus à l'éthérisation, du moins quand ceux-ci n'avaient point encore atteint la deuxième periode.

20° A un moment donné des expériences, le sang coule presqu noir dans les vaisseaux artériels, comme l'a vu M. Amussat : l'*insensibilité se manifeste constamment avant ce phénomène.*

21° Du moment où l'insensibilité absolue est constatée, si l'on continue l'inspiration des vapeurs éthérées, *dans les mêmes conditions,* les animaux (lapins) meurent dans l'espace de six à douze minutes, par une température de 6 à 8 degrés centigrades.

22° Au contraire, à la condition du mélange d'une plus grande quantité d'air avec la vapeur d'éther, la période d'insensibilité absolue peut être entretenue pendant fort longtemps (trois quarts d'heure et plus) sans inconvénient pour la vie des animaux (lapins).

23° L'éther injecté par l'œsophage dans l'estomac (même en assez grande quantité pour entraîner la mort) ne détermine la perte de la sensibilité à aucun moment de la vie des animaux.

24° Dans l'éthérisation, les fonctions du *système nerveux ganglionnaire* paraissent être surexcitées, et ce système semble devenir une sorte de *diverticulum* pour la force nerveuse, qui momentanément a abandonné le *système cérébro-spinal.*

25° La mort des animaux qui ont respiré la vapeur d'éther est peut-être due à une sorte d'asphyxie dont le point de départ serait surtout dans le centre nerveux respiratoire lui-même (bulbe rachidien).

Les propositions 9, 10, 13, 14, 15, 17, demanderaient un commentaire qui en établît l'inexactitude; mais celle-ci ressort suffisamment de tout ce que j'ai déjà dit, et de ce qu'il me reste à dire.

J'ajouterai, d'après le même mémoire de M. Longet, publié avec des additions dans les *Archives de médecine,* que le bulbe rachidien, contrairement à l'opinion de M. Flourens, peut être en partie éthérisé, et cependant la respiration persister. C'est que l'organe premier moteur du mécanisme respiratoire n'a pas son siége dans toute l'épaisseur du segment du bulbe; les corps restiformes et pyramidaux, formés exclusivement de fibres branches, peuvent être détruits; il n'en est pas de même du faisceau intermédiaire du bulbe; c'est lui qui est le point central du système nerveux, le nœud vital, le premier moteur du mécanisme respiratoire, comme M. Flourens a appelé le bulbe rachidien lui-même. Les agonisants et les apoplectiques continuent de respirer, quand le bulbe ne fonctionne plus comme organe de transmission de la volonté et des impressions sensitives.

ARTICLE II. — *Siége anatomique des phénomènes éthériques.*

§ 1. Oublions, dans tout ce qui précède, ce qui n'est pas relatif à l'action de l'éther sur les centres nerveux en général ; j'ai dit ce qu'il faut penser de l'action successive de l'éther sur l'économie, telle que MM. Flourens et Longet ont paru vouloir l'établir. Oublions que M. Longet suppose que la moelle épinière est éthérisée avant la protubérance annulaire, le reste du cerveau l'étant déjà, comme si la nature était capable de faire des *sauts.* Constatons seulement que les deux physiologistes n'attribuent les phénomènes éthériques qu'à l'action de l'éther sur les centres nerveux, qu'ils ne les rapportent pas à une *action locale généralisée.* Or, rien de moins physiologique qu'une pareille opinion. J'ai traité assez longuement de l'action locale de l'éther. Elle est excitante et anesthésiante ou sédative ; l'action générale de l'éther sur l'économie n'est pas différente. Et vous n'admettriez pas que l'action de l'éther sur l'organisme entier n'est pas l'action de l'éther sur chacune de ses parties ?

Les cas nombreux où les patients ont eu concience de tout ce qui se faisait, excepté des souffrances, protestent contre la localisation exclusive de l'action éthérée sur les centres nerveux. Évidemment alors, l'éther a agi localement sur la névrosité périphérique, laissant intactes l'intelligence et les autres fonctions cérébro-spinales. Comment expliquer tant de phénomènes locaux, que j'ai signalés pour tous les systèmes organiques, sinon par une action locale, indépendante des centres nerveux ? C'est d'ailleurs, selon vous, un sang éthéré qui paralyse ces derniers ; pourquoi n'agirait-il point sur une substance de même nature, répandue en cordons dans toute l'économie ? Ainsi, l'existence de l'insensibilité, en dehors d'une autre altération fonctionnelle, celle de tant de phénomènes locaux, s'expliquant parfaitement par l'action locale d'un sang plus éthéré que celui qui circule ailleurs, et enfin la propriété nécessaire des vapeurs éthérées d'agir sur l'économie partout où le sang les transporte, doivent faire conclure que l'éther agit sur le système nerveux en général, sur la partie périphérique aussi bien que sur les centres. Qu'un homme soit éthérisé, après qu'on lui a appliqué un tourniquet sur l'artère principale d'un membre, et qu'il devienne insensible partout, excepté dans la partie où se distribue l'artère comprimée, ce sera une preuve sans réplique de ma manière d'envisager l'action de l'éther. J'ai cherché à administrer cette preuve par l'expérience directe, en attendant de Strasbourg une observation, qui m'en inspira l'idée, et qui même offre l'expérience faite par hasard. Pour que l'expérience réussisse, il faut la compression d'un tronc artériel et la non-éthérisation des centres nerveux et du trajet des nerfs intermédiaires aux centres et à l'endroit de l'arrêt de la circulation. Ces conditions existant, et la deuxième dépend du hasard, l'éther agit-il partout où le sang le transporte, le membre, dont l'artère est comprimée, sera sensible aux irritations, qui réagiront sur la moelle et sur le cerveau, ou sur la moelle seule.

Assisté de plusieurs amis, je me suis éthérisé trois fois dans une heure; c'était trois tentatives inutiles, parce que je m'endormais rapidement et que je me mettais à rêver, et, de plus, à faire des mouvements qui rendaient la compression de l'artère brachiale impossible. J'ai alors éthérisé un lapin, auquel j'ai fait la ligature préalable d'une artère crurale, et mis à nu un nerf sur la cuisse opposée. Les lapins s'endormant facilement, et ne rendant pas toujours compte des sensations douloureuses, l'expérience et toutes les expériences semblables peuvent être frappées de nullité. Voici, toutefois, ce que j'ai constaté : Bien éthérisé, l'animal n'exprima aucune souffrance quand je tiraillai des nerfs dans le membre dont l'artère principale était liée, pas plus qu'à la suite du tiraillement d'un nerf de l'autre membre. J'ôtai l'appareil d'inhalation, et pendant que je laissais l'animal revenir à lui, je tiraillais alternativement les nerfs des deux membres. Il fit enfin un mouvement énergique avec le membre que je désirais voir sensible, tandis que l'autre resta dans la résolution malgré l'irritation de son nerf. Un instant après, la sensibilité était revenue dans les deux membres et partout. Est-il arrivé ici que la moelle a perçu l'irritation du côté de la compression, et que l'animal s'est trouvé un instant dans les conditions voulues? Je n'attache aucune importance à la réponse qu'on peut faire à cette question, parce que les chirurgiens pourront tenter sans inconvénient des expériences sur l'homme, les cas où l'insensibilité périphérique et partielle persiste seule, pendant quelques instants, ne devant pas être si rares.

Mais voici déjà une observation, celle dont j'ai parlé plus haut, que je reçois en lisant les épreuves de ce mémoire.

J'avais parlé de l'action locale de l'éther à mon ami le docteur Krust, qui vient de soutenir sa thèse, également sur l'éther, à Strasbourg. Il m'avait raconté le fait que je vais rapporter, et que je me suis hâté de demander, par l'intermédiaire de mon ami le docteur Willemin, à M. Coze, fils du doyen de la Faculté de médecine de Strasbourg.

Observation de M. le docteur Léon Coze, médecin de l'hôpital de Sainte-Marie-aux-Mines.

« Une femme atteinte de tumeur blanche du genou fut amputée à l'hôpital communal de Sainte-Marie-aux-Mines, dans les derniers jours du printemps de cette année. Elle avait été soumise plusieurs fois, avant l'époque de l'opération, aux inhalations éthérées ; je n'étais parvenu qu'une fois à la plonger dans une insensibilité complète et un peu durable. La respiration était accompagnée d'efforts de déglutition qui reculaient de beaucoup le terme habituel, nécessaire, de quelques minutes d'inspirations. Cependant, l'appareil fonctionnait bien et avait bien réussi dans d'autres cas : il était de M. Charrière. Le

moment de l'opération venu, avant d'éthériser, j'appliquai le tourniquet et fis immédiatement la compression pour ne point perdre de
temps. La période d'affaissement étant revenue, je voulus m'assurer
de l'état de la sensibilité sur le membre à enlever ; je le piquai : un
mouvement eut lieu. L'inhalation fut continuée, quoique à grand'-
peine ; la sensibilité persistait toujours. Je m'avisai alors de piquer
aussi le membre gauche, que je trouvai complétement insensible.
Aussitôt il me vint en idée que la persistance de la sensibilité pouvait
être causée par le tourniquet : je le desserrai immédiatement ; je
laissai la circulation se rétablir, et je pus alors constater une insensibilité complète du membre à opérer. Je ne recommençai pas l'expérience, parce qu'il n'y avait pas de temps à perdre. L'amputation fut
promptement terminée. Le fait m'a paru fort intéressant ; mais avant
de le faire connaître, je voulais bien m'assurer de sa réalité. »

Remarques. — M. Coze ne recommença pas l'expérience. Il fit sagement, car il n'aurait fait que perdre son temps. Il aurait resserré le
tourniquet, que le membre n'aurait pas recouvré la sensibilité durant
le temps qu'il pouvait répéter l'expérience ; bien plus, il y avait
toute chance pour qu'il devînt insensible par l'effet de l'éthérisation
de la moelle ou des cordons chargés de transmettre l'irritation périphérique. Pourquoi le membre à opérer était-il sensible ? Rappelons-
nous que la période d'affaissement, dont parle M. Coze, n'implique
pas la production de l'insensibilité, l'éthérisation du cerveau. Les
muscles peuvent être dans la résolution, rien que par suite de l'ivresse
et du narcotisme, avant la disparition de la sensibilité. Mais je suppose, puisque M. Coze n'en a rien dit, que la femme n'ait pas eu
conscience des piqûres qui ont provoqué ses mouvements. Alors, il
y aura eu plus qu'un sommeil provoqué par l'éther, d'une manière
en quelque sorte dérivative ; le cerveau aura été éthérisé lui-même,
en même temps que tout le corps, moins le membre dont l'artère
était comprimée, et moins le trajet des filets nerveux se rendant de
ce membre à la moelle. Les mouvements de ce membre ont été le

résultat de l'action réflexe de la moelle ; et que la femme ait eu conscience ou n'ait pas eu conscience de la piqûre, le membre à amputer n'était pas dans les conditions de l'autre, il était sensible. Or, c'est tout ce que nous voulons savoir. Il est bon que M. Coze ait bien constaté, à diverses reprises, cette sensibilité du membre ; on ne saurait plus objecter que les mouvements d'un membre, l'absence de mouvements chez l'autre, ont été l'effet du hasard, comme on peut le faire pour mon lapin.

J'ai supposé que les piqûres n'ont été perçues que par la moelle ; si la malade avait conservé les facultés intellectuelles intactes, elle aurait accusé la douleur. Dans ce cas, l'action locale de l'éther ne laisserait plus le moindre doute dans l'esprit de personne. Mais la sensibilité qui met encore en jeu l'action de la moelle ne prouve pas moins que celle qui aurait agi sur le cerveau, et, en résumé, la compression de l'artère crurale, ayant empêché les vapeurs d'éther d'arriver au membre malade, a été la cause de la persistance de la sensibilité observée.

Cette observation me paraît une preuve expérimentale incontestable de la vérité de cette proposition que j'établis, et qui est contraire aux opinions de MM. Flourens et Longet :

Les vapeurs d'éther agissent non-seulement sur les *centres nerveux,* mais elles agissent sur *toutes les parties où le sang les transporte.*

Il paraît hors de doute que M. Magendie a incomplétement éthérisé les animaux sur lesquels il a constaté la persistance de la sensibilité de la moelle.

Comme l'éther agit sur toute l'économie en agissant sur toutes les parties, c'est souvent à cette action purement locale qu'il faudra attribuer des contractions ou des paralysies locales, sans faire nécessairement intervenir l'action de l'éther sur les centres (yeux, muscles respiratoires, utérus, cœur).

Ce qui précède était à l'impression quand j'ai lu, dans la thèse que M. Krust vient de soutenir à la Faculté de Strasbourg, que M. le pro-

fesseur Tourdes a expérimenté l'action directe de l'éther sur les muscles volontaires et sur le cœur mis à découvert. Les premiers sont devenus flasques, comme on pouvait s'y attendre, après les expériences
de M. Serres; pour le cœur, il s'est contracté avec moins de force.
Il serait déjà permis de conclure de toutes ces expériences que l'action de l'éther n'agit pas essentiellement ici, à plus forte raison, exclusivement sur les centres nerveux, et que le sang éthéré produit l'affaiblissement des contractions du cœur par son contact direct.

Cette action directe de l'éther sur le cœur m'a donné une idée vague d'une action analogue à l'opium, exposée par Muller; j'ai ouvert
le manuel du grand physiologiste allemand, et j'ai trouvé bientôt le
passage suivant, que j'ai traduit au long, parce qu'il est applicable
complétement à la question que je viens de traiter et à l'éther, en
général.

«X. L'application locale des narcotiques sur le nerf sympathique
n'agit pas sur les organes moteurs involontaires par une narcotisa-
tion à distance; mais ces derniers peuvent être paralysés par la nar-
cotisation des fibres sympathiques les plus fines qui pénètrent dans
leur substance. Cette action est tout à fait celle qu'on observe pour
les autres nerfs, les nerfs cérébro-spinaux; le narcotique, localement
appliqué, agit ici exactement aussi loin et pas plus loin que là où il
touche le nerf et en suspend l'irritabilité.

«Toutefois, il se montre ici, et cela pour le cœur, une relation bien
remarquable et inexplicable jusqu'à présent, entre la surface externe
et la surface interne de l'organe. Si l'on applique, en effet, de l'opium
pur ou de l'extrait de noix vomique sur la surface externe du cœur,
ils paraissent agir fort peu ou point, au moins d'abord très-lentement;
les mouvements rhythmiques du cœur de grenouille, séparé du
corps, continuent de s'exercer encore très-longtemps; mais porte-t-on
un peu d'opium ou d'extrait de noix vomique à la surface interne de
l'oreillette, le cœur est privé de mouvement pour toujours, souvent
déjà après quelques secondes. Ce fait découvert par Henry (*Edinb.*

med. and surg. journ., 1832), je l'ai constaté souvent sur le cœur de la grenouille. Ce fait aussi est une nouvelle preuve de la dépendance réciproque de la motricité des muscles et de l'action des nerfs; il démontre que le mouvement n'appartient pas aux premiers sans l'intervention des seconds. Il arrive ici que nous ne pouvons paralyser avec des narcotiques la force musculaire des couches superficielles du cœur, tandis que l'application du poison à ses couches internes tue aussi les externes; cette action diverse ne dépend pas des fibres musculaires, mais des fibres nerveuses. Cette action si rapide du poison narcotique ne s'explique non plus par cela qu'il pénètre promptement à travers les parois du cœur; car, si on resèque complétement les oreillettes du cœur de la grenouille, comme je l'ai fait, et qu'on porte dans le ventricule ouvert un peu de poison, celui-ci doit être plutôt expulsé qu'introduit plus profondément à la prochaine contraction, ce qui d'ailleurs ne saurait avoir lieu sans vaisseaux. D'ailleurs, ce phénomène remarquable explique bien aussi la rapidité de l'empoisonnement par les narcotiques, une fois que le poison est arrivé par le sang jusqu'au cœur. » (Müller, t. 2, p. 635; édit. 1841.)

L'action identique des narcotiques et de l'éther sur les nerfs ou sur les muscles, mis à nu sur un animal vivant, l'analogie complète des phénomènes physiologiques produits par les narcotiques et par l'éther, ne permettent pas de faire de différence dans la nature et le mode de ces agents. Sans revenir à la conclusion relative à l'action locale de l'éther, je ne tire de ce qui précède que des corollaires, et je dis : l'éther en faible quantité irrite localement le système nerveux, quel qu'il soit, à l'endroit où il arrive avec le sang, par hasard ou d'après les lois physiques ordinaires qui régissent un mélange. De là les phénomènes d'excitation locaux et généraux, variables selon la quantité d'éther absorbée; 2° en plus grande quantité, l'éther stupéfie, paralyse les organes avec lesquels il est en contact; 3° cette action de l'éther, analogue à celle des narcotiques, explique les phénomènes et leur marche, et leur rapidité selon la constitution des sujets.

ARTICLE III. — *L'action réflexe peut-elle être complétement abolie?*

J'ai vu se contracter, sous l'influence de la lumière, des pupilles très-dilatées, et chez des hommes bien éthérisés ; d'autres, parfaitemens insensibles, ont toussé, quand on a tout d'un coup administré des vapeurs d'éther irritantes ; d'autres encore ont rejeté les glaires et le sang pendant que tous les muscles volontaires étaient dans la résolution. (Aux cas déjà cités, ajoutez deux autres, de M. Pirogow, où a été employé le procédé rectal ; *Comptes rendus des séances de l'Académie des sciences*, 21 juin 1847.) Voici des faits opposés : bien des malades restent impassibles sous le couteau comme des cadavres, et M. Longet (voir 5ᵉ conclusion) n'a pu provoquer la contraction de l'iris par l'irritation du nerf optique. Mais il est facile de reconnaître la cause de ces divers résultats : c'est la suspension de toute contractilité, là où l'éther a porté une action profonde. Il résulte de là que, dans une *éthérisation convenable*, on n'aura jamais à redouter des accidents d'asphyxie par l'accumulation du sang ou d'autres liquides dans les bronches. (Cette conclusion est contraire à une proposition de M. Longet (mémoire publié dans les *Archiv. gén. de méd.*) et à celle que j'ai émise dans ma thèse.)

Dans ces cas, le liquide qui arrive dans les voies respiratoires réveille l'action réflexe du bulbe rachidien, qui n'est pas plus éthérisé que les nerfs au moyen desquels il préside aux mouvements de déglutition, à l'occlusion de la glotte, et à l'action des muscles des bronches. Notons qu'il y a, du reste, une abolition complète de la fonction des nerfs sensitifs.

Comment se fait à la moelle la transmission de l'irritation locale? On peut donner aujourd'hui à cette question deux réponses également satisfaisantes : ou bien ce sont les filets sympathiques qui transmettent l'irritation, ou bien ce sont les nerfs moteurs des voies respiratoires eux-mêmes, nerfs moteurs dont la sensibilité récurrente paraît démontrée par M. Magendie (*Comptes rendus des séances de l'Académie des sciences*, 28 juin 1847, t. 24).

ARTICLE IV. — *Action de l'éther sur le système nerveux ganglionnaire.*

Le système du grand sympathique n'est pas moins influencé par les vapeurs d'éther que le système nerveux cérébro-spinal. Pour l'exaltation, elle est manifeste, incontestable ; on en peut juger par l'activité plus grande des sécrétions et par des contractions qui dépendent de la névrosité ganglionnaire (déjections alvines, contractions utérines). Pour la dépression, elle est possible, si l'éthérisation est profonde. M. Mandl a mis à découvert l'intestin d'un chien éthérisé ; de plus, il l'a irrité : point de mouvements péristaltiques ; après la mort, ils sont survenus comme d'ordinaire. Que peut-on inférer, contre ce fait, d'expériences où la circulation de la lymphe et du chyle n'a pas été modifiée, où des mouvements péristaltiques ont eu lieu, où l'application de potasse caustique sur un nerf splanchnique ou sur le ganglion cœliaque a fait contracter énergiquement les intestins ? (Expér. de MM. Gruby, Patruban.) Rien, à mon avis ; car, avant que la circulation de la lymphe et du chyle soit entravée, des contractions péristaltiques ou autres *peuvent* être abolies ; si ceux-ci ont persisté dans certains cas, et on les a observés aussi chez l'homme, c'est que l'éthérisation n'a pas été assez profonde ; un irritant a-t-il provoqué des contractions vives, c'est tout simple, l'éther ne paralyse les nerfs qu'en leur enlevant le degré nécessaire de stimulus ; la potasse a réveillé la sensibilité des nerfs ganglionnaires, comme la strychnine et les opiacés empêchent l'action stupéfiante de l'éther sur les nerfs cérébro-rachidiens. (Voy. aussi *Utérus*.)

Rappelons aussi que le grand sympathique irrité éveille aussi, comme les nerfs cérébro-rachidiens, le pouvoir réflexe de la moelle, et ses filets sont paralysés par le contact direct des vapeurs d'éther.

ARTICLE V. — *L'éther agit-il spécialement par le sang ou par les nerfs?*

L'éther agit sur le système nerveux, mais agit-il primitivement sur le sang ou sur le tissu nerveux? Les phénomènes éthériques sont-ils dus à une intoxication du sang ou à celle du système nerveux? Il est, en effet, des substances qui produisent un trouble énergique de la fonction du système nerveux, et qui ne s'explique guère par l'action qu'elles pourraient exercer sur les éléments du sang. Ici la substance absorbée est de telle nature et en telle quantité, qu'elle ne saurait modifier la constitution chimique du sang et du tissu nerveux; la fugacité des phénomènes physiologiques et les analyses le prouvent. Les vapeurs d'éther agissant là où le sang les transporte, c'est évidemment à une modification physique du sang d'abord, et ensuite à celle du système nerveux, qu'il faudrait attribuer les phénomènes éthériques, si, d'autre part, on ne savait pas l'action directe de l'éther sur les nerfs, indépendamment du liquide sanguin. Celui-ci ne paraît donc être qu'un véhicule du merveilleux agent : c'est, en effet, ce qu'il faut admettre; on l'admet pour l'opium, la strychnine, etc., et l'éther n'a pas une action différente de celle de l'opium; dans certaines circonstances, et surtout chez des sujets robustes, il y a même une action assez comparable à celle de la strychnine.

ARTICLE VI. — *Cause anatomique de l'action progressive de l'éther.*

J'ai dit précédemment que, présidant aux fonctions les plus essentielles à la conservation de l'individu, le système ganglionnaire et le bulbe rachidien doivent avoir reçu de la nature une force de résistance plus grande que celle des autres organes. Or, les forces naturelles se trahissent toujours par la *matière*, et l'observation de celle-ci nous permet souvent de les mesurer, en quelque sorte, de les apprécier. Il n'est donc pas étonnant qu'ici, comme dans tant d'autres circonstances, l'anatomie nous fournisse la clef de l'action progressive de l'éther sur l'économie, de la résistance à cette action de certaines parties de l'organisme, tandis que d'autres y ont depuis longtemps succombé. L'anatomie nous montre les gaînes des fibres cérébrales plus délicates, plus ténues que celles des fibres de la moelle allongée et du grand sympathique; par conséquent, les premières subiront l'influence de l'éther avant les secondes.

Les nerfs sensitifs et leurs centres cérébro-rachidiens doivent être aussi d'une structure plus délicate que les nerfs et les centres moteurs : de là, leur degré différent de résistance.

Il ne serait pas vrai de dire que des organes dont l'action est réglée par le bulbe rachidien ou par le grand sympathique ne puissent être éthérisés, momentanément au moins, avant d'autres appartenant à la vie de relation. Les vapeurs d'éther, agissant localement, peuvent être portées par le hasard sur un organe en quantité plus ou moins considérable; on conçoit que cet organe sera excité plus qu'un autre, si les vapeurs sont en quantité suffisante pour l'exciter, et qu'il sera paralysé avant tel autre, quel qu'il soit, si le torrent circulatoire lui a apporté une grande quantité de vapeurs, relativement à celle qui a été portée ailleurs. C'est ainsi qu'il faut expliquer des sécrétions, des contractions musculaires, des paralysies partielles, isolées ou momentanées, comme nous les avons notées pour l'iris, les glandes lacrymales, l'utérus, etc. Les vapeurs d'éther sont bientôt plus également répandues dans l'économie : dès lors, une distribution moins *capricieuse* de l'action de l'éther.

Il faut, sans doute, être bien iatro-mécanicien et sacrifier peu sur les autels du vitalisme, pour vouloir se rendre ainsi compte de phénomènes qui appartiennent à cette mystérieuse innervation : comment comprendre que les vapeurs d'éther sont inégalement distribuées, même un court instant, quand on trouve partout quelque partie de la bulle d'air introduite, accidentellement ou par expérience, dans le torrent circulatoire? C'est là un fait ; mais faut-il le prendre pour un *criterium* ? Du reste, le sang écumeux, on le sait bien, ne traverse pas les plus petits capillaires, et également mêlées au sang, les vapeurs d'éther peuvent agir diversement sur les organes, à cause du calibre inégal des ramifications vasculaires qui s'y divisent.

ARTICLE VII. — *Conséquences de l'action de l'éther sur les centres nerveux.*

§ 1. Avant de quitter l'étude de l'action de l'éther sur le système nerveux, que je me justifie d'avoir employé les mots *sommeil* et *narcotisme* éthéré comme synonymes, mais exprimant toutefois des degrés différents de l'action de l'éther. Le sommeil éthéré est, à proprement parler, un narcotisme ; il est déterminé par la présence dans l'économie de vapeurs d'éther, comme par un corps étranger qui appelle contre lui ou épuise la force nerveuse, le stimulus nécessaire à l'exercice des fonctions cérébrales; mais le sommeil ordinaire arrive d'une manière analogue sous l'influence des fatigues physiques, ou d'une digestion laborieuse. Dans les deux cas, la sensibilité périphérique et une certaine puissance des centres nerveux persistent : un narcotisme éthéré léger peut donc bien être appelé sommeil. L'éthérisation augmentant la quantité de vapeurs absorbées, il se produit des changements physiologiques remarquables qui établissent une différence plus tranchée entre les deux sommeils. Le sommeil éthéré devient narcotisme, la sensibilité s'engourdit davantage, enfin, les centres nerveux et les cordons deviennent insensibles ; mais, comme ils peuvent l'être isolément, l'insensibilité périphérique ne suppose pas l'abolition complète des fonctions des centres nerveux, et, s'il y a sommeil avec insensibilité, ce sommeil ne pourrait être qu'un sommeil par *dérivation*, dû à la présence des vapeurs d'éther dans l'économie. (Ainsi l'on s'explique pourquoi M. Magendie n'a pas trouvé la sensibilité des centres nerveux abolie chez les animaux qu'il a cru avoir profondément éthérisés.) Quand l'éther agit en certaine quantité sur le système nerveux, il le paralyse : plus de sensibilité, plus de motricité. Les alcooliques, les opiacés, ne produisent pas ces effets complets sans les dangers les plus graves, et l'action de l'éther dans toute son énergie ne

sera bien désignée que par le nom d'éthérisme ; mais , moins énergique , elle ne diffère pas de l'action de l'alcool , des narcotiques. Pour
s'en convaincre , il suffit de comparer l'action de ces divers agents.
(Voyez , pour l'éther et l'alcool, Barbier, d'Amiens, et le *Traité de to-
xicologie* de M. Orfila , t. 2, p. 61.) On sait que l'action directe des
narcotiques sur les nerfs en altère plus ou moins les fonctions.

§ 2. J'ai établi le mode d'action de l'éther sur le système nerveux ;
on peut en induire maintenant, comme de l'étude des phénomènes physiologiques , ce qu'on doit attendre et ne pas attendre de l'éther pour
la détermination des fonctions du système nerveux , par conséquent
pour la classification de ces fonctions et pour la psychologie. En définitive , elle donnera, dans ce but, peu de résultats qu'on ne connût
déjà. Marshall-Hall a présenté une note à l'Académie des sciences sur
sa division du système nerveux ; M. Pappenheim a protesté contre
cette division basée uniquement sur la forme extérieure , non sur la
composition anatomique. Si l'on pouvait expérimenter sur les éléments du système encéphalo-rachidien et après éthérisation, on
fournirait une preuve expérimentale par l'éther à l'appui de la manière de voir de M. Pappenheim (voy. *Comptes rendus des séances de
l'Académie des sciences ,* 5 avril et 10 mai 1847).

L'expérience faite par M. Patruban, sous l'influence de l'éther et
avec la potasse caustique, sur le plexus cœliaque ou sur un nerf splanchnique , montre , ainsi que tant d'autres recherches anatomiques et
physiologiques , combien le système ganglionnaire a de parenté avec
les nerfs cérébro-rachidiens. L'irritation a provoqué des contractions vives des intestins , il en a déjà été parlé ; mais elle a amené
aussi un frémissement du diaphragme et des contractions des muscles
abdominaux. Elle ne fait , du reste , que confirmer les expériences
de Muller. On ne se demandera plus , je pense , pourquoi les contractions utérines sont , durant l'éthérisme, accompagnées de contractions synergiques des muscles de l'abdomen.

CHAPITRE VIII.

THÉORIE DE L'ACTION DE L'ÉTHER.

Un grand pas a été fait vers la théorie de cette action par la détermination du siége anatomique des phénomènes produits par l'éther.
Mais, d'abord, passons en revue les théories, déjà assez nombreuses,
qui ont été présentées.

1° L'action de l'éther, pour un grand nombre d'observateurs, est
analogue à celle des narcotiques; de là le nom de narcotisme étheré
généralement en usage, le nom d'éthérisme, employé par M. J. Roux.
Selon M. Moreau (de Tours), l'éther amène un *sommeil* artificiel,
comme les narcotiques; plus de conscience du moi, plus de perception quelconque.

2° L'éther agit comme l'alcool; de là le nom, si général encore,
d'*ivresse* éthérée. J'ai dit plus haut que l'éther agit, au fond, comme
l'alcool, les narcotiques.

3° L'acide carbonique, l'azote, le protoxyde d'azote, etc., d'après certains expérimentateurs, d'autres causes d'asphyxie, produisent l'insensibilité, et dans ces asphyxies le sang est noir. De là la théorie par asphyxie
pour MM. Amussat, Preisser, Pillore et Melays, de Rouen, Hossard, d'An-
gers, Revel, Duval, etc., qui trouvent le sang noir dans les artères des
animaux qu'ils éthérisent; mais MM. Boulay, d'Alfort, et Baillarger
(expériences rapportées par M. Renault à l'Académie de médecine),
M. Dufay, de Blois, et tous ceux qui ont éthérisé les animaux dans les
conditions de l'éthérisation de l'homme, ont démontré que le sang
reste rouge, l'animal étant parfaitement insensible. Presque tous les
chirurgiens ont constamment vu le sang rouge chez les malades éthérisés qu'ils ont opérés. M. Roux a ruiné d'un mot cette théorie par
asphyxie, en faisant observer que l'abolition de la sensibilité était
indépendante de toute congestion. La congestion est un signe plus infail-

lible encore d'une gêne de l'hématose que l'inspection directe du sang. Tout cela n'empêche pas M. Blandin de dire (Acad. de méd., 23 mars): « Y a-t-il autre chose que l'asphyxie? A coup sûr, il y a autre chose; mais il y a un peu d'asphyxie.» Dans une éthérisation ordinaire, convenable, il n'y en a jamais. Savez-vous quand elle survient? c'est quand vous avez privé le poumon de l'animal de tout air, ou plutôt, quoique cela revienne au même, quand vous avez paralysé le bulbe rachidien; vous l'avez paralysé en saturant l'animal de vapeurs d'éther d'une manière continue et progressive. Faites absorber de même de l'alcool, vous aurez le même résultat physiologique. Vous avez produit l'insensibilité, constamment, avant d'avoir rendu le sang noir (voyez mémoire de M. Longet): vous pouviez la maintenir sans asphyxier, sans tuer l'animal. Celui-ci meurt six, huit minutes après l'abolition de la sensibilité qui précédait de peu la modification du sang artériel. Cela prouve combien l'absorption des vapeurs d'éther est facile, et que le sang ne coule pas longtemps noir dans l'économie, sans la tuer. L'insensibilité a été maintenue pendant des heures entières; le sang aurait donc coulé noir tout ce temps? Vous dites que le sang des animaux est noir, poisseux, fluide; mais vous les avez paralysés, empoisonnés avec l'éther. Du sang éthéré est resté plus noir, a formé un caillot moins consistant que du sang ordinaire? Voilà M. Lassaigne qui trouve un caillot plus résistant; M. Duval qui voit le sang tiré d'une veine se coaguler en masse sous l'influence même d'un courant de vapeurs d'éther. Du sang mélangé d'éther devient noir: comment peut-on comparer un pareil mélange avec le mélange du sang de l'économie avec une quantité d'éther infiniment moindre?

4° M. Blandin et M. Longet, à côté d'*un peu d'asphyxie,* ont admis autre chose; c'est l'action de l'éther sur le système nerveux (*Théorie de l'éthérisation par les centres nerveux*). Il est juste de dire que M. Longet, dans son mémoire inséré aux *Archives générales de médecine,* a penché davantage vers l'influence de l'éther sur les centres nerveux, comme cause des phénomènes. M. Flourens, le premier, a

démontré cette éthérisation des centres, et expliqué de cette façon
les phénomènes de l'éthérisme. MM. Pappenheim et Good ont même
cherché à rendre compte de cette action; l'examen microscopique du
tissu nerveux immergé dans l'éther leur a montré le névrilème de la
fibre primitive qui s'épaissit et se détache; bientôt les fibres à double
contour apparaissent, la pulpe nerveuse se coagule et perd en même
temps ses fonctions. J'ai démontré qu'il est faux de dire que l'éther
agit sur les centres nerveux seulement. Quant à l'explication chimique de MM. Good et Pappenheim, la fugacité et la marche des phénomènes en démontrent l'inexactitude.

5° De même, toute théorie qui attribuera à l'éther une action chimique sur le sang ou sur le tissu nerveux n'aura aucune valeur, pour
bien des raisons : propriétés de l'éther, élimination des vapeurs sans
décomposition par toutes les voies de l'économie, observation des
phénomènes, analyses des liquides. (Pour être tout à fait exact, il faut
dire que l'éther peut et doit former dans le sang un peu d'acide acétique et d'alcool, dont l'action sera si minime qu'il est inutile d'en
tenir compte.)

6° Restait une théorie physique, mécanique; je dis mécanique, parce
qu'elle est mécanique, essentiellement physique. En songeant à l'analogie
que quelques phénomènes particuliers ont avec ceux qui sont amenés
localement par la compression sur un tronc nerveux, j'ai pensé d'a-
bord que les vapeurs d'éther agissaient d'une manière identique,
comme un corps étranger, inerte; et, en effet, la marche des phénomènes s'expliquait admirablement. Une seule objection était à faire : si la
tension des vapeurs d'éther dans le sang produit, par une véritable
compression, les phénomènes éthériques, les téguments doivent être au
moins congestionnés, le visage doit être bouffi, l'augmentation de volume du corps augmentant même sous l'influence d'une circulation
accélérée (à la suite d'un bain, elle est très-marquée). Or, l'observation montre le visage pâle et abattu, les tissus plutôt diminués de
volume, comme sous l'action d'un froid intense. La théorie est donc
mauvaise. J'ai lu depuis qu'un médecin anglais, M. Black, a mis en

avant la même théorie, déjà dans le numéro du 26 mars de *London med. gazette*.

M. Pirogoff s'est également demandé si les vapeurs d'éther n'agissent pas de la manière mécanique dont nous venons de parler. On était naturellement porté à voir des vapeurs acquérir une certaine tension par l'effet de la chaleur du torrent circulatoire, et amener une paralysie progressive du système nerveux au fur et à mesure qu'une nouvelle quantité pénétrait dans les poumons.

Presque toutes ces explications des phénomènes éthériques reposent sur des faits partiels trop généralisés. Dans la théorie par asphyxie. on a poussé l'éthérisation jusqu'à stupéfier le bulbe rachidien; on a trouvé le sang noir, et on a cru que les vapeurs d'éther prenaient, dans les voies respiratoires, la place d'une quantité indispensable d'oxygène; on a découvert les centres nerveux d'animaux bien éthérisés, on les a vus privés de leurs fonctions; l'éthérisation des centres nerveux est la cause des phénomènes; il suffisait, au besoin, de considérer que l'éther agit sur les filets du grand sympathique, pour admettre qu'il agit également sur la portion périphérique du système nerveux cérébro-spinal. L'éther n'excite pas certains sujets comme l'alcool, et ne leur cause pas de céphalalgie; l'alcool ni l'opium ne produisent pas une insensibilité complète; l'opium et l'alcool ont donc des propriétés toutes différentes.

Administrez cependant les vapeurs d'éther lentement, à une dose faible, selon la force du sujet, vous constaterez les phénomènes qui constituent l'ivresse alcoolique; vous ne distingueriez pas, sans l'odeur de l'haleine, un homme ivre-mort d'avec un homme profondément éthérisé. Comparez les résultats de l'application locale de l'éther et des narcotiques sur les nerfs, comparez la nature et la marche des phénomènes généraux produits par l'éther et par l'opium, et surtout par la stramoine (voy. *Dict. de méd.*, STRAMOINE), et vous n'hésiterez plus à assimiler l'éther aux narcotiques. Admettez maintenant quelques faits accessoires quant à l'étude de la nature de l'action éthérée, mais de la plus haute importance pour la pratique, la rapidité d'absorption et d'élimination des vapeurs , comme cause du trouble profond et fugace des fonctions nerveuses; admettez que l'éther agit partout où il est transporté par le sang, et vous vous rendrez compte de tous les phénomènes locaux et généraux amenés par les inhalations éthérées (1); en somme, l'action de l'éther ne diffère de celle de l'alcool et des narcotiques, que par la marche des phénomènes, dus surtout à sa constitution physique particulière.

Mais de ce que l'éther narcotise et paralyse les nerfs, il ne faudrait pas conclure que d'autres substances ne sauraient amener cette paralysie. Davy, Wells, ont produit l'insensibilité avec le protoxyde d'azote; Hickmann, avec l'acide carbonique. Elle pourra être produite par tout moyen qui modifie puissamment les nerfs, sans ou avec l'intermédiaire du sang.

En comparant l'éther à d'autres substances, huiles essentielles, oléorésines, à la classe des hyposthénisants en général, on est porté à admettre l'identité d'action pour tous ces corps, sauf les différènces dépendantes de leur constitution physique.

On aurait tort d'assimiler l'action des vapeurs d'éther à celles des poudres inertes que M. Flourens a injectées dans les vaisseaux d'animaux. Ici la circulation est entravée, suspendue dans les capillaires : plus de sang, plus de stimulus, plus de sensibilité. Les vapeurs d'éther, intimément mélangées avec le sang, pénètrent partout avec lui; de plus, elles traversent les parois des vaisseaux , imprègnent toute l'économie, et toujours, partout où elles se trouvent, elles stupéfient directement le tissu nerveux; la circulation dans les capillaires du poumon, dans les vaisseaux chylifères et lymphatiques, ne paraît gênée et partiellement seulement que lorsque l'éthérisation a été portée très-loin (voy. expér. de M. Gruby). La pâleur des tissus

---

(1) La nature de l'action de l'opium ne diffère donc pas de celle de l'alcool ? (Voyez ce que Rasori pensait *des remèdes réputés sédatifs, narcotiques*, etc., dans les *Annales de thérapeutique*, avril 1847.)

ne doit pas être attribuée à un obstacle direct opposé à la circulation
sanguine, mais à la faiblesse des contractions du cœur.

CHAPITRE IX.

APPLICATIONS DE LA THÉORIE.

Telle est l'idée que je me fais de l'action des vapeurs d'éther. Est-il
nécessaire de rappeler les phénomènes éthériques pour montrer combien ils s'accordent avec elle ? Peu de vapeurs d'éther agissent comme
un corps étranger qui irrrite : d'où résulte l'excitation, l'exaltation
de la sensibilité et de la motricité. Les inhalations sont continuées :
fourmillements, engourdissement par une stupéfaction analogue à la
stupéfaction narcotique. Elles le sont davantage encore : paralysie de la
sensibilité, puis de la motricité volontaire, etc.; les phénomènes sont
inverses dès que la quantité de vapeur d'éther contenue dans le sang
diminue. Pourquoi point de désordres permanents, point d'inflammation ? parce qu'en vapeur dissoute, l'éther n'exerce pas d'altération
chimique; s'il y a des accidents consécutifs, ils sont variables, et ne sont
pas l'expression d'une action particulière de l'éther. Parmi les phénomènes locaux, je ne rappellerai que l'affaiblissement plus ou moins
brusque de l'action du cœur; mais j'insisterai sur le point relatif
à l'administration de l'éther. Tous ceux qui l'ont administré convenablement avec la vessie ont pu remarquer la rapidité avec laquelle les effets éthériques sont produits. C'est que, dans quelques
inspirations, les narines étant fermées, il a été absorbé une quantité
de vapeurs plus considérable que celle qu'on aurait absorbée avec
un autre appareil dans le même temps. Si les vapeurs n'étaient pas à
l'état vésiculaire ou irritantes, l'ivresse éthérée et le narcotisme ont
été amenés sans phénomènes de congestion, chez les sujets faibles
surtout. D'un autre côté, les sujets les plus robustes sont souvent
plongés dans le coma, presque sans agitation musculaire, soit qu'ils

aient inspiré en peu de temps une grande quantité de vapeurs, soit que les vapeurs absorbées aient été rapidement transportées sur les centres nerveux. Il résulte de là cette conclusion pratique de la plus haute importance : précipitez l'administration des vapeurs d'éther, insistez hardiment (surtout avec la vessie), si de l'agitation musculaire survient, qu'elle soit convulsive ou non.

L'éther agissant comme je l'ai exposé, et abolissant d'abord la sensibilité la plus exquise, puis la sensibilité végétative, on conçoit ce que les inhalations intermittentes offrent d'innocuité, ce que les inhalations continuées sans interruption ont de grave; on voit la possibilité de faire durer l'état d'insensibilité pendant plusieurs heures, sans autres inconvénients que ceux d'une ivresse alcoolique; encore l'élimination rapide des vapeurs d'éther diminue-t-elle ces inconvénients. Les faits de M. Pr. Smith et de M. Sédillot confirment la théorie, et celle-ci engage à les répéter, quand on le jugera utile.

Il est hors de doute que d'autres corps produisent les mêmes effets que l'éther : c'est prouvé par la pratique de Hickmann et de Wells. On dit bien que le protoxyde d'azote abolit la sensibilité avec des phénomènes d'excitation seulement; on conçoit que cela doit dépendre d'inhalations de trop courte durée. Le docteur Kennedy, de Dublin, a observé bien des cas où le coma et le sommeil ont été également amenés. M. Schönbein, l'inventeur du coton-poudre, prétend avoir découvert une substance préférable à l'éther. Notre théorie nous paraît également appuyée par les expériences avec l'éther chlorhydrique (expérience de MM. Flourens, Heyfelder, Bibra et Harless, etc.), par l'action des autres éthers, des alcooliques, des narcotiques. En quoi ces trois derniers ordres d'agents diffèrent-ils des éthers sulfurique et chlorhydrique, et qu'ont-ils de commun avec eux? Une certaine quantité de toutes ces substances, variable pour chacune, engourdit, abolit la sensibilité, par le trouble qu'elle apporte dans la composition du sang et par suite dans les fonctions nerveuses; mais elles produisent, suivant leur composition chimique plus ou moins irritante, des phénomènes dont la gravité est en raison de leur action irritante : pour les poisons les plus énergiques, celle-ci devient la cause directe de la mort. L'éther sulfurique, pour bien des sujets, a une action irritante encore assez énergique. De là l'indication d'expérimenter d'autres corps d'une absorption et d'une élimination faciles, mais stupéfiant les nerfs ou modifiant le sang passagèrement, comme le protoxyde d'azote.

Tous les agents hyposthénisants des Italiens me semblent avoir les propriétés de l'éther avec les différences qui résultent de leur facilité d'absorption et d'élimination. Je vois maintenant aussi un lien entre une foule de substances qui portent le nom de narcotiques, d'excitants, d'antispasmodiques, de toniques. En se fondant sur la théorie de l'action éthérée, et sur la facilité d'absorption et d'élimination de toutes ces substances, on peut, je le crois, arriver à des résultats thérapeutiques d'une haute importance. L'éther, l'ammoniaque, combattent l'ivresse alcoolique; les alcooliques réussissent contre l'empoisonnement par l'arsenic. L'agent que vous introduisez dans le sang est moins irritant que celui dont vous voulez enrayer l'effet destructeur, mais il stupéfie le tissu nerveux; vous empêchez ainsi le continuel contact du poison avec les tissus, avec le système nerveux; vous rendez l'irritation moins puissante, et vous donnez au poison le temps d'être éliminé en assez grande quantité pour qu'il ne devienne plus mortel. (*Annales de thérapeutique; Un cas d'empoisonnement par l'arsenic,* p. 153, juillet 1847.) On peut, pour les mêmes raisons, concevoir l'espérance de combattre avec succès l'action du virus rabique. Ainsi on combattra un irritant puissant par un autre qui l'est moins, et l'adage *similia similibus curantur* ne sera plus une énigme.

CHAPITRE X.

CAUSES ET NATURE DES PHÉNOMÈNES ÉTHÉRIQUES.

Après avoir traité, comme nous l'avons fait, de l'action de l'éther, nous ne devons plus être embarrassé de dire quelle est la nature de cette action, et, par suite, la nature des phénomènes auxquels celle-

ci donne lieu. L'irritation locale généralisée produit l'excitation générale; l'altération physique du sang, portée plus loin, amène le sommeil, ou, si vous voulez, le narcotisme éthéré, engourdissant l'activité du cerveau et des nerfs périphériques; est-elle plus profonde
encore, les fonctions de ces organes sont paralysées, la sensibilité
périphérique seule, si les vapeurs d'éther sont surtout en contact
avec les nerfs sensitifs périphériques, la sensibilité phériphérique et
la perception cérébrale, si les vapeurs d'éther agissent sur l'encéphale
et sur les nerfs sensitifs; rarement l'insensibilité générale doit être
produite principalement par l'éthérisation du centre encéphalique.
L'irritation des nerfs moteurs ou du centre spinal, la paralysie de ces
nerfs ou de ce centre, seront les causes, d'une part, des contractions, d'autre part, de la résolution, de l'inertie musculaire, plus
ou moins étendue. Inutile de montrer l'action irritante ou paraly-
sante agissant isolément sur tel ou tel organe ou sur tel appareil d'organes. Des sujets dont le système moteur est très-irritable, comme
celui des individus bien portants et des femmes hystériques, présen-
teront ordinairement des convulsions plus ou moins générales, et l'é-
ther inhalé en trop faible quantité agira, mais pour un moment seulement, comme les poisons végétaux les plus actifs. La mort, sous
l'influence immédiate et prolongée de l'éther, sera due à la paralysie
du bulbe rachidien et du nerf trisplanchnique. Que maintenant l'on
distingue l'ivresse éthérée de l'ivresse alcoolique, le sommeil éthéré
du sommeil ordinaire et d'un narcotisme provoqué par les opiacés,
l'engourdissement de la sensibilité par l'éther de l'engourdissement
par l'alcool et par les narcotiques, qu'on range l'éther à côté de la
strychnine, qu'on place l'éther en tête des stupéfiants, et non plus
en tête des antispasmodiques, comme M. le professeur Trousseau se
propose de le faire dans la prochaine édition de son ouvrage, que les
Italiens ne voient dans l'éther qu'un contro-stimulant pur et simple...
tous, à leur point de vue, ont raison. L'éther diffère des agents auxquels on le compare par la rapidité avec laquelle il produit les
phénomènes, par leur nature, par leur fugacité, par le degré moindre

19

de leur nocuité, c'est-à-dire par la facilité de son absorption et de son élimination, et par les doses à l'aide desquelles il donne lieu aux divers phénomènes de l'éthérisme.

Mais à ces conditions, quels sont, parmi tous les agents de la matière médicale, les deux qui devront être rangés sous le même titre? lequel n'appellera-t-on pas un poison? Il suffit de parcourir nos hôpitaux ou de faire une expérience sur soi-même, pour être convaincu que l'éther agit comme l'alcool, comme les narcotiques, comme les hyposthénisants, en général, que le sommeil éthérisé est le plus souvent un sommeil ordinaire, mais artificiel. Suivant les doses, suivant le mode d'administration, l'éther peut remplir bien des indications, et être mis en tête des excitants, des antispasmodiques, des sédatifs, des poisons irritants, des vomitifs, des purgatifs, des vermifuges, etc.; merveilleux et terrible agent qui montre, une fois de plus, la part de vrai que renferme toute observation complétement erronée en apparence, l'injustice des opinions exclusives et le tort qu'elles causent à la science et à l'humanité; au-dessus de tout, enfin, la nature, admirable par la simplicité et par la puissance des moyens dont elle dote et seconde l'activité humaine!

Toutefois, nous serions plus disposé que personne, puisqu'il faut toujours assigner une place à l'éther, à le regarder comme le meilleur des stupéfiants, en considération des phénomènes remarquables qu'il produit, administré à certaine dose. Nous ferons encore observer que c'est par l'action locale de l'éther sur le cœur, dès qu'il a été absorbé en quantité un peu considérable, qu'on explique parfaitement l'opinion des Italiens, et tous ceux qui ont nié les propriétés excitantes de l'éther (par exemple, M. Trousseau). Est-il besoin de dire que partout on admet très-généralement que l'éther agit comme l'alcool? De là le nom d'*ivresse éthérée*, consacré aux effets de l'éther, en France, en Allemagne, etc.

La nature de l'action de l'éther étant ainsi déterminée, on conçoit que quelques heures, ou deux, trois jours après l'éthérisation, l'éther peut amener des accidents nerveux, hystériques, éclamptiques, de

la prostration, des congestions hypostatiques, tout ce que peut amener l'ivresse alcoolique. Mais, comme il agit d'une manière énergique
et sous la forme de gaz, comme il pourrait servir à des desseins cri-
minels, il ne devrait être délivré par les pharmaciens qu'aux conditions qui règlent la vente de l'arsenic.

CHAPITRE XI.

ACTION DES DIVERS ÉTHERS ET D'AUTRES GAZ.

Nous ne pouvons mieux faire que de donner les conclusions de la
thèse de M. le docteur Chambert (28 juillet) :

« 1° Tous les éthers peuvent éteindre la sensibilité, mais aucun ne
produit ce résultat d'une manière plus constante et aussi innocente
que l'éther sulfurique.

« 2° Tous les éthers portent leur action sur la motricité, qu'ils exaltent ou pervertissent, plus spécialement que sur l'appareil sensitif.
L'éther sulfurique, au contraire, agit surtout sur la sensibilité. (Cette
proposition confirme singulièrement l'opinion que nous avons émise
sur l'action irritante de l'éther sulfurique sur le système musculaire :
de là l'indication de chercher un corps volatil ou gazeux qui soit encore moins irritant que l'éther.)

« 3° Tous produisent une énorme dilatation pupillaire. L'éther for-
mique et l'éther iodhydrique m'ont paru deux fois provoquer la paralysie de la rétine.

« 4° L'éther nitreux est, de tous les éthers, le plus actif; l'éther for-
mique et l'éther iodhydrique produisent la mort beaucoup moins rapidement.

« 5° L'énergie d'un éther n'est pas toujours en rapport avec sa vola-
tilité.

« 6° La rapidité de la mort, qui varie suivant la nature de l'éther
inhalé, démontre que l'asphyxie n'est pour rien dans sa production.

« 7° A part l'éther nitreux, qui exerce sur le sang une action spéciale, tous les éthers produisent sur les animaux qu'ils tuent des lésions anatomiques presque identiques avec celles qui résultent de l'action de l'éther sulfurique.

« 8° Constamment, les membranes du cerveau sont plus injectées à la base du cerveau qu'à la convexité des hémisphères ; leur injection est surtout abondante au point de jonction du mésocéphale avec le bulbe. »

Autres substances gazeuses. — L'inhalation de protoxyde d'azote donne lieu à des phénomènes identiques aux phénomènes éthériques. On a dit qu'elle ne produisait point d'*insensibilité calme ;* mais j'ai déjà cité plus haut une opinion opposée. Nous avons indiqué aussi l'emploi du gaz acide carbonique par Hickmann. M. Schönbein prétend avoir découvert une substance préférable à l'éther sulfurique. Tout corps d'une absorption facile, et susceptible de se combiner avec le sang de manière à en modifier profondément les propriétés sans former de liaison intime et stable, devra sans doute reproduire les effets de l'éther. Les gaz et les vapeurs, seuls, sauraient avoir cette action, eux seuls s'introduisant rapidement dans le torrent circulatoire, et s'en dégageant presque aussi rapidement selon les lois physiques ordinaires, auxquelles nous reviendrons dans le chapitre suivant. Du mode d'action de l'éther sulfurique, du mode d'action semblable d'autres substances, on peut déduire bien des conséquences, sur lesquelles nous espérons revenir dans un autre travail. Il serait bon de faire des expériences avec des gaz ou des vapeurs. Nous savons par M. le docteur Chambert qu'il en a déjà été entrepris par M. Regnault, membre de l'Institut, par MM. Millon et Reiset ; mais nous n'en connaissons d'autre résultat que celui-ci relatif à l'azote, ce prétendu gaz irrespirable : les savants cités l'ont fait respirer à des animaux durant une heure entière sans amener d'accidents.

CHAPITRE XII.

COMMENT LES VAPEURS D'ÉTHER PÉNÈTRENT DANS LE SANG.

En considérant, d'un côté, les vapeurs d'éther, vapeurs dépourvues d'action chimique, de l'autre, le sang contenant des gaz en dissolution (acide carbonique, oxygène, azote) et séparés des vapeurs d'éther par les parois des vaisseaux, et par ce qui forme encore les tissus des voies respiratoires et digestives, on est porté à ne voir dans l'introduction de ces vapeurs dans le sang qu'un acte endosmotique, et l'on s'attend aux résultats des expériences de MM. Ville et Blandin. Ces expériences avaient alors cet avantage de confirmer des lois connues (MM. Ville et Blandin ont, sans doute, pensé avoir mieux fait). Poussant leurs expériences plus loin, ces expérimentateurs, qui n'ont encore publié qu'une partie de leurs résultats, seront arrivés à infirmer ou à confirmer les travaux de Valentin, qui, le premier, dans un travail entrepris avec Brunner et publié dans les *Archiv für physiologische Heilkunde*, émit l'idée que l'échange des gaz, dans la respiration, avait lieu conformément à la loi de diffusion, bien connue de Graham. S'ils étaient arrivés à cette conclusion, que la quantité d'acide carbonique exhalée est dans un rapport constant avec la quantité de vapeurs absorbée, ils auraient confirmé l'opinion de Valentin et de ceux dont les expériences ont semblé confirmer celles de ce physiologiste (1). Mais, l'opinion de Valentin étant fausse, la conclusion eût été fausse. Sans présumer davantage quels seront ou ne seront pas les fruits des

(1) Selon la loi de diffusion de Graham, il faut que pour 1,000 d'acide carbonique expiré, une proportion de 1174 d'oxygène soit absorbée. (Voyez *Physiologie* de Graham; *Physiologie* de Valentin, t. 1, p. 563, et *Jahresbericht über die Leistungen in der Physiologie*, 1845; *Expérience sur la respiration des mammifères*, par R.-V. Erlach; Berne, 1846.)

expériences de MM. Ville et Blandin, arrivons au travail de M. Vierordt, qui paraît dispenser de toute expérience relative aux produits de l'exhalation pulmonaire durant l'éthérisme. Mais, d'abord, établissons ce fait que l'éther n'exerce aucune influence chimique sur le sang (il y ajoute un peu d'acide acétique et d'alcool), que dès lors les produits de l'exhalation pulmonaire ne différeront pas de ceux qui résultent de tout trouble des fonctions respiratoires, qu'enfin, dût l'éther modifier directement la constitution chimique du sang, l'analyse des produits de l'exhalation pulmonaire serait inutile, la plus ou moins grande quantité d'acide carbonique expiré ne prouvant absolument rien pour ou contre la modification directe des éléments du sang par l'éther, par une substance quelconque. Comme cette dernière proposition doit être une grosse hérésie aux yeux de bien des savants français, il est de mon devoir de rapporter en détail les résultats des recherches de M. Vierordt, nous en ferons ensuite l'application au sujet que nous traitons.

Les expériences de M. Vierordt (au nombre de 171, et il a opéré sur des différences de quantités d'acide carbonique si grandes que ses résultats ne sauraient être contestés) démontrent : 1° qu'avec le nombre augmentant des mouvements respiratoires, la quantité d'acide carbonique contenue dans l'air expiré diminue, et dans un rapport déterminé ; 2° que, les conditions étant les mêmes, dans des respirations profondes, cette même quantité diminue ; 3° que la quantité d'acide carbonique contenue dans les petites bronches est plus grande que dans les grandes bronches (c'était déjà connu) ; 4° que, par l'arrêt des mouvements respiratoires, la quantité d'acide carbonique augmente, et que cette augmentation est la plus forte au commencement, tandis que si la respiration est interrompue pendant quarante secondes, une minute, et davantage, elle diminue de plus en plus.

D'où il résulte que la quantité d'acide carbonique contenue dans les poumons s'y trouve dans une certaine limite, laquelle dépassée, le sang n'exhale plus que peu ou point d'acide carbonique, ce qui d'ailleurs est démontré par le fait constaté par M. Vierordt, que, par une lon-

gue suspension de la respiration, la quantité d'acide carbonique des
ramifications bronchiques, et celles de l'air de la bouche et des parties supérieures des voies respiratoires, n'offrent plus de différence.

La conséquence la plus générale qui ressorte des expériences de
M. Vierordt, c'est que la quantité d'acide carbonique exhalée par le
sang dans les poumons est d'autant plus forte que la quantité d'a-
cide carbonique contenue dans l'air des poumons est plus grande, et
le sang exhale dans les bronches d'autant moins d'acide carbonique
qu'il y en a davantage dans les bronches. Ces mêmes expériences
prouvent que la quantité d'acide carbonique exhalée dépend de la fréquence et de la profondeur de la respiration; elles prouvent, ainsi
que bien d'autres faits, que l'acide carbonique est simplement dis-
sout dans le sang, ne provient pas d'une action chimique qui se passe
entre les éléments de ce liquide; que les conditions de l'organisme en
rapport avec les gaz ne sont pas celles d'un endosmomètre, et que la
loi de diffusion de Graham n'est ici nullement applicable. Tout l'é-
change de gaz qui a lieu dans la respiration n'est donc qu'un phénomène très-simple, qui trouve ses analogues dans la nature non animée
Chaque gaz (excepté la portion d'oxygène qui agit sur le sang chimiquement) se comporte ici d'une manière indépendante à l'égard des
autres; un rapport constant entre les quantités de gaz absorbés n'existe
pas, d'après l'expérience et d'après la théorie (lois de l'échange des
gaz dans la respiration, *Phys. Heilk.,* loc. cit.).

Appliquant à notre question les faits établis par M. Vierordt, nous
voyons : 1° que les vapeurs d'éther sont introduites dans l'économie
et en sont éliminées aussi longtemps que la pression de l'atmosphère
sous laquelle elles se trouvent est plus grande dans le premier cas,
moindre dans le second, que la pression sous laquelle elles se trouvent dans le sang; 2° l'état des mouvements respiratoires déterminant
la quantité d'acide carbonique de l'air expiré, on sait à l'avance ce
que fournira l'analyse de l'air expiré durant l'éthérisme; 3° les vapeurs d'éther, n'ayant point d'affinité chimique pour le sang, et s'y in-

troduisant sous l'empire des lois physiques, sont absorbées si rapidement, à cause de leur grande solubilité dans le sang. La faculté d'absorption des gaz que possèdent les liquides en général est, en effet, très-diverse, comme on le sait par les expériences de Mitchell; par exemple, de tous les gaz, l'acide carbonique est le plus soluble dans le sang, d'après les expériences de plusieurs observateurs modernes, et de Magnus en particulier; l'oxygène et l'azote le sont beaucoup moins.

Dans son traité (*Physiologie de la respiration*), M. Vierordt a démontré que la quantité de gaz exhalée est directement proportionnelle à la quantité de sang qui traverse le poumon et au contenu gazeux de cet organe. Si nous appliquons cette loi à l'inhalation des vapeurs d'éther, nous nous rendons parfaitement compte des faits suivants. « Selon le docteur Berend, de Berlin, la rapidité de l'action de l'éther inhalé est en rapport direct avec le développement de chaleur de l'animal. Plus la chaleur qu'il produit, selon sa nature, est élevée, plus l'ivresse est prompte et profonde. L'état différent d'émotion ou de dépression où se trouvent l'animal et l'homme au commencement de l'expérience influe sur ce rapport. Plus le pouls et la respiration sont accélérés, plus l'action de l'éther est intense et prompte. Les hommes dont le pouls est fréquent sont enivrés plus tôt et plus profondément que ceux qui ont le pouls lent; les femmes plus tôt que les hommes, les enfants plus tôt que les adultes, et les animaux dont les battements artériels sont d'un certain nombre dans la minute plus tôt que ceux chez lesquels ils sont moins nombreux. Place-t-on l'animal dans un milieu où il est beaucoup refroidi, par exemple, un chien dans l'eau glacée : si on l'y maintient jusqu'à ce qu'il tremble de froid, et qu'on lui fasse respirer les vapeurs d'éther, celles-ci ont une action plus lente et bien plus faible. » (Bergson, page 34.) Il est évident que l'âge et la constitution ont leur part d'influence, qu'il ne faut pas oublier; or, l'état de la circulation et le degré de pouvoir calorifique sont en rapport avec tel âge et telle constitution.

CHAPITRE XIII.

EXPÉRIENCES SUR LES ANIMAUX.

L'éthérisation des animaux donne lieu à des phénomènes identiques à ceux de l'éthérisation de l'homme. Je l'ai dit, la contradiction
des résultats obtenus provient de ce qu'on a opéré dans des circonstances différentes (je dis presque une naïveté). Il ne faudrait pas
croire que les animaux les plus forts soient les plus difficiles à éthériser.
D'après des expériences de M. Seifert, vétérinaire distingué de Vienne,
le bœuf est éthérisé le plus rapidement (deux minutes); après lui viennent les chevaux et les chiens ; le plus réfractaire à l'éther serait le
bouc, et M. Seifert est porté à croire que cela vient de l'exhalation de
gaz ammoniac, si considérable chez ces animaux, et qui neutraliserait
l'action de l'éther. Ceci est une hypothèse, et des expériences n'ont
pas été assez nombreuses pour qu'on admette l'ordre dans lequel ont
été classés les animaux. Les lapins s'éthérisent en une, quatre, six minutes ; il paraît qu'il en est de même du cochon d'Inde. Des chevaux ont été bien narcotisés au bout de une minute et demie. Le professeur de Patruban, de Prague, a expérimenté sur différentes classes
d'animaux. Les grenouilles, les crapauds, devenaient insensibles au
bout de vingt minutes. Des lézards et des couleuvres, après avoir été
plongés pendant cinquante minutes dans une atmosphère chargée de
vapeur d'éther, ne présentaient qu'une faiblesse de mouvement due à
l'asphyxie. Des couleuvres ne succombèrent qu'après soixante et quinze
minutes. La sensibilité et la motricité ont été affectées chez les grenouilles comme chez l'homme ; l'irritation mécanique des racines antérieures et des faisceaux antérieurs de la moelle a provoqué encore des
mouvements (sans doute, à cause de l'éthérisation incomplète). La
circulation ne paraissait nullement troublée ; seulement le sang se coa-
gulait plus rapidement que d'ordinaire après la mort. Les nerfs étaient

20

moins irritables par le courant galvanique qu'après la décapitation (M. Longet a fait la même observation). Le nerf crural baigné dans l'éther liquide ne perdait son irritabilité que passagèrement; au bout d'un quart d'heure, elle revenait. Les globules du sang étaient peu modifiés; leur coloration, tout au plus, était un peu plus vive. Les muscles étaient plus flasques.

Nous venons de nommer MM. Patruban et Seifert; nous avons eu occasion de citer dans le courant de ce travail la plupart des physiologistes, des médecins et des vétérinaires, qui ont expérimenté les inhalations éthérées; nous ne reviendrons plus à leurs expériences. Nous rappellerons cependant celles de M. le professeur G. Tourdes, de Strasbourg, qui a constaté l'action locale de l'éther sur les muscles et le cœur lui-même, mis à nu. Ajoutons que M. Flourens a injecté de l'éther liquide dans les artères des animaux, et qu'il est arrivé à cette conclusion, que l'éther injecté agit en détruisant la motricité avant la sensibilité, et on sait que l'inverse arrive par l'éther inhalé (Académie des sciences, 22 mars 1847). C'est un résultat qui trompe si bien les *prévisions légitimes de la science,* qu'il faut absolument que M. Flourens ait mal interprété ses expériences.

Nous ne voulons ici que citer d'autres expériences dont les résultats sont en contradiction avec ceux des expériences du savant académicien. Nous avons injecté de l'éther liquide dans la carotide d'un chat (ce qui n'était pas facile, vu le petit calibre des artères de ces animaux). Dans une première expérience, le liquide étant poussé vers le cerveau, l'animal est devenu insensible, tandis qu'il présentait des contractions musculaires énergiques. Quelques minutes après il reprit connaissance, et se mit à lécher les plaies que nous lui avions pratiquées durant l'éthérisme. Une nouvelle injection, mais plus abondante, tua l'animal, qui, dans le moment même, se tordit dans les convulsions de la mort. (Ouvert immédiatement, il n'offrit point de congestion dans le cerveau, ni dans les poumons, ni dans les reins, ni dans la rate; le foie était gorgé de sang, et ce liquide remplissait, avec quelques caillots consistants, le cœur et les gros vais-

seaux.) M. le docteur Reclam nous a communiqué les résultats suivants des expériences qu'il a faites sur deux chiens et sur deux lapins. L'éther a été injecté, chez un chien, dans l'artère crurale ; chez
les lapins et chez l'autre chien, dans une veine tibiale. Les quatre sont
morts après avoir présenté une insensibilité complète et des contractions qui ne pouvaient être que des convulsions de l'agonie. La pupille
était dilatée chez trois, contractée chez un lapin. L'examen de cette
pupille, à l'autopsie, l'a montrée congestionnée. Le lapin offrait, en
outre, des congestions plus ou moins étendues dans les poumons ; chez
trois de ces animaux il y a eu épistaxis avant la mort, et on a trouvé
la membrane du nez congestionnée ; le cerveau est sans congestion ;
mais la pie-mère est remplie de sang chez un lapin, ainsi que les
reins ; dans les autres organes abdominaux, rien de particulier.

On se demande comment M. Flourens est arrivé à une conclusion
si contraire à cette idée physiologique, que l'éther vaporisé dans les
gros vaisseaux ne doit pas agir autrement que l'éther introduit en
vapeurs dans les capillaires pulmonaires : ne serait-il pas possible que
les nerfs sensitifs aient été paralysés aussi bien que les nerfs moteurs ;
mais que les irritations des nerfs sensitifs et de la moelle, dans une
région où elles ne réveillaient plus la fonction des nerfs moteurs, que
ces irritations, dis-je, aient été transmises à la partie non éthérisée de
la moelle, et que l'action réflexe de celle-ci ait donné lieu à des cris,
qu'on a pris pour des expressions de souffrance ? Les expériences
sur les animaux sont un précieux moyen d'investigation scientifique
et thérapeutique, mais pourquoi exiger d'eux plus qu'ils ne peuvent
donner ? Nous ne constatons pas chez eux ce que nous constatons
sur l'homme ; aussitôt nous concluons que leur organisme, organisme qui diffère peu du nôtre, n'est pas influencé par nos agents
comme l'organisme humain. Quelle logique ! Sommes-nous bien sûrs
d'avoir opéré dans des conditions identiques ?

Nous avons vu les mammifères subir facilement l'influence de
l'éther ; aussi l'art vétérinaire en a-t-il profité, et bien des opérations
ont été déjà exécutées sur des animaux éthérisés, en France, en Alle-

magne et en Angleterre. Les oiseaux s'éthérisent très-promptement : c'est ici le cas de rappeler que M. Ducros a présenté, le 16 mars 1842, à l'Académie des sciences, un mémoire qui porte ce titre : *Effets physiologiques de l'éther sulfurique d'après la méthode buccale et pharyngienne chez l'homme et les animaux.* Ces animaux étaient des gallinacés. Les reptiles, d'après les expériences de MM. Gruby et Patruban, sont plus rebelles à l'action de l'éther ; il en résulte, ainsi que de celles de Berend, que l'action de l'éther est d'autant plus rapide que la circulation est plus accélérée, et que le pouvoir calorifique de l'animal est plus grand.

C'est un fait depuis longtemps connu par plus d'un naturaliste que les insectes sont endormis par l'éther. Chose remarquable, le sénateur V. Heyden, de Francfort, a déjà publié en 1837 (*Froriep's Notiz.*, 1837, n° 24) qu'il se servait de l'éther pour stupéfier les insectes qu'il préparait pour sa collection. Depuis la découverte de Jackson, on a endormi les abeilles dans le but d'enlever sans accident de leurs ruches les rayons de miel. Nous avons expérimenté l'éther liquide et l'éther en vapeur sur des mouches et sur d'autres insectes qui affectionnent un peu trop la société de l'homme. Après être restés quelque temps dans une immobilité complète, ils ont fait des mouvements ; en définitive, ils sont morts. On pourra s'en affranchir désormais sans avoir recours à des agents dangereux ou d'un usage peu agréable.

Nous devons à la bienveillance de M. le docteur Reclam les résultats suivants d'expériences faites par lui sur des animaux placés plus bas encore dans l'échelle animale. Nous les donnons sans chercher à expliquer pourquoi la sensibilité a persisté. Le meilleur sujet à choisir est la sangsue (type parmi les annélides) : chez elle, pas de poumons ; c'est donc dans l'éther liquide qu'il faut la plonger. En contact avec l'éther, les sangsues s'agitent d'abord beaucoup et d'une manière désordonnée ; mises dans l'eau, deux minutes après, elles présentent des contractions spasmodiques. Point d'insensibilité dans aucun des deux liquides. Pendant deux heures, des mouvements à diverses reprises ; alors

commencement d'une paralysie qui marche de l'extrémité caudale
vers la tête. Mort deux heures et demie après le commencement de
l'expérience. La sécrétion des glandes muqueuses de la peau a été
d'une activité excessive.

CHAPITRE XIV.

EXPÉRIENCES SUR LES VÉGÉTAUX.

Il suffisait de connaître la propriété irritante des vapeurs d'éther
pour prévoir ce qui arriverait, si on exposait à leur contact une sen-
sitive (*mimosa pudica*); mais le hasard m'a fait constater que, placée à
côté d'un petit flacon contenant de l'éther et bouché (il n'a pas dû
l'être hermétiquement), la plante a promptement dépéri : c'était à prévoir, l'éther est toxique.

En voyant agir l'éther sur les organismes vivants les plus simples
comme sur les plus compliqués, sur la plante comme sur l'homme,
on ne saurait ne pas être frappé de l'unité qui préside dans les choses
de la nature : du reste, l'éther n'a pas une action si étonnante, à lui
propre. Il modifie, comme d'autres substances, le fluide nourricier
des plantes et des animaux ; s'il agit spécialement sur le système nerveux de ceux-ci, c'est que leur système nerveux, qui fonde la différence de leur organisme, ressent, pour réagir bientôt selon les fonctions auxquelles il préside, toute action d'un corps.

CHAPITRE XV.

DES MOYENS PROPRES A COMBATTRE LES PHÉNOMÈNES ÉTHÉRIQUES.

On en a employé plusieurs, mais plus ou moins empiriquement. Ce
que j'ai dit du mode d'action des vapeurs d'éther permet de juger que le
meilleur moyen est de l'air frais, de l'oxygène. On s'est fait illusion sur

les avantages des excitants, alcooliques ou autres. Les vapeurs d'éther s'exhalant du sang des poumons très-rapidement et en quantité d'autant plus considérable qu'il y en a moins dans les bronches, on a attribué au vin, à l'ammoniaque, etc., la disparition des phénomènes éthériques. C'est encore bien le cas de dire que ceux-ci ont disparu malgré le remède. C'est ce que je dirais quand je ne serais conduit à le dire que par ma manière d'envisager l'action de l'éther et des autres hyposthénisants; mais je possède des observations de cas très-curieux où l'ammoniaque, le vin, n'ont nullement modifié des phénomènes éthériques légers; d'autres où, après être revenus à eux, les individus ont bu du vin et ont été plongés dans un narcotisme profond (une dame anglaise et un noble de Vienne, observations déjà citées).

Entre plusieurs cas, où le café n'a pas eu la moindre influence sur les suites de l'éthérisation, bien loin de là, nous citerons un jeune homme auquel on a fait prendre, avec d'autres excitants, deux tasses de café noir; il n'en a pas moins conservé, pendant plusieurs heures, une véritable gaieté folle, qui n'a pas laissé d'inspirer des inquiétudes. L'opium a été administré de même, sans produire d'effet.

Nous avons vu une malade de M. Velpeau, après une ablation d'un cancer de la région parotidienne qui avait nécessité une éthérisation assez longue, revenir à elle; elle a soif; on lui donne un verre de vin à boire : « Cela vaut mieux, dit-elle, qu'un coup de bâton. » Mais elle n'en dit pas plus; elle s'affaisse. Le pansement fini, elle était de nouveau revenue à elle; les suites furent aussi bonnes que possible. C'est précisément l'opposé qu'on attendait du vin dans ce cas. Dans d'autres cas pareils, on a attribué à l'éther un assoupissement prolongé qu'il fallait attribuer au vin. J'ai insisté sur ces faits, parce qu'ils sont de la plus grande importance.

Les saignées artérielles ou veineuses hâteraient aussi la disparition des phénomènes éthériques (Amussat, Gruby, etc.). Il résulte de l'état des organes et des gros vaisseaux durant un éthérisme profond, que l'observation de ces expérimentateurs est vraie. J'ai remarqué une accumulation de sang dans les gros vaisseaux, comme je l'ai dit, les capillaires étant exsangues (voy. aussi concl. 8, thèse de M. Chambert). M. Amussat et d'autres ont observé après la mort des congestions générales. Tout cela est possible ; le cœur est presque paralysé dans l'éthérisme comateux, et, dans ces cas, la saignée est indiquée.

L'application d'eau froide sur le visage a été souvent utile ; elle agit ici, comme un excitant, sans inconvénient. J'ai vu M. Giraldès éthériser et opérer un malade vigoureux ; après l'opération, il a été pris d'un accès nerveux violent, comme je n'en avais jamais observé. M. Giraldès lui projeta avec force un verre d'eau froide à la face ; l'éréthisme fut calmé comme par enchantement. Ici l'eau a exercé une action perturbatrice. Je ferai encore remarquer une cause d'erreur. Les malades, n'étant plus que sous une influence légère des vapeurs d'éther, continuent de dormir, l'opération étant finie ; mais une secousse brusque ou un irritant porté sur les fosses nasales, ou quelque autre excitant, les réveille. On a fait respirer de l'ammoniaque, et on attribue à cet irritant une action telle qu'il n'en a réellement pas.

Je suis persuadé qu'il en est de même du galvanisme. Du reste, j'ai déjà cité l'expérience que le docteur Chiminelli, de Vicence, a faite sur lui-même, sans succès : « Rimittendomi dall' esperienza « chè per la noja e l'incomodo della continuazione, anzi che per « la intolleranza all' azione del fluido elettrico quasichè questa fosse « domata e saturata da quella dei vapori eterei sotto la cui influenza « io allor continuava a trovarmi » (*Annali Omodei,* fasc. di febr. 1847). D'ailleurs, M. Ducros a déjà adressé plus d'un mémoire à l'Académie des sciences, au sujet de l'insensibilité qu'il a produite avec le courant électro-galvanique ; le moyen qui stupéfie le système nerveux en réveillerait donc l'activité ? Toutefois le galvanisme pourrait être d'une certaine utilité dans l'éthérisme comateux pour stimuler le cœur et pour lui permettre de réagir contre l'accumulation de sang.

Le courant électrique stimulerait aussi les muscles respiratoires, et serait utile si la cage thoracique ne remplissait plus ses fonctions, si elle n'amenait pas de l'air dans les poumons pour artérialiser le sang noir chassé vers les organes ; mais il n'est pas indispensable. Si l'on se trouve dans un de ces cas malheureux où le bulbe rachidien et le grand sympathique ont été paralysés par les vapeurs d'éther, soit à l'improviste, soit après des *inhalations continues* trop prolongées, on peut ranimer par d'autres moyens le malade asphyxié: il lui faut ce qu'on fait pour un noyé, des insufflations, la compression intermittente de la poitrine pour en imiter les mouvements naturels, des frictions sèches, tous les excitants ordinaires de la vitalité. De tous ces moyens, le moyen héroïque, celui qu'on ne devra pas négliger à cause de n'importe quel autre, sera celui qui amènera de l'air frais dans les poumons, en un mot, la respiration artificielle. Le cœur est l'*ultimum moriens*, on le sait bien : tant que sa vie n'est pas éteinte, l'art ne doit pas désespérer de celle de tout l'organisme.

Pour les moyens excitants, qu'on se garde d'ingérer dans les voies digestives un excitant quelconque; point d'eau-de-vie, de vin généreux, de café, de potion ammoniacale. Un instant ranimé, ressuscité, le malade pourrait être plongé dans un coma nouveau et mortel. Ces moyens-là sont indiqués, qui réveillent l'action réflexe du bulbe rachidien, et par conséquent celle des muscles du thorax et du diaphragme. Ils consistent à irriter les voies respiratoires, à stimuler la membrane pituitaire, la luette, la glotte, à exciter les téguments par des frictions, la muqueuse intestinale par des lavements irritants, par des titillations, à faire, en un mot, tout ce qui se pratique dans les cas ordinaires d'asphyxie. Un courant électrique qu'on ferait passer par les parties qui président à la respiration serait encore une ressource. La connaissance de ce fait, l'excitabilité du pouvoir réflexe du bulbe rachidien, éclaire beaucoup, si je ne me fais illusion, le traitement des asphyxies en général, et l'asphyxie éthérique en particulier. Je sais combien l'homme est porté à faire tout converger vers une idée qui le préoccupe, c'est ce qui lui donne ses préjugés ; cependant je ne puis m'empêcher de rapporter l'utilité des frictions sèches, de l'eau froide jetée sur les téguments d'individus plongés dans le coma, à l'irritation des nerfs périphériques, qui l'ont transmise au bulbe rachidien, aux organes qui sont sous l'empire du bulbe et du grand sympathique. Moi, le premier, j'ai appelé l'attention sur ce fait, qu'on attribue à quelque irritation par l'ammoniaque ou par le courant électrique le réveil d'un homme éthérisé, d'un homme qui dormait d'un doux sommeil, et qui se serait réveillé au bout de quelques mouvements respiratoires : donc, moi, le premier, je ne dois pas voir une cause et un effet dans deux phénomènes qui n'ont fait que coïncider ; mais à cause de l'explication de l'utilité des frictions sèches, pratiquées de tout temps, je mets sous les yeux du lecteur l'observation suivante d'un lapin que je donne complète, comme je le fais souvent, quand elle sert également à confirmer d'autres points du travail ; elle est tirée des observations que m'a communiquées M. le docteur Reclam.

« Appareil : grand pot recouvert d'un linge. Lapin n° 4. Insensibilité complète en moins d'une minute ; la pupille dilatée, fixe.

« Après trois minutes et demie, il lève le cou ; il est couché sur le ventre, les membres antérieurs étendus ; pupilles maintenant contractées avec des oscillations.

« Après cinq minutes et demie, la sensibilité est revenue ; après six minutes et demie, *par des frottements très-forts sur le dos,* on arrive à le mettre sur les jambes.

« Après sept minutes, il marche ; après dix, on ne peut encore le faire sauter. »

Si les frictions sèches sont utiles en réveillant le pouvoir réflexe de la moelle, le médecin doit faire brosser tout le corps d'individus asphyxiés, et autant que possible les téguments de la région du dos (1).

---

(1) En faisant une recherche dans l'ouvrage de Müller, j'ai trouvé la même explication de l'utilité des frictions sèches ; tout ce qui est relatif à ces frictions doit être considéré comme non avenu. L'emploi du galvanisme a été conseillé par Fabré-Palaprat pour les asphyxiés, et par d'autres contre des empoisonnements.

21

De l'air frais, de l'oxygène, et des applications d'eau froide dans les cas d'ivresse éthérée ordinaire; des moyens capables de réveiller l'action réflexe de la moelle, et surtout la respiration artificielle, dans les cas graves : tels sont donc, en résumé, les moyens indiqués, et qui doivent être mis en usage. Nous avons dû longuement traiter cette question, presque entièrement neuve : l'action locale que l'éther peut exercer sur les fonctions de la circulation et de la respiration nous fait prévoir des cas d'asphyxie inattendue; d'autres circonstances indépendantes de l'opérateur peuvent exposer son malade aux dangers les plus sérieux, comme cela est arrivé à un malade de M. Warren et à un malade de M. Sédillot. Nous donnerons tout à l'heure l'observation du dernier cas, et l'on verra que la conduite du chirurgien de Strasbourg est un bon exemple à suivre.

CHAPITRE XVI.

ANATOMIE PATHOLOGIQUE.

Jusqu'à ce jour, on a eu déjà plus d'une occasion d'examiner les organes d'hommes morts après les inhalations éthérées. On a trouvé, ce qu'on pouvait prévoir, dans des cas pareils, des lésions anatomiques analogues à celles d'une asphyxie par un gaz toxique. Les expériences de MM. Amussat, Blandin, Longet, etc., montrent des organes congestionnés; cela doit être, du sang doit remplir les organes, mais non toujours tous, ni les mêmes. Nous avons vu des poumons, des cerveaux, des reins, d'une coloration ordinaire, tandis que le foie, le cœur et les gros vaisseaux étaient distendus par le sang, et ainsi les congestions peuvent être variables, selon l'état de la circulation dans les derniers temps de la vie. Qu'on se souvienne bien que la mort est déterminée par une paralysie du bulbe rachidien et du grand sympathique. Le cœur peut bien être frappé dans sa contractilité en même temps que les muscles respiratoires, et quoiqu'il survive toujours à ces muscles, il peut être tellement affaibli par l'action directe de l'éther qu'il ne chasse plus le sang dans les capillaires, tandis que, d'autre part, la cage thoracique agit comme une pompe aspirante. S'il arrive que le bulbe rachidien soit plus particulièrement paralysé, le cœur, doué encore de toute sa force ou même excité, chasse du sang noir dans les capillaires les plus fins. Nous nous expliquons ainsi les variétés observées dans l'état des organes plus ou moins éloignés du centre circulatoire. Nous n'en concluons pas, du reste, comme on l'a fait, que la mort qui les a amenées est toujours «une *mort par le cerveau*, telle que Bichat l'a décrite dans ses immortelles RECHERCHES SUR LA VIE ET LA MORT. »

On a trouvé une rupture du diaphragme, ainsi qu'une rupture de l'origine de l'aorte, sur un cheval tombé mort subitement après une à deux minutes d'inhalation de vapeur d'éther (trois expériences sur des chevaux ; Edinburgh, *The Lancet*, 3 avril). On fait observer que cette lésion n'a pu être attribuée à la chute du cheval : elle a eu lieu sur un lit de paille; on n'indique pas d'altérations pathologiques. Nous serions très-disposé à accuser de cet accident une convulsion du cœur et du diaphragme (voy. *Cœur*), convulsions que nous avons signalées le premier pour les organes respiratoires.

Nous avons suffisamment traité de la nature de l'action de l'éther, pour que nous n'ayons pas besoin de discuter la valeur des lésions anatomo-pathologiques qu'on a fait remonter à l'éther, comme nous le verrons. Oui, l'ivresse éthérée a contribué à produire les congestions hypostati-ques, les infiltrations séreuses, et toutes les conditions anormales qui ca-ractérisent une mort, suite d'une grande faiblesse, d'un coma prolongé : ce sont des résultats faciles à prévoir, car les propriétés de l'éther sont connues. De même, une ivresse alcoolique y contribuerait, mais plus activement encore. Mais quand on vient montrer des rougeurs géné-rales dans les bronches, des altérations plus profondes dans la partie postérieure des poumons, et chez des malades qui, avant l'opération, se sont trouvés dans de très-fâcheuses conditions, et qu'on rapporte ces modifications de tissus à l'action directe de l'éther, on a lieu de s'étonner, surtout quand , durant les inhalations, il n'y a pas eu le moindre phénomène d'irritation. Pourquoi donc ne veut-on plus tenir compte des causes inflammatoires ou autres dont le malade est entouré partout et dans les hôpitaux en particulier. Nous ne saurions accepter non plus cette étiologie qui attribuerait des myélites, des arachnitis, à l'action directe de l'éther? Pourquoi ne pas accuser de suite cet agent de tous les méfaits dont notre organisme sera victime?

Nous allons donner maintenant un certain nombre d'observations à l'appui de l'étude que nous avons faite et de l'étude qui nous reste à faire. Nous donnons seulement trois observations pour montrer l'action de l'éther sur l'homme sain, puis les observations les plus intéressantes que nous connaissions de malades opérés sous l'influence de l'éther, enfin tous les cas de mort publiés ou non, et qui ont été mis sur le compte de l'éther.

OBSERVATIONS.

OBSERVATION I. — *Jeune homme robuste, sanguin; éthérisé pour simple expérience par M. Tufnell (Dublin medical press, 13 ja-nuary).*

Inhalations (*forcées*) pendant deux minutes un quart , pouls tombé de 120 à 40.

Pupilles considérablement dilatées, conjonctives fortement injectées, face et vaisseaux turgides, suffocation.

Le tube éloigné, le jeune homme prend une attitude belliqueuse des plus plaisantes, puis surviennent des convulsions violentes (*air distorded*). La face est congestionnée, exprimant l'égarement et le chagrin. Ces phénomènes durent trois minutes, mais il continue encore quelque temps de s'agiter, de demander qu'on le laisse libre, car il a fallu le tenir vigoureusement. Il revient graduellement à lui, ne sait rien de ce qui s'est passé, n'a rien senti quand on l'a pincé, et ne ressent aucun malaise. Voici ce qu'il dit avoir éprouvé : au commencement, impossibilité de respirer, à cause de la contraction de la glotte ; celle-ci se relâche bientôt spontanément.

Vision plus nette d'abord, puis affaiblie ; les objets semblaient flotter devant ses yeux.

Il ne se crut supporté que par un diaphragme. Il sentit s'élever quelque chose du côté droit de la tête, puis il perçut un bruit de tonnerre ; la tête devint bouillonnante. Il entendit dire que son pouls est tombé à 40, et dès lors n'eut plus conscience de rien, jusqu'au moment où il se vit debout et se débattant. En reprenant connaissance, il perçut dans la tête et dans les oreilles un bruit intense qui se réduisit enfin à un chant sourd. De retour chez lui, et en se déshabillant, il s'aperçut seulement alors que sa chemise était mouillée (on lui avait appliqué de l'eau froide au visage pour calmer son agitation).

OBSERVATION II. — *Jeune homme de vingt-sept ans ; constitution délicate, sobre, tranquille.*
Inhalations pendant deux minutes, régulières.

Légère toux d'abord et dyspnée ; puis, vertiges, air de souffrance, contractions, convulsions des muscles respiratoires et des muscles des bras, immédiatement avant l'effet complet.

Pouls légèrement déprimé, mais un peu accéléré, quand on cessa les inhalations, puis de nouveau normal (dans une autre expérience de M. Tufnell, le pouls tomba de 130 à 44, et à la fin de l'expérience, il revint à 108, et resta à 108).

Face devenue pâle, muscles en complète résolution. Cet état dura trois minutes avec une parfaite insensibilité. Revenu à lui par l'aspersion de la face avec de l'eau froide. Point d'autres suites, qu'un dégoût pour l'éther. (*Dublin med. press*, 13 january.)

OBSERVATION III. — Lady B., vingt-quatre ans ; constitution vigou-

reuse, ni nerveuse ni hystérique. Grande agitation morale avant
l'éthérisation, pouls à 120.

Inhalation avec un appareil dont l'embouchure se place dans la
bouche; il est éloigné bientôt, la dame ne respirant plus (*not appearing
to commence expiration*).

Yeux largement ouverts, pupilles dilatées, mâchoires écartées, tête
immobile et renversée sur le dos de la chaise.

L'extraction d'une dent, qui, avec la division de la gencive, dura
près d'une minute, se fit pendant que la tête était dans cette position;
elle n'était pas tenue et y resta; les mâchoires se maintinrent ouvertes;
pas de plainte, point de mouvement.

Réveil quelques secondes après l'extraction. La lady ferme les yeux,
la bouche, et reprend complétement ses sens.

Au bout de quatre minutes, nouvelle inhalation; après *deux inspirations*, la fixité du regard montre que l'éthérisation est suffisante.
Une dent canine est brisée, et seulement en partie extraite.

Réveil au bout d'une *demi-minute;* la lady revient à elle, sait tout
ce qui s'est passé sans avoir rien souffert, rit, se félicite du résultat, se rince la bouche, quand tout d'un coup elle tombe dans le
collapsus, etc. C'est le commencement de l'observation dont nous avons
donné la fin si curieuse au § *Facultés intellectuelles,* p. 74.

OBSERVATION IV. — *Taille bilatérale chez un petit garçon de dix
ans et demi, opéré par M. Guersant le 3 juin* 1847.

Il est d'une constitution chétive, scrofuleuse. Inhalations avec un
appareil à double soupape et avec robinet à double effet. L'enfant respire pendant une minute; il est insensible et endormi. M. Guersant
introduit le cathéter; le malade n'exprime pas la moindre marque de
douleur. Quatre minutes après, on reprend les inhalations et on les
continue pendant deux minutes et demie; on les interrompt encore
pendant un tiers de minute; on les reprend. Inspirations des vapeurs
d'éther, en tout, pendant près de quatre minutes. Après la première
inhalation, on lia ensemble les pieds et les poignets du malade. On

commence alors l'opération proprement dite, qui dura quatre minutes, l'extraction du calcul comprise, c'est-à-dire que le calcul était extrait une minute après que les inhalations avaient cessé.

Effets produits. La sensibilité était abolie durant l'introduction du cathéter et durant les trois autres temps de l'opération. A la première incision, faite presque en même temps que les secondes inhalations ont été commencées, le malade semble gémir comme s'il souffrait (l'effet des premières inhalations avait eu le temps de se dissiper). Au réveil, aussi calme que possible, le premier mot du malade fut : «Monsieur, m'opérera-t-on aujourd'hui?» Il n'a rien senti, il n'a pas eu de rêves. Il continue de conserver sa raison, et il ne se plaint de cuisson à la plaie qu'au bout de treize minutes; il était alors au lit. Remarque : M. Guersant ne donne les calmants que dans l'après-midi, depuis qu'il a recours à l'éthérisation; celle-ci se fait, d'ordinaire, de dix à onze heures. Suites: point d'accidents ; au bout de quinze jours, il va aussi bien que possible. Le calcul avait 54 millimètres dans son plus grand diamètre, 23 dans son plus petit.

OBSERVATION V. — *Taille latéralisée chez A. N., âgé de vingt et un ans, opéré par M. Roux le 9 juin 1847.*

C'est un garçon grand, lymphatique, sans profession, à cause des douleurs qu'il éprouve.

Inhalations avec l'appareil Lüer.

On fait d'abord respirer au malade de l'air pur par l'appareil, puis on tourne peu à peu le robinet; le malade respire un air chargé de vapeurs éthérées pendant quatre minutes et demie ; alors légère interruption, puis reprise des inhalations pendant quelques minutes.

Effets produits. Le malade n'a pas toussé, il est devenu insensible au bout de trois minutes et demie ; en même temps, assoupissement complet, et bientôt respiration légèrement ronflante. Point de congestion des téguments ni de modification de la chaleur. Le pouls, à 80-83, une demi-heure avant l'opération, s'accélère quand les inhalations ont cessé; il revient peu à peu à 85. En relevant les paupières qui sont abaissées, on voit les yeux fixes, brillants, dirigés en avant, les pupilles un peu dilatées. Après la courte reprise des inhalations, la respiration n'est plus stertoreuse; en ce moment, la pupille est contractée. Pendant ce temps, l'opération était pratiquée avec la dextérité qui appartient à M. Roux, en moins de trois minutes. Le calcul était du volume d'une très-grosse noix.

Réveil : deux minutes après les dernières inhalations, le malade ouvre les yeux ; à la question d'un élève, il ne répond d'abord que par le sourire d'un homme hébété ; enfin, il dit n'avoir rien senti et n'avoir pas rêvé.

Suites : le malade, revenu au lit, n'a pas beaucoup souffert et ne souffre pas davantage le reste de la journée; pas de céphalalgie ; quelques vomissements deux ou trois heures après l'opération, qui firent disparaître le goût d'éther ; au milieu de la nuit, un peu de fièvre sans frissons.

Le 10 juin. Pouls à 82, développé, mou; peau un peu chaude. Le malade se trouve bien ; toutefois, il a une soif assez vive. (Saignée, 2 palettes. Le malade a obtenu un bouillon, la veille au soir ; on lui en donne encore un.)

Le 12. Pendant la nuit, exacerbation de la fièvre, chaleur, légère céphalalgie, point de frisson ; le malade se trouve bien; pouls à 78-80 ; soif assez vive ; douleur modérée dans la plaie. (2 bouillons, 2 pots de tisane, une potion calmante.) Sang de la saignée de la veille : caillot rouge, adhérant partout au vase, avec couenne mince ; sérosité liquide, opaline.

Le 14. Le malade va bien ; pouls à 72. Il prend 3 bouillons ; appétit; légère épistaxis pendant la journée.

Le 16. Le malade va toujours bien, sauf deux ou trois selles diarrhéiques par jour. Il dit avoir eu la diarrhée avant l'opération, et qu'elle est revenue le 14.

Nous savons que le malade a guéri parfaitement. Après une opération si grave, il n'a présenté aucun frisson, peu de réaction, et la douleur dans la verge était si légère qu'il ne s'en plaignait pas.

OBSERVATION VI. — *Amputation de cuisse chez un homme affecté d'une tumeur blanche au genou gauche, par M. Velpeau, le 22 mai 1847.*

C'est un malade âgé de quarante-sept ans, d'une constitution peu vigoureuse par elle-même et de plus affaiblie; depuis quelque temps il a eu la diarrhée, et la suppuration des abcès qu'on a ouverts est devenue considérable.

Première tentative d'éthérisation infructueuse. Trois jours auparavant, malgré sa bonne volonté, il ne parvint pas à faire des inhalations régulières, suivies; mouvements de déglutition, étouffements et congestion de la tête. M. Velpeau jugea à propos, après quinze minutes d'essai, de surseoir à l'opération; alors toutefois le malade était dans une demi-ébriété. (L'appareil qu'on agitait administrait des vapeurs irritantes.)

Le 21 mai. Deuxième tentative également infructueuse dans la salle.

Le 22. Éthérisation à l'amphithéâtre. M. Velpeau était décidé à passer outre, à cause de la gravité de la maladie. Inhalations avec l'appareil ordinaire; inspirations irrégulières et interrompues sans cesse pendant huit à dix minutes, malgré toute sa bonne volonté; il se désespère. Comme il paraît être devenu cependant insensible sans être endormi, les aides s'assurent des membres, et l'opération commence; le malade crie et s'agite comme s'il se débattait avec des assassins. L'os est scié au bout de trois minutes : «Bon! voilà l'os scié,» dit le malade, qui s'était calmé. Il regarde lier les vaisseaux et faire le pansement sans se plaindre. Pendant l'opération, le pouls est à 120, les pupilles ni dilatées ni contractées, les yeux un peu larmoyants. Tout étant fini, on interroge le malade. Il se rappelle qu'il a entendu scier l'os; il n'a pas souffert, mais il a rêvé.

Revenu au lit, il commence à souffrir de son moignon, et, pendant deux heures, les douleurs sont extrêmement vives : une potion calmante les modère. Le reste de la journée et la nuit se passent dans un calme très-satisfaisant; le malade va bien, ne souffre nulle part; pouls à 96. (Potion calmante; 2 bouillons, 2 pots de tisane.)

Le 24. Il se trouve avoir mieux reposé pendant la nuit qu'avant l'opération; pouls à 90.

22

Le 25. Pouls à 80; sommeil interrompu par des soubresauts du moignon, peu violents, du reste.

Le 30. Au centre de la plaie, qui s'est réunie d'ailleurs par première intention, on voit un bourgeon charnu qu'on peut refouler, et il sort un peu de pus. Le malade, sauf un peu de diarrhée, va bien; les ligatures tombent au quinzième jour, etc.; il guérit. Remarque: ce malade n'a pas eu de frissons.

Un autre amputé de la cuisse, opéré presque en même temps, guérit beaucoup plus vite; la plaie se réunit par première intention. Point de réaction vive non plus.

OBSERVATION VII. — *Amputation simultanée des deux cuisses, nécessitée par le broiement des deux jambes. Guérison.*

Vers le milieu du mois de février, est entré au *London hospital* un jeune homme de vingt-trois ans, employé de chemin de fer; un train de wagons venait de lui passer sur les jambes, qui ont été écrasées jusqu'auprès du genou. Il est d'une bonne constitution et d'habitudes sobres. Il a perdu peu de sang, mais il est abattu; le pouls est faible, la peau froide, la face pâle. Cependant ses réponses sont faciles, et il paraît moins souffrir de ses lésions qu'on ne pourrait le présumer.

Une heure après son entrée à l'hôpital, M. John Adams lui pratique l'amputation des deux cuisses après l'avoir éthérisé. Les inhalations produisent leur effet dans une minute et demie; elles sont continuées pendant la double opération, qui dure quatre-vingt-cinq secondes. La cuisse gauche est enlevée la première, et tandis qu'un aide en lie les vaisseaux, le chirurgien ampute la cuisse droite.

Effets des inhalations. Le pouls s'éleva (*pulse rose*). Le blessé semblait dormir d'un sommeil tranquille; le sang des petites artères était beaucoup plus foncé que de coutume (1), difficile à distinguer

_____

(1) Un défenseur *quand même* du sang rouge durant l'éthérisme fait observer

du sang veineux ; les muscles moins rétractiles que dans les amputa
tions nécessitées par des accidents récents.

Réveil. Quand il revint de l'influence de l'éther, et ce fut promptement, l'opéré dit qu'il avait connaissance d'une partie de ce qui
s'était passé, mais qu'il n'avait réellement pas souffert.

Suites. Point de tendance au sommeil. Une heure après l'opération, on lui fait prendre un opiacé, qu'on répète dans la journée.

2ᵉ jour. La nuit a été agitée, douleurs dans les cuisses ; la fièvre
est considérable, le pouls plein et bondissant. (Boisson alcaline mous-
seuse ; 2 grains de calomel ; 5 gr. de poudre antimoniale.)

3ᵉ jour. Délire dans la nuit, air d'abattement, pouls à 140. (Es-
sence de castoréum, mixture camphrée, solution d'acétate d'ammoniaque ; du bouillon.)

4ᵉ jour. Le malade est mieux sous tous les rapports ; son pouls est
à 120, il a été à la garde-robe, la langue est plus nette ; les moignons
sont pansés et se trouvent cicatrisés dans une grande étendue.

7ᵉ jour. Retour de la fièvre, grande agitation, pouls fréquent, langue sèche. (Huit sangsues aux tempes ; 2 grains de calomel la nuit.)

Les symptômes fébriles se dissipent, et, le 10ᵉ jour, le malade va
bien sous tous les rapports.

Le chirurgien anglais ajoute les réflexions suivantes : « Je dois con-
fesser que, dans les cas dont j'ai été témoin, je n'ai vu aucun mauvais
effet capable de me détourner de l'emploi de l'éther ; cependant, je
l'avoue franchement, j'hésiterais beaucoup, si j'étais le sujet de l'opération, avant de me soumettre à la stupéfaction produite par ce
moyen. » —« Although I candidly own, that if I were the subject of ope-
« ration, I should hesitate much before I would submit to the stupe-

_____

que le tourniquet avait été appliqué. Très-bien : ce sang noir refluait donc des
veines dans les artérioles ? Rappelons que le sang a pu être noir chez ce malade
très-abattu, surtout en ce moment d'éthérisme profond où l'action des muscles
respiratoires a dû être affaiblie.

« faction induced in this manner. »(*The Lancet,* february 27th, p. 238.)

Vous êtes franc, monsieur Adams ; mais vous manquez à votre premier devoir du chirurgien, *de ne pas faire aux autres ce que vous ne voudriez pas qu'on vous fît.* Et vous êtes encore chirurgien, et chirurgien d'un hôpital, après avoir *publié si candidement* les lignes précédentes !

OBSERVATION VIII. — Sortel Castor, artiste dramatique, âgé de trente-six ans, d'une constitution détériorée, d'un tempérament nerveux, est entré à la clinique, portant à l'anus des tumeurs dont la nature est douteuse, la vive sensibilité de ces parties ne permettant pas l'exploration.

Le 3 juin. Pour y procéder, M. Sédillot soumet le malade à l'influence des vapeurs d'éther. Au bout de vingt minutes, l'insensibilité est complète. Le toucher par l'anus, possible à cette seule condition, fait constater une affection cancéreuse du rectum. Immédiatement M. Sédillot procède à son excision. La vascularité des tissus malades, la difficulté de porter les ligatures dans ces parties profondément situées, et surtout un écoulement presque continuel de matières fécales liquides, rendent cette opération très-longue.

La durée des inhalations a été de soixante et dix minutes, dont il faut déduire dix minutes d'interruption. Pendant tout ce temps, le malade a été complétement insensible et très-tranquille ; sa figure exprimait la gaieté. A son réveil, il dit n'avoir rien senti et raconta qu'il avait rêvé du *Postillon de Lonjumeau.* Une demi-heure après, il se trouve complétement remis, et n'accuse ni céphalalgie ni soif.

Le soir, quelques frissons passagers et légère excitation du pouls.

Le 4. Nuit bonne ; le malade a dormi. Pouls normal, état général satisfaisant ; vers le soir, le pouls devient fréquent, dur et développé ; un frisson de quelques minutes.

Le 5. La fièvre est tombée ; diarrhée ; la plaie est grisâtre. Le malade continue à aller bien les jours suivants ; la plaie marche rapidement vers la guérison.

Le 5 juillet. La guérison est presque complète. (Thèse de M. Krust.)

OBSERVATION IX. — *Hernie crurale, opérée par Thomas Wright.*

Mademoiselle S..., âgée de soixante et douze ans, d'un tempérament nerveux, développé sous l'influence de son genre de vie, d'une santé faible, et ayant des accidents hydropiques qu'on a attribués à une affection des reins ; sujette à une grande irritation des bronches accompagnée d'une toux spasmodique.

Le 23 février. Une tumeur qu'elle portait dans l'aine droite augmenta, dans des efforts de toux, de trois fois son volume ; on en fait la réduction partielle, le soir, aidé de l'éthérisation, et on applique de la glace.

Le 24. Vomissements, sentiment de constriction douloureuse à l'anneau crural, hoquet.

A une heure de l'après-midi, opération. On fait un pli à la peau, on l'incise, ce qui forme une plaie de 4 pouces, parallèle au ligament de Poupart ; on fait une autre incision perpendiculaire à la première (en T). Le fascia superficiel disséqué, on voit que la tumeur forme deux sacs : l'un ancien, adhérent au fascia et à l'anneau fibreux ; l'autre récent. Le premier contient de la sérosité et de l'épiploon qui est facilement réduit ; quant au second, renfermant une masse intestinale, il fallut couper deux cordons fibreux qui étranglaient l'intestin, le collet du sac ayant été d'abord inutilement divisé : alors l'intestin rentra facilement.

La malade avait été soumise aux inhalations d'éther, au moyen d'une simple éponge, pendant trente-cinq minutes. Après ce laps de temps, comme on appliquait alors les sutures, on les discontinua.

Effets de l'éther. L'insensibilité était complète durant trente-cinq minutes ; point de mouvement des muscles volontaires, mais l'intestin se contractait durant toute l'opération ; point de collapsus, de tendance à la syncope, de toux, ni de congestion.

A son réveil, la malade dit n'avoir souffert que des ponctions des aiguilles, peu de temps après qu'on avait éloigné l'éponge.

Cinq heures après l'opération, elle a goûté un peu de sommeil ; elle est calme; aucune douleur ; envie d'aller à la garde-robe. Elle demande une tasse de chocolat, accordée.

Dix heures. Une selle copieuse; la malade se trouve bien ; point de toux depuis l'opération.

Le 25, à midi. La nuit a été bonne, la malade a dormi; elle a une sensation de roideur dans l'aine droite; l'huile de castoréum qu'on lui a prescrit la veille a produit trois selles. Le ventre est distendu par des gaz, mais il n'est pas sensible à la pression. (Bouillon de poulet)

Le 26, à midi. Elle se trouve encore mieux ; selle dans la nuit; elle se sent tout à fait à l'aise. La plaie est réunie par première intention, son état général est très-satisfaisant.

Le 28. La malade se trouve parfaitement bien ; aucune sensibilité à l'endroit de la plaie; point de douleur nulle part. (Bouillon.) (*The Lancet*, 13 mars.)

OBSERVATION X. — Adolphe Zeiss, âgé de dix-huit ans, d'un tempérament lymphatique, d'une constitution délicate, entre à l'hôpital pour se faire enlever une tumeur érectile du volume du poing, siégeant à l'aisselle.

Le 15 avril. Opération.

Après dix minutes d'inhalation, l'insensibilité est complète, et l'opération commence. On continue les inspirations éthérées. La profondeur à laquelle siége la tumeur, ses connexions intimes avec les muscles et les tissus qui l'environnent, la crainte d'une hémorrhagie mortelle, enfin les nombreuses ligatures qu'on est obligé d'appliquer, rendent cette opération très-difficile et très-longue. Elle n'est terminée qu'au bout de quarante-cinq minutes, pendant lesquelles le malade est resté insensible; il a eu quelques vomissements bilieux.

La personne chargée d'administrer les vapeurs d'éther, craignant que le malade ne s'éveillât trop tôt et ne fît des mouvements capables de compromettre le succès de l'opération, avait continué les inhalations pendant tout ce temps, avec des interruptions de courte durée.

En somme, le malade inspira l'éther pendant quarante minutes. Aussi, au moment où on se dispose à le panser, il tombe dans un état très-alarmant. La respiration est arrêtée, le pouls imperceptible à la radiale ; le sang qui s'échappe de la plaie, de rouge qu'il était, est devenu noir ; les lèvres, le nez, sont cyanosés ; le reste du corps, d'une pâleur cadavérique ; les membres sont dans une résolution complète. Cette asphyxie menace de se terminer promptement par la mort. M. Sédillot s'empresse de jeter de l'eau fraîche à la figure du malade. Malgré ces soins, cet état de mort apparente persiste pendant dix minutes, au bout desquelles les mouvements respiratoires commencent à se faire, et le malade se remet peu à peu. L'ivresse éthérée n'est complétement dissipée qu'au bout de cinq heures. Il se plaint alors de céphalalgie et de soif.

Le 16. Le malade n'a guère dormi pendant la nuit ; pouls normal, point de céphalalgie ; le malade se trouve bien. Les jours suivants, la réaction a été faible, l'état général est resté bon, et la plaie a marché rapidement vers la guérison.

Le 30. Le malade sort guéri. (Thèse de M. Krust.)

OBSERVATION XI. — *Amputation de la cuisse d'une femme enceinte de six à sept mois, par Thomas Bell.*

Marie-Anne Loyd, âgée de vingt-sept ans, d'une constitution délicate, mère de deux enfants, est affectée d'une tumeur blanche au genou gauche, qui a fait de grands progrès depuis six mois.

Le 25 janvier. Elle se soumet à l'opération, qui est pratiquée par la méthode à deux lambeaux ; elle est éthérisée avec l'appareil Hooper (à double soupapes). En moins de deux minutes, elle est parfaitement insensible, et passe presque dans un sommeil calme. Elle respire l'éther par intervalles, pendant l'opération qui est faite sans provoquer la moindre marque de douleur. Le chirurgien n'était aidé que de deux personnes.

La malade se réveille peu de moments après qu'on a cessé les inhalations. Elle n'a rien senti ; elle a entendu parler, sans rien comprendre ; elle voulut parler, mais elle ne put pas (dans ce cas et dans les autres pareils, cette circonstance s'explique par la contracture des masséters ou par la paralysie de quelque partie de l'appareil vocal).

Les suites de l'opération furent plus heureuses qu'on n'eût osé l'espérer ; la gestation ne fut nullement troublée. (M. Bell fit son opération le 25 janvier, et publia l'observation dans le n° du 19 février du *Lond. med. gaz.*)

OBSERVATION XII. — *Application de forceps par M. Stoltz, de Strasbourg, le 2 juillet* 1847.

Marguerite Hamm, âgée de vingt-quatre ans, grande, rousse, de forte constitution, primipare. Les premières douleurs ont apparu depuis quarante-six heures ; la dilatation est complète depuis neuf heures ; rupture de la poche, écoulement peu considérable de liquide, tuméfaction énorme de la grande lèvre gauche. Il y a deux heures et demie que la tête est dans l'excavation, dans laquelle le cuir chevelu tuméfié fait une forte saillie. Ce qui suit est écrit sur le cahier, de la main de M. Stoltz : « Les contractions ont été énergiques, accompagnées de ténesme ; la coopération de la femme a été active ; malgré cela, la tête a peu avancé et s'est à peine tournée ; encore dans ce moment, elle n'est *nullement engagée* dans le détroit inférieur, qu'on parcourt librement avec le doigt... On entend les battements redoublés distincts à gauche ; les douleurs sont presque continues, accompagnées d'efforts, sans progrès dans l'expulsion ; parties génitales œdémateuses, vulve étroite... A dix heures et demie, on se décide pour l'application du forceps, et on fait précéder cette opération de l'éthérisation.

« Il y a peu de chaleur ; le pouls est médiocrement plein, régulier, sans fréquence. Au bout de cinq minutes d'inspiration d'éther, la femme a perdu connaissance et est devenue insensible. Pendant ce temps, la matrice ne s'est contractée qu'une fois énergiquement et sans gémissement de la part de la femme.

« Je profite de cet instant d'insensibilité pour appliquer le forceps :

cette manœuvre est des plus faciles. Par extraordinaire, j'ai d'abord introduit la branche mâle; les deux branches s'appliquent facilement sur les côtés du bassin, et, *en une seule traction continue et sans effort,* la tête fut extraite (elle était encore *très-oblique* au détroit inférieur). Le périnée, à la vérité très-lâche, n'a opposé aucune résistance. Rupture comme à l'ordinaire.

« Après que la tête a été extraite, il n'est pas survenu de suite de contractions ; il a fallu tirer sur les épaules, qui ont suivi facilement, comme aussi le reste du corps, avec beaucoup de matière *bourbeuse en purée* (eau décomposée).

« Enfant mâle, fort, grand, bien développé ; tuméfaction saillante sur l'angle supérieur postérieur du pariétal droit.

« La matrice se contracte parfaitement. (La femme ignore qu'on l'a accouchée avec le forceps ; mais elle sent qu'elle est accouchée, et demande si son enfant n'a pas de défaut de conformation de la face, un rat l'ayant beaucoup effrayée en lui sautant sur la figure, il y a six semaines.)

« Elle a rêvassé pendant l'opération, croyant s'entretenir avec des personnes de connaissance. »

Délivrance. Une demi-heure après l'extraction, les premières douleurs commencèrent à se faire sentir, cependant la matrice ne se contracte pas d'une manière énergique ; la malade gémit presque continuellement, puis elle paraît s'endormir ; par instant, elle se réveille, et l'on sent le globe utérin se contracter ; mais ces contractions sont rares.

A onze heures trois quarts, c'est-à-dire une heure juste après l'opération, extraction de l'arrière-faix, qui s'accompagne d'un écoulement de sang abondant, liquide et en caillots, puis cet écoulement cesse après l'expulsion du placenta ; celui-ci est volumineux, de forme elliptique.

Le 3 juillet. Nuit bonne ; écoulement lochial abondant ; rien dans les mamelles ; l'enfant a beaucoup crié, a vomi plusieurs fois des matières muqueuses, il n'a pas rendu de méconium, il est resté *violet*, *noirâtre*.

Le 4. Quelques douleurs dans l'abdomen, durant le jour précédent ; chaleur et moiteur sans frisson initial, insomnie. Le matin, quelques douleurs dans les mamelles sans qu'elles soient gonflées ; ventre large, mou ; douleurs persistantes et augmentant par la pression, constipation, lochies abondantes et un peu fétides. (Lavements émollients, cataplasme.)

(Pendant toute la journée d'hier, l'enfant a gémi et a refusé de prendre le sein ; la cyanose a persisté au même degré ; il a succombé ce matin, à six heures.)

Dans l'après-midi, il s'est déclaré une diarrhée (avant que le lavement ait pu être administré) qui, le soir, est devenue involontaire. Cette diarrhée a soulagé la malade, les douleurs de ventre ont diminué, il y a un peu de chaleur.

Le 5. La nuit a été assez bonne ; moiteur, chaleur, bourdonnements d'oreille ; la diarrhée a été arrêtée par un lavement opiacé. Le matin, les mamelles sont volumineuses et tendues, douloureuses ; les lochies sont moins abondantes, séro-sanguinolentes et fétides ; ventre météorisé, chaleur moite à la peau.

Pouls assez développé et accéléré, à 104 ; légère bouffissure de la face et des extrémités.

La journée a été assez calme ; deux selles.

Le 6. Encore deux selles pendant la nuit, agitation, chaleur et transpiration. Le matin, chaleur, moiteur, fréquence et plénitude du pouls (100 pulsations) ; épistaxis, plus de céphalalgie ; ventre toujours un peu tuméfié, mais non douloureux ; lochies presque nulles, séreuses, fétides ; mamelles encore dures et douloureuses, pas d'écoulement spontané de lait.

Le 9. Peu de sommeil, pas de douleur ; ventre affaissé, mamelles ramollies, presque plus d'écoulement lochial ; pouls presque normal, un peu de moiteur, appétit.

M. Stoltz attribue la mort de l'enfant à la longueur du travail ; l'autopsie n'a montré aucune lésion. (Obs. communiquée à M. Kauffmann, par un interne dont le nom (M. Lévy, M. Bourguignon?) n'a pas été indiqué, à notre regret.)

OBSERVATION XIII. — *Accouchement ; éthérisation pendant trois heures trois quarts.*

Femme de quarante ans, maigre et lymphatique, primipare, habituellement bien portante ; en travail depuis vingt heures.

Inhalations intermittentes. Dès que la malade commence à redevenir sensible, on les reprend.

Sauf ces courts moments, elle n'a pas souffert pendant les trois heures trois quarts pendant lesquelles on administre les vapeurs d'éther ; durant la dernière heure, elle n'a eu même conscience de rien. Elle a consommé 8 onces et demie d'éther.

Marche du travail pendant les deux premières heures. Ni le caractère, ni la fréquence des contractions utérines, ne furent modifiés par les inhalations ; les muscles abdominaux et autres qui aident à l'expulsion continuèrent de se contracter avec énergie. Le cri caractéristique ne cessa également d'être poussé. A la dernière heure, la tête n'avançant pas, on résolut d'appliquer le forceps. On fit des tractions avec des intervalles de repos, avec le soin d'écarter alors les branches. La tête fut enfin expulsée par une contraction utérine secondée par l'accoucheur.

Le délivre suivit de près. Cinq minutes après, l'accouchée reprend connaissance. Elle dit qu'elle se sent comme réveillée d'un rêve pénible qu'elle ne se rappelle pas. Quand on lui apprit qu'elle était accouchée, elle partit d'un éclat de rire hystérique, et exprima une vive surprise. Un quart d'heure après la délivrance, elle offre encore un air d'abattement ; le visage restant congestionné, on le lotionne avec de l'eau froide, ce qui rétablit son état habituel d'esprit et de sensibilité. (Potage et repos absolu.)

Le 29 mai. Suites : nuit calme, sommeil sans rêve, ce qui lui arrive rarement. L'accouchée est gaie et sans aucun malaise ; langue nette, pouls à 70; on retire avec la sonde une pinte d'urine; lochies naturelles.

Le lendemain et les jours suivants jusqu'au 19 avril, rien de particulier ne s'est présenté. L'enfant, qui avait une tête volumineuse et pesait 8 livres et demie, ne parut se ressentir nullement des difficultés de l'accouchement, et continua d'aller bien. (Résumé de l'observation de M. Proth. Smith, *The Lancet*, 1er mai.)

OBSERVATION XIV. — *Éthérisation; mort quatre jours après.* (Nous devons les détails de cette observation à nos amis MM. Blot et Lebled, internes de M. Velpeau.)

Le 27 avril 1847, entre à la salle Sainte-Catherine (n° 12, service de M. Velpeau) la nommée Madeleine Martineau, âgée de soixante ans, marchande. Parfaitement conservée pour son âge, cette femme est d'une constitution qui paraît encore robuste; elle a de l'embonpoint, son tempérament est lymphatico-sanguin. Sa figure est assez colorée; elle n'a nullement le teint cachectique. Elle a toujours joui d'une excellente santé; elle est mère de plusieurs enfants. Depuis grand nombre d'années, elle porte à la mamelle une tumeur plus grosse que le poing : cette tumeur soulève la peau et semble faire corps avec elle; la peau, tendue, un peu luisante, a conservé sa couleur normale. La tumeur est inégale, bosselée, dure, douloureuse depuis quelques mois.

La malade désire être opérée. M. Velpeau se demande s'il doit employer l'éther pour l'opération, car la malade est asthmatique depuis sept ou huit ans; mais elle demande avec instance d'être endormie. Toutefois, on remet trois jours de suite l'opération, à cause du malaise et de la fièvre qu'offre la malade.

Le 3 mai. M. Velpeau procède à l'opération. La malade est difficile à assoupir. Elle quitte et reprend l'appareil (à double soupapes); près de vingt minutes se passent ainsi; enfin, la malade s'endort. M. Velpeau circonscrit la tumeur dans une incision ovalaire; il ouvre derrière la tumeur un kyste assez volumineux, rempli d'une matière sanieuse et noirâtre. La tumeur enlevée, on applique les ligatures, sans que la malade ait souffert.

Le 4 mai. La malade est parfaitement bien ; elle respire comme d'habitude, n'a presque point de fièvre, a même un peu d'appétit ; point de soif, de douleur ; bon sommeil.

Le 6. La malade respire avec beaucoup de peine ; le pouls est petit et fréquent, la langue chargée, l'appétit aboli, la soif vive. Elle s'éteint le 7 au soir.

Les deux jours qui ont précédé sa mort, elle disait toujours qu'elle allait bien, quoique son état ne répondît pas à ses paroles. Point de toux depuis l'opération.

Autopsie. — Les deux poumons présentent un engouement considérable, surtout dans les parties postérieures ; ils sont crépitants, surnagent dans l'eau, se déchirent cependant facilement, et on y voit des plaques sanguines qui simulent des noyaux apoplectiques. La muqueuse bronchique est d'un rouge violet. Le cœur n'offre rien de particulier, ni par son volume ni par l'état du sang ; il renferme des caillots. Le foie, le cerveau, sont dans l'état ordinaire.

M. Velpeau a dit, à sa leçon de clinique, qu'il n'oserait affirmer que l'éther a été pour quelque chose dans la mort de cette malade, qu'il y a peut-être contribué comme une cause accessoire, et qu'il fallait attendre d'autres faits pour décider la question.

OBSERVATION XV. — *Éthérisation ; mort non attribuée à l'éther.*

« Jean-Baptiste Tournier, âgé de cinquante-six ans, d'une constitution détériorée, d'un tempérament bilioso-sanguin, se présente à la clinique pour se faire opérer d'un cancer de la langue.

« Le 4 mai. Opération. Après sept minutes d'inhalation, le malade est tout à fait insensible. M. Sédillot fait une incision verticale, qui part du milieu du bord libre de la lèvre inférieure et se termine à l'os hyoïde. Deux incisives sont extraites et le maxillaire inférieure scié. L'opérateur en écarte les branches pour se donner du jour, et divise les attaches de la tumeur à la face interne de cet os et aux tissus environnants. La langue, parfaitement isolée, est amputée complétement, à l'exception de sa partie supérieure, qui était saine dans une étendue de 0^m,02 environ. Ce tronçon de langue pouvait être plus tard d'une grande utilité au malade. Plusieurs artères sont liées ; le sang qu'elles ont fourni n'a pas paru changé de couleur. Les deux branches de la mâchoire inférieure sont encore réunies au moyen d'une agrafe en argent implantée dans les deux os. Les lèvres de l'incision de la peau sont réunies par des points de suture.

« A plusieurs reprises, pendant l'opération, le sang avait pénétré dans le larynx ; mais le malade, tout en étant insensible, l'expulsa chaque fois avec des mucosités. Aucun signe d'asphyxie ne s'est manifesté.

« Il a fallu vingt-trois minutes pour l'ablation de la tumeur ; mais le pansement n'est terminé qu'après cinquante minutes. Les inhalations ont été faites pendant neuf minutes ; l'insensibilité a duré treize minutes.

« A son réveil, le malade ne se plaint pas. A la visite du soir, le pouls est subfréquent, la peau chaude ; le malade accuse une légère céphalalgie.

« Le 5. Pouls normal, un peu d'ardeur à la gorge ; l'auscultation ne constate rien d'anormal dans la poitrine.

« Le 6. A six heures du matin, accès de suffocation ; mort quarante-quatre heures après l'opération.

« *Autopsie.* — A la partie postérieure et inférieure des deux poumons, engouement hypostatique ; à l'incision, s'écoule une sérosité spumeuse et sanguinolente ; sang noir et fluide remplissant les cavités droites du cœur, qui du reste est sain. Les cavités gauches sont vides. Le larynx et la partie supérieure de l'œsophage sont baignés par une couche de pus ; on en trouve également dans la trachée et dans l'estomac. Le crâne n'est pas ouvert. La mort paraît avoir été le résultat de l'occlusion du larynx par la petite portion de langue qu'on avait épargnée. » (Thèse de M. Krust.)

Observation XVI. — *Éthérisation; mort non attribuée à l'éther.*

«Jean-Joseph Juillerat, âgé de cinquante ans, d'une constitution forte, d'un tempérament sanguin, vint réclamer l'ablation d'un cancer du maxillaire supérieur, dont l'extension dans tous les sens avait soulevé l'orbite, comprimé la narine, et refoulé la voûte palatine vers la cavité buccale.

«Le 1er juin. Opération. Les inhalations ne peuvent être continuées que pendant vingt minutes. Au bout d'un quart d'heure, l'insensibilité est complète.

«La dissection d'un large lambeau quadrilataire, pour mettre le maxillaire supérieur à nu, ne cause aucune souffrance au malade. M. Sédillot procède ensuite à l'extirpation de l'os, dont le ramollissement retarde beaucoup l'opération. Pendant ce temps, le malade pousse des gémissements, des cris; mais la sensibilité n'est complétement revenue qu'au moment où l'on place les points de suture. L'opération a duré une heure et demie; la respiration s'est continuellement bien faite.

«Pendant la journée, une hémorrhagie consécutive a lieu par la plaie, et ne cesse qu'au bout de cinq heures.

«Le 2. Face pâle, gémissements continuels, indifférence du malade à ce qui l'entoure, pouls ralenti, suintement sanguinolent par la plaie.

«Le 3. Symptômes de méningite, à laquelle le malade succombe le 5.

«*Autopsie.* — Méningite suppurée de la base du crâne. Les autres organes n'ont pu être examinés.

«Cette méningite est évidemment la conséquence de l'opération et non de l'éthérisation.» (Thèse de M. Krust.)

Observation XVII. — *Éthérisation; arachnitis. Mort attribuée à l'éther.* (Nous la devons à la bienveillance de M. Piedagnel.)

«Il est assez fréquent d'observer, après l'usage de l'éther en inspiration, un état d'engourdissement cérébral, de l'inaptitude au travail, un besoin de repos, un malaise général, qui se prolongent quelquefois vingt-quatre ou trente-six heures. Ces divers phénomènes prouvent, s'il en était besoin, que l'encéphale reçoit une vive impression de l'éther, que ce médicament agit sur le cerveau. Le fait qui suit ne doit-il pas contribuer à rendre circonspect dans son emploi?

« Un de ces malades qui entrent dans les hôpitaux avec des affections légères, si réellement ils en ont, eut le désir de se faire arracher une dent après avoir été préalablement éthérisé. Depuis huit jours, il était à l'hôpital, mangeant bien, quoiqu'il se plaignît de malaise et de diarrhée légère. Pendant trois jours, on le soumit, le matin, à des inspirations d'éther; chaque inspiration avait duré vingt à trente minutes sans qu'on pût obtenir autre chose que la période d'excitation; la somnolence, l'insensibilité ne purent être produites. Il ne conservait de ces essais qu'une courbature et du malaise; le quatrième jour, on lui arracha sa dent, sans avoir recours à l'éther. Puis on fit peu d'attention à lui; il continuait de manger, mais il restait au lit, ne voulait pas se lever. Au bout de sept ou huit jours, on s'aperçut qu'il avait de la fièvre; on suspendit les aliments.

« Examiné avec soin, on ne put reconnaître d'altération qui rendît compte de son état fébrile. Il était constamment couché, se plaignait de douleur de tête; ses réponses étaient justes, mais il ne parlait que lorsqu'on l'interrogeait; yeux sans expression, un peu secs; pupilles larges; les autres sens intacts; un peu de sensibilité à la peau; le plus léger pincement lui faisait mal; respiration lente; pouls petit, très-fréquent. Cet état dura trois ou quatre jours, puis il devint continuel. Ce délire était tranquille, c'était plutôt de la loquacité; les mouvements des membres y participaient peu, puisqu'on n'eut pas besoin de le fixer dans son lit. Le délire cessa, et il tomba dans un coma profond avec renversement de la tête en arrière; la peau perdit sa sensibilité, et il s'éteignit plutôt qu'il ne mourut.

« L'ouverture nous fit voir un épanchement gélatineux sous l'arachnoïde cérébrale, dans la pie-mère, étendue à toute la surface extérieure du cerveau; rien à la base. L'épanchement était d'autant plus considérable qu'on se rapprochait de la faux et du cerveau; il n'y avait nulle trace de pus.

« Les vaisseaux de la surface du cerveau étaient gorgés de sang; les deux substances cérébrales étaient à l'état normal; la substance blanche d'un blanc mat très-prononcé.

« Les autres organes étaient sains; il y avait seulement quelques granulations tuberculeuses au sommet du poumon gauche.

« Je ne balance pas à attribuer cette méningite à symptômes si peu intenses à l'emploi de l'éther, et je regrette que cette observation n'ait pas été prise d'une manière plus détaillée. »

OBSERVATION XVIII. — « Le 26 février, est entré dans le service de M. Roux M..., épicier, affecté de tétanos, suite d'amputation d'un testicule par tentative criminelle, datant de 15 jours. L'opium fut donné, le jour même de l'entrée et pendant la nuit, en lavement à dose assez forte. Pas d'amélioration le matin. M. Roux voulut essayer de l'éther. Le tétanos existait alors depuis quatre jours; trismus très-prononcé, roideur du cou, impossibilité d'avaler; quelques convulsions toniques passagères dans les membres; respiration un peu gênée. Le malade a toute sa connaissance, répond aux questions, place lui-même des coins de bois entre ses mâchoires pour les écarter.

« Inhalation. Après deux minutes, insensibilité complète. Résolution des membres, cou toujours roide; *les coins sont fortement retenus entre les mâchoires.* Pendant quelques instants, il a semblé cependant que la convulsion tonique était moindre dans le cou. L'état d'insensibilité complète a duré pendant neuf minutes; vers la fin, injection de la face, respiration plus gênée, râle trachéal assez fort : on jette un peu d'eau froide à sa figure. Réveil naturel après les neuf minutes; le malade répond très-bien aux questions. Un peu moins de roideur du cou, mais déglutition toujours impossible. Le malade a

24

dormi, rêvé à sa plaie et aux circonstances où elle lui a été faite. Il n'a pas senti les piqûres et les pincements.

« Quatre minutes après le réveil, il pâlit beaucoup. Le pouls, qui était resté fort jusque-là, baisse très-sensiblement ; le râle trachéal ressemble à celui de l'agonie. Mort, à la fin de la visite, sans aucune crise. » (C'est le cas dont M. Roux fit part, le 27 février, à l'Académie des sciences ; ces notes m'ont été communiquées par son interne, M. Guyton.)

En face de ce cas, il faut placer celui de M. Pertusio, de Milan, qui a été plus heureux que le professeur de l'Hôtel-Dieu. Je ne serais pas peu disposé à attribuer le succès de M. Pertusio à son traitement éthérique prolongé. Chaque fois, en effet, que la contracture reparaissait, il reprenait les inhalations, ce qu'il fit plusieurs fois par jour et pendant un certain nombre de jours, puisque le malade ne fut complétement guéri qu'au bout d'environ une quinzaine. M. Roux n'a pas seulement éthérisé son malade au point de faire cesser le trismus et la contracture des muscles du cou. Or, une éthérisation incomplète est, à mon avis, un excellent moyen de provoquer des convulsions chez des sujets dont le système musculaire est naturellement irritable, à plus forte raison chez les femmes hystériques. Les vapeurs d'éther, en assez grande quantité d'abord dans le sang pour paralyser l'action musculaire, sont bientôt en partie éliminées, et alors elles réveillent elles-mêmes la contracture pathologique. Cela doit avoir lieu encore bien plutôt et avec plus de danger chez les individus pris de tétanos. De là, chez le malade de M. Roux, une mort si prompte, déterminée par une asphyxie secondaire. Relativement à l'opinion de M. Roux sur cet essai des inhalations, on sait qu'il a lui-même dit à l'Académie qu'il croit que l'éther a hâté la mort, mais qu'il a eu recours à ce moyen en désespoir de cause.

OBSERVATION XIX. — « Le 9 avril, est entré dans le service de M. Roux un homme affecté depuis longtemps d'une coxalgie du côté droit.

« Le 14. M. Roux lui ouvre un abcès à la région malade, après éthérisation ; insensibilité complète. Quand il fut emporté de l'amphithéâtre, il était encore sous l'influence de l'éther. Pendant toute la journée, de la somnolence, des vertiges, de l'incertitude dans le regard, quelque difficulté dans la parole. On le tirait avec peine de son assoupissement, et il y retombait aussitôt. L'état semi-comateux a duré jusqu'au matin du 17, où il est mort ; il a résisté à l'application de plusieurs sinapismes.

« *Autopsie.* — Injection bien prononcée des méninges et du cerveau, dont il s'écoulait, à chaque coupe, de la sérosité sanguinolente ; injection des poumons, rougeur générale dans les bronches ; sang fluide, point de caillots dans le cœur ; tumeur blanche avancée.

« Le malade était déjà très-affaibli lorsqu'il fut éthérisé ; il avait demandé à l'être avec instance, parce qu'on lui avait déjà ouvert avec succès un abcès après éthérisation. » (M. Guyton.)

OBSERVATION XX. — « M. le docteur Roel a rapporté l'observation d'une tumeur squirrheuse enkystée du sein droit, du poids de 3 livres ¾, enlevée pendant que la malade avait été rendue insensible par l'inhalation des vapeurs d'éther. Une heure après l'opération, le faciès de cette femme se décomposa ; il se manifesta de la rougeur aux pommettes, surtout à gauche ; des nausées, du refroidissement, enfin le pouls devint concentré. Depuis l'éthérisation, la malade était restée un peu assoupie. A midi et demi, c'est-à-dire deux heures et demie après l'opération, l'altération de la figure était très-prononcée, les joues ardentes, le pouls filiforme ; stupeur et subdélirium. A deux heures moins un quart, elle succomba.

« *Autopsie.* — Les sinus de la dure-mère, en général, étaient gorgés de sang ; beaucoup de sérosité légèrement trouble dans l'intérieur de l'arachnoïde ; masse encéphalique consistante et semée d'arborisations ; un peu de sérosité dans les ventricules.

« Les sommets des poumons étaient de couleur livide, atrophiés, imperméables, et adhérant par de fausses membranes fibreuses à la plèvre costale ; celui du côté droit était gorgé de sang veineux, le gauche en contenait peu. La base des poumons, surtout du droit, était perméable, congestionnée, rouge. Le sang renfermé dans ces viscères était très-liquide, et sa couleur ressemblait à celle qu'aurait un mélange de sang veineux et de sang artériel.

« Les cavités droites du cœur offraient une dilatation plus marquée dans l'oreillette, dont l'intérieur, deux fois plus large que de coutume, renfermait de volumineux caillots.

« M. Roel ne doute pas que l'éther ait contribué à amener cette terminaison fatale. Je le crois aussi, car il est rare que les amputations des seins soient suivies de mort ; les lésions anatomiques viennent en outre à l'appui de cette manière de voir. On aurait donc bien fait de ne pas soumettre aux inhalations éthérées cette femme, qui était d'une constitution débile, ayant déjà souffert de fièvres tierces et d'irritations gastriques. Les adhérences qu'on a trouvées dans la poitrine prouvent que les poumons n'étaient pas dans un état normal, et qu'ils avaient souffert antérieurement. Je pense donc que l'éthérisation pulmonaire n'était pas applicable dans ce cas, à cause du mauvais état de la maladie. » (Thèse de M. Marc Dupuy, 28 juillet 1847, p. 79.)

OBSERVATION XXI (communiquée par M. Tailhé, interne du service). — *Tumeur squirrheuse du sein, grosse comme un œuf de poule, siége de quelques élancements ; ayant commencé à se développer, il y a près de trois ans, à la suite d'un coup de poing reçu sur le sein.*

La malade, nommée Godechoux, entre à l'hôpital Saint-Louis, dans le service de M. Jobert, le 9 décembre 1846. Elle est âgée de trente-trois ans, d'un tempérament nervoso-sanguin, bien réglée depuis l'âge de quinze ans, sujette depuis cette époque à de fréquents accès d'hystérie ; l'un d'eux a été suivi, il y a quelques années, d'un attaque d'aliénation mentale qui a nécessité l'admission de la malade et un séjour de deux mois à la Salpêtrière.

Avant d'être opérée, le 19 janvier, elle est soumise à l'éthérisation. Pendant treize minutes, elle respire assez bien les vapeurs d'éther ; l'appareil fonctionna parfaitement. (Donc, elle ne tousse pas ; les va-

peurs, dans ce cas, n'irritent pas.) Au bout de ce temps, les phénomènes de l'ivresse n'ayant pas encore commencé à se manifester, et la
malade se trouvant couverte de sueur et *presque épuisée de fatigue,*
on ne prolonge pas l'expérience, on procède à l'opération, sans avoir
pu diminuer la sensibilité. La malade pousse des cris et accuse de
vives douleurs. On panse à plat; des morceaux d'agaric sont appliqués
sur la plaie. Gouttelettes de matière purulente au centre de la tumeur
enlevée.

Le jour même de l'opération, la malade éprouve de la céphalalgie,
de la toux, et une fièvre assez intense.

Le lendemain, insomnie et tous les signes d'une bronchite; on lève
le premier appareil, et l'on réunit la plaie à l'aide de deux points de
suture entortillée. (Gomme édulc., julep gomm.)

Le 21. Appareil fébrile prononcé, toux, céphalalgie opiniâtre. (20
sangsues aux apophyses mastoïdes.)

Le 22. Rougeur érysipélateuse autour de la plaie; on enlève les points
de suture, on panse avec de la charpie imbibée d'eau-de-vie camphrée;
toux, troubles gastriques, céphalalgie, prostration; pouls petit, à 110.
(Hydromel, eau de Sedlitz.)

Le 23. De plus, vomissements, rougeur autour de tout le sein. (Onc-
tions avec la pommade au nitrate d'argent.)

Les jours suivants, les phénomènes s'aggravent.

Le 27. On prescrit : lim. citrique édulcorée avec le sirop de gomme,
une potion avec laudanum 8 gouttes, et des sinapismes aux pieds.

Du 27 au 30. On a en vain poursuivi l'érysipèle avec la pommade au nitrate d'argent : l'affection a envahi toute la surface du
tronc et même les membres supérieurs; vomissements, toux, insomnie.

Du 30 au 31. Délire, gêne de la respiration, à laquelle la malade
succombe le 31, à dix heures du matin, douze jours après l'opération.

L'autopsie est faite trente-huit heures après la mort. On trouve
une rougeur vive et une tuméfaction notable de la membrane muqueuse des voies aériennes, depuis le larynx jusqu'aux dernières ra-

mifications bronchiques. Les bronches renfermaient, en outre, une assez grande quantité de mucosités épaisses; il y avait à gauche un léger degré d'engouement du parenchyme pulmonaire. Le tissu du cœur est flasque et semble un peu ramolli; un caillot de sang existe dans le ventricule gauche. On n'a pu examiner les autres organes.

M. Jobert, comme on le sait, a conclu des faits contenus dans cette observation, que l'éther n'est pas resté étranger à la mort de cette malade.

OBSERVATION XXII (donnée par M. Tailhé). — *Tumeur blanche ; amputation de la cuisse par M. Jobert. Mort.*

La nommée Friant, journalière de Sarre-Union (Bas-Rhin), entra le 14 janvier à la salle Saint-Augustin, n° 64.

Cette femme, âgée de quarante-sept ans, d'une constitution chétive, lymphatique, est affectée d'une tumeur blanche du genou gauche qui date de neuf mois; elle porte au creux du jarret, et du même côté, des cicatrices, suite de ganglions suppurés. Le genou malade est dans la demi-flexion, un peu plus volumineux que celui du côté sain; les mouvements sont très-douloureux.

M. Jobert, avant de lui pratiquer l'amputation de la cuisse, le 26 janvier, la soumit à l'influence des vapeurs d'éther. Au bout de quatre à six minutes, l'ivresse était complète (toujours point de toux, point de phénomènes d'irritation); les yeux étaient voilés par les paupières, les pupilles étaient très-dilatées. On constata l'insensibilité, et l'opération est pratiquée par la méthode à deux lambeaux latéraux. La malade reste immobile pendant que le premier lambeau est séparé ; mais, *dans le second temps de l'opération, elle roidit son membre en poussant des cris inarticulés.* Lorsqu'elle fut transportée dans son lit, elle prétendit cependant n'avoir ressenti aucune douleur, et avoir bien dormi, sans avoir rêvé. Elle *a commencé à ressentir de la douleur au moignon, quelques minutes après avoir été transportée dans son lit.*

Le pouls était devenu petit et très-fréquent pendant les inspirations des vapeurs d'éther; avant le commencement de l'opération, il était à 130 ; *immédiatement après le pansement, il était revenu à l'état nor-*

mal, à 64-68. (L'articulation malade présenta à l'examen une carie des extrémités osseuses par suite de tuberculisation.)

Suites. Le soir du 26, la malade se plaint de sa douleur au moignon; le pouls est calme, 66-8.

Le 27. Insomnie, mal de tête, douleur assez vive au moignon; celui-ci n'offre pas de tension notable. Chaleur de la peau médiocre, avec un peu de moiteur; pouls à 76-80, plein, non tendu.

Le 28. La malade va bien, et paraît s'habituer à son nouvel état; le moignon est légèrement tendu. Elle a *un peu toussé;* l'insomnie et le mal de tête continuent; pouls à 84-88, plein, un peu tendu.

Le 29. Un peu d'agitation la nuit; toux plus intense et revenant par quintes; expectorations assez abondantes de crachats spumeux; râles sibilants et muqueux des deux côtés du thorax. Sueurs hier au soir. La réaction inflammatoire est très-notable dans le moignon; la réunion paraît s'effectuer par première intention, sauf quelques points; pouls à 94.

Le 30. Réaction inflammatoire encore plus forte.

Le 31. Insomnie, léger délire. La plaie suppure assez abondamment dans les points non réunis; la malade se plaint de douleurs à la poitrine, et sa physionomie exprime la douleur; pouls, 100-104.

Le 1er février. Toux moins forte; en arrière, la plaie se réunit; en avant, elle suppure beaucoup; pouls, 92-96.

Le 2. Eat plus satisfaisant, un peu de sommeil; céphalalgie plus supportable; pouls à 88-92; peu de toux. La malade demande à manger.

Le 3. Le mieux continue, le mal de tête est dissipé; un peu de dévoiement, *une selle involontaire ;* encore un peu de toux; la peau est médiocrement chaude; pouls à 92-96.

Le 4. Céphalalgie très-intense, insomnie, pouls à 80-84; la réunion s'opère.

Le 5. La malade s'agite beaucoup, se tient sur son séant; toux, insomnie, délire; pouls à 116, 120, petit. *Contraction convulsive des masséters.*

Le 9. Depuis le 5, les accidents tétaniques n'ont fait que s'accroître;

faiblesse extrême, peau presque froide; le tronc et la tête se meuvent comme d'une seule pièce, le pouls se sent à peine, gémissements plaintifs. La malade expire une heure après la visite.

Autopsie le 11. — Le cerveau est très-dur et fortement injecté, ainsi que ses membranes; une cuillerée à bouche de sérosité sanguinolente dans les ventricules latéraux. La moelle épinière offre sur sa face postérieure une belle arborisation; les vaisseaux, disposés en spirale, sont remplis d'un sang tantôt noir, tantôt artériel. La substance nerveuse offre un ramollissement de 3 à 4 centimètres d'étendue dans la région qui correspond à la quatrième et à la cinquième vertèbre dorsale : là en effet, le tissu de la moelle est réduit à une pulpe molle; les parties voisines sont fermes, consistantes.

Les poumons sont sains et crépitants, excepté dans la région postérieure, où ils sont congestionnés. La muqueuse des bronches est rouge, injectée; on y voit du muco-pus, ainsi que dans les ramifications, qui sont aussi très-rouges et vivement injectées.

La muqueuse du larynx est rouge également; on voit du pus sur les côtés et dans les ventricules. La muqueuse du pharynx, de l'arrière-bouche et des fosses nasales, est également injectée.

Le cœur est congestionné.

Les valvules sigmoïdes de l'aorte et de l'artère pulmonaire sont uniformément rouges, et n'ont pas leur transparence normale. (On a oublié de dire quel était l'état du sang.)

La réunion s'était effectuée dans la plus grande partie du moignon; là, on a trouvé un tissu cicatriciel dur, résistant. La partie antérieure seule n'est pas réunie. La surface du fémur était recouverte de bourgeons charnus.

L'artère fémorale était obturée par un caillot jusqu'à l'artère collatérale voisine.

OBSERVATION XXIII. — *Éthérisation; mort attribuée à l'éther.*

«Braut (Simon), âgé de soixante et treize ans, affecté depuis longtemps de bronchite chronique et d'accès d'asthme, fut porté à l'hôpital, le 1er mars, pour une hernie inguinale étranglée depuis deux jours.

« Après trois quarts d'heure d'efforts infructueux, tentés par l'élève de garde dans le but de la réduire, M. Rigaud se décida à plonger le malade dans l'éthérisation, espérant mieux réussir ainsi. En effet, au bout de quinze minutes de taxis, la hernie rentre. Pendant l'opération, le malade eut des vomissements qui inquiétèrent M. Rigaud, parce que le trismus, qui existait en même temps, mettait obstacle à la sortie des matières vomies. Il s'empressa de pencher en avant la tête du malade, et de vaincre la résistance qu'opposait la contraction des muscles de la mâchoire inférieure. L'accident n'eut pas de suites fâcheuses.

« Pendant toute la nuit (l'opération se fit à neuf heures du soir), le malade se plaint de dyspnée, de toux et d'une grande soif.

« Le 2. Mêmes phénomènes du côté de la poitrine, pouls à 120.

« Le 4. Le malade succombe au milieu d'un accès d'asthme.

« *Autopsie.* — Injection de la muqueuse bronchique, mucus spumeux dans les bronches jusque dans les petites ramifications, emphysème intervésiculaire dans les deux poumons; rien dans les autres organes. M. Rigaud croit que l'éthérisation a déterminé la mort indirectement, en ranimant la bronchite chronique, qu'elle a fait passer à l'état suraigu, et en provoquant le retour d'un accès d'asthme qui a porté le dernier coup. » (Thèse de M. Krust.)

OBSERVATION XXIV (d'après celle que nous a communiquée M. Richet, chirurgien par intérim à l'hôpital Saint-Louis). — *Tumeur énorme du bras ; désarticulation. Mort attribuée à l'éther.*

Le 4 juin 1847, est entré à l'hôpital Saint-Louis (service de M. Richet) un nommé Henri Prenez, âgé de 43 ans, fabricant et colporteur de cordes. Constitution moyenne, muscles peu développés, sans maigreur; il n'a jamais eu plus d'embonpoint ; taille moyenne, tempérament lymphatique, peau blanche et fine, cheveux commençant à blanchir. Triste et sombre depuis qu'il est malade, sa mémoire a beaucoup faibli depuis cinq à six ans. Il n'y a que treize semaines que, se sentant trop malade, il ne travaille et ne voyage plus. En général, il s'est toujours assez bien porté. Pris de la variole à l'âge de 7 ans, et de quelques rhumes durant les hivers, il n'a jamais fait de maladies graves. Il y a treize ans, il a commencé à ressentir des douleurs vives dans le moignon de l'épaule droite; trois ou quatre ans après, il s'y développa une tumeur, qui fut repoussée en avant et en bas par les fardeaux de cordes que portait le malade; plus tard, une autre tumeur se forma au tiers inférieur. Les deux en constituent maintenant une seule énorme, rejetée en avant, bilobée, et mesurant 78 centimètres dans le plus petit diamètre, et 105 dans le plus grand, qui, suit la direction de l'humérus. La peau qui la recouvre est blanche, tendue, lisse, et présente des vaisseaux développés et réunis par plaques, surtout vers l'extrémité inférieure.

Le 14. M. Richet pratique au malade la désarticulation du bras par la méthode de Larrey; on l'éthérise, et au bout de deux à trois minutes, il est complétement insensible; on éloigne l'appareil (à double soupapes). La première incision, partant de l'acromion, tombe sur le . deltoïde, singulièrement tendu, et séparant les deux lobes de la tumeur. L'opération a été exécutée facilement et avec rapidité; la tumeur, nullement adhérente aux os, a été énucléée parfaitement. Le malade n'a perdu de sang que par la section des veines, qui étaient larges et pleines; mais il en a perdu beaucoup (environ deux livres).

Après l'opération, les extrémités supérieures et inférieures de la plaie sont réunies par quelques points de suture, le reste avec des bandelettes de diachylum, après introduction de boulettes de charpie entre les lèvres de la plaie... Pendant le pansement, le malade a trois syncopes; on l'étend sur le lit, on lui jette de l'eau froide au visage, on lui fait respirer des essences; il revient promptement à lui, et on peut achever le pansement.

Le 15. Pouls à 134, égal; peau chaude, sueurs abondantes, langue un peu moins sèche qu'hier, soif moins vive; un peu de sommeil la nuit, mais sentiment de fatigue. Il urine bien, n'a pas eu de selle dans les vingt-quatre heures. La plaie, pansée ce matin, est sèche; la charpie est à peine imbibée de sang. On commence de suite à nourrir le malade. (Groseille, 2 pots; limonade vineuse, 2 pots; 2 bouteilles d'eau de seltz; 2 potages, 1 portion d'aliments, 2 de vin; lavement avec huile de ricin, 30 grammes.)

Le 16. La plaie s'enflamme un peu, la suppuration s'établit, les points de suture sont enlevés; la réunion a lieu à l'extrémité supérieure. Pouls à 120, régulier, un peu plus développé qu'hier; peau chaude, sueurs abondantes, langue sèche, soif vive, pas de selle dans les vingt-quatre heures. Du reste, calme parfait, point de douleur nulle part, sommeil la nuit dernière. (Prescript. précédente, moins le lavement.)

Le 17. Le malade a dormi; pouls à 124, peau chaude, sueurs abondantes, langue sèche; deux selles dans les vingt-quatre heures; un peu d'agitation, légère rêvasserie; il désire qu'on fasse son lit. Il a toussé un peu dans la journée, ce qui a causé quelques douleurs dans la plaie. La suppuration est bien établie, elle est même abondante; il s'est formé un abcès à l'insertion du grand pectoral, avec de la crépitation emphysémateuse; une contre-ouverture est pratiquée; on comprime et on fait coucher le malade, de manière que la plaie soit dans une position déclive. (Même prescription, plus 1 bout. d'eau de Sedlitz.)

Le 18. Un peu de rêvasserie la nuit; mais le malade se sent mieux, ne souffre nulle part; du pus s'est accumulé sous le grand pectoral. Pouls à 116, régulier; pas de selle. (Même prescript.; au lieu d'eau de Sedlitz, huile de ricin, 25 grammes.)

Le 19. Le malade est à peu près comme hier; il est pâle, il a eu des bourdonnements d'oreille la nuit: on ausculte, pas de bruit de souffle; le malade n'a pas été purgé; pouls à 116. Le fil de l'artère acromiothoracique est tombé. (Même prescription, point de purgatif; 120 gr. de vin de Bagnols.)

Le 21 juin. Pouls à 104, sudamina autour du cou et des clavicules, suppuration abondante; la plaie est lavée avec de l'eau aiguisée d'eau-de-vie camphrée; des bourgeons charnus dans toute son étendue et sur la cavité glénoïde; eschares de 2 à 3 centimètres à la partie supérieure de la plaie; pansement avec de la poudre de quinquina. Langue sèche, soif vive, appétit; l'huile de ricin prise avant-hier a amené huit à neuf selles. Le malade tousse un peu, ne souffre nulle part. (Prescription *ut supra.*)

Le 22. Un peu de délire la nuit; pouls à 104. Le reste *ut supra.* (1 potion avec tartre stibié, 40 centigrammes; diète.)

Le 23. État précédent; le malade tousse un peu. M. Richet, voyant une alèze sur le lit du malade pour l'expectoration, interroge le malade, qui dit qu'il a toujours toussé un peu, qu'il n'y faisait pas attention. M. Richet percute et ausculte, et trouve de la matité et du souffle dans la fosse sous-épineuse droite. Pas de délire, pas de frisson; bon sommeil la nuit dernière. (Pectorale-gomme, pâte de lichen, un large vésicatoire au thorax; diète.)

Le 24. Pouls, 120, peu développé; peau chaude, sueurs abondantes, sudamina, pas de frisson; la plaie a moins suppuré aujourd'hui; même pansement. Le malade tousse toujours un peu, ne se plaint d'aucune douleur, rejette sur son alèze quelques crachats blancs mousseux. Matité considérable au poumon droit, souffle fort et étendu; langue sèche, soif vive. Le malade est pâle, d'une pâleur jaunâtre; il a eu le délire toute la nuit, délire assez calme. (Pectorale, 2 pots; limonade vineuse, 1 pot; pâte de lichen; vin de Bagnols, 150 gram.; 1 potion cordiale; diète.)

Le 25. Pouls, 136, faible, un peu irrégulier; visage pâle, abattu; délire la nuit et le matin; point de réponse aux questions; langue sèche, plaie presque sèche. A la fin du pansement, une syncope dont on parvient à le tirer; puis il retombe de nouveau, et succombe une demi-heure après.

Autopsie vingt-quatre heures après la mort.—Le temps est à l'orage, il pleut; la température de l'atmosphère est fraîche. Le cadavre ne présente aucune trace de putréfaction. Plaie large, un peu suppurante, qui s'étend jusqu'aux insertions du grand pectoral. Les os ne sont pas altérés.—Thorax. Dans toute la partie antérieure, les poumons sont sains; là ils sont gris, striés de noir, élastiques, n'adhérant point aux plèvres. A la partie postérieure et moyenne, le poumon droit est rouge, augmenté de volume, friable, laissant écouler, quand on l'incise, un liquide spumeux rougeâtre; une portion enlevée à ce niveau ne surnage pas dans l'eau. Dans le reste de son étendue, ce poumon et toute la partie postérieure du poumon gauche sont rouges noirâtres, gorgés de sang, mais non friables. La muqueuse de la trachée est rouge, injectée par plaques; les bronches et leurs ramifications sont très-fortement injectées, de couleur violacée; un liquide spumeux dans ces tuyaux. Trois cuillerées environ d'un liquide jaune, limpide, dans la cavité de la plèvre droite, qui est fortement injectée près du trèfle aponévrotique du diaphragme. — Cœur d'un volume normal, d'une flaccidité remarquable, très-pâle, se laissant déchirer facilement. Point de caillot dans aucune cavité. — Rien de particulier dans le foie, dans la rate. — Reins pâles et mous; les muscles se déchirent à la moindre traction. — Cerveau. Membranes épaissies sur le sommet, arachnoïde un peu lactescente, pie-mère n'adhérant pas très-sensiblement à la substance cérébrale. Celle-ci est de consistance faible, normale, ne présentant rien de particulier, si ce n'est un peu de piqueté dans le centre ovale, surtout du côté gauche. Rien à noter dans les ventricules ni dans les autres parties de l'encéphale.

M. Richet n'a pas encore émis son opinion sur la nature de l'altération du poumon droit; mais il attribue la mort de son malade à l'éther. Il nous a dit que l'interne, M. Senet, qui a recueilli l'observation, a présenté les pièces à la Société anatomique, comme appartenant à des altérations, suites de bronchite capillaire.

OBSERVATION XXV. — Anne Parkinson, affectée d'un cancer de la cuisse, opérée le 9 mars par M. Robbs, de Grantham (Lincoln), morte quarante heures après l'opération (*Lond. med. gazette*).

Anne Parkinson, âgée de vingt et un ans, mariée depuis un an neuf

mois, mère d'un enfant de neuf mois, qu'elle nourrit pendant trois
«Elle était ce qu'on appelle une femme très-délicate, sujette à prendre
froid à la moindre occasion;» mais d'ailleurs bien portante.

Un an avant l'opération, la tumeur, qui était située à la cuisse, plus
près du tronc que du genou, était du volume d'un œuf, et ne fit que
s'accroître. Durant la grossesse et l'allaitement, point d'autre trouble
de la santé que l'affection cancéreuse, siége de douleurs si vives,
que la malade ne marchait, ne s'asseyait, ne dormait qu'avec beaucoup de peine.

Le soir du 6 mars, M. Robbs fit respirer l'éther à Anne Parkinson,
pour voir quel effet cet agent produirait sur elle. La malade, éthérisée,
rit beaucoup; on la pinça vigoureusement. Quand elle revint de l'influence de l'éther, elle dit qu'elle se trouvait dans un état tout à fait
comfortable, et qu'elle avait conservé toute la «conscience d'esprit,»
qu'elle ne sentait pas, mais qu'elle savait qu'on la pinçait; cela ne lui
causait aucune douleur. Les inhalations durèrent environ dix minutes,
et leurs effets persistèrent deux heures et demie; durant ce temps
elle était hystérique.

Le soir du lundi suivant, elle fut de nouveau soumise à l'éther, dont
l'action fut beaucoup plus rapide. La malade perdit complétement
conscience en peu de temps, en quatre ou cinq minutes. Elle resta
ainsi quinze ou vingt minutes; alors elle se réveilla, mais elle se ressentit encore de l'influence de l'éther pendant une heure environ. En
reprenant connaissance, elle dit qu'elle savait tout ce qui s'était passé
dans la chambre, quoiqu'elle parût n'avoir conscience de rien; qu'elle
entendait, mais qu'elle ne voyait pas. Cette fois elle n'eut pas d'accès
hystérique.

On convint du lendemain, 9 mars, pour l'ablation de la tumeur.
Elle sembla être dans son état de santé habituel dans l'intervalle des
inhalations du samedi et du lundi; sur la question si elle se trouvait
comme à l'ordinaire, elle dit qu'elle avait la tête lourde, ce qu'elle
attribua à ses rires excessifs pendant qu'elle était sous l'influence de
l'éther.

Le soir du lundi et le matin du mardi, elle se montra toujours dé-cidée à l'opération. Celle-ci est pratiquée à une heure par M. Robbs, assisté de trois confrères. L'éther est administré par l'un d'eux, au moyen d'un appareil consistant dans un globe en verre et un tube fait pour s'adapter à la bouche. Au bout de dix minutes environ, Anne Parkinson a perdu conscience; alors on procède à l'ablation de la tumeur. Elle parut sentir la première incision, car elle fit entendre un profond gémissement; là-dessus l'éther est de nouveau administré, mais le témoin ne pense pas que ce fût plus longtemps que la pre-mière fois (tous ces détails sont empruntés à la déposition de la belle-sœur d'Anne Parkinson devant le jury, qui a cité à son tribunal M. Robbs, la rumeur publique ayant été excitée par la mort de la malade). L'opération fut continuée pendant les deuxièmes inhala-tions.... (l'éther a été administré pendant quarante minutes, *The Lancet,* 9 avril). Anne Parkinson était couchée sur le ventre du-rant toute l'opération; elle gémit et semblait sentir, car elle s'agi-tait et serrait la main du témoin ; mais elle ne parut rien sentir quand on lia les vaisseaux. L'opération dura une heure moins cinq minutes, en comptant jusqu'au moment où la malade fut mise au lit. Elle avait pris un peu d'eau-de-vie avec de l'eau avant l'opération; après, elle en prit encore et un peu plus. Il ne parut pas qu'elle eût perdu beau-coup de sang, et, quand elle fut au lit, elle était comme si elle avait repris sa connaissance. Peu de temps après, elle prit un peu de décoc-tion de gruau, dit qu'elle se sentait mieux ; mais elle le dit d'une voix très-basse et faible. Elle ne parut pas se relever de cet état.

Le lendemain, M. Robbs prescrivit une légère décoction de gruau et un peu de thé.

Mercredi, elle se plaignit d'engourdissement dans les deux jambes et dans la partie postérieure du dos ; M. Robbs ordonne de l'entourer de bouteilles chaudes, mais elle n'est pas soulagée. Le témoin lui demanda si elle avait souffert pendant l'opération ; elle dit qu'elle sen-tait qu'on coupait, mais non autre chose (point de douleur).

Jeudi, à cinq heures du matin, elle mourut sans pousser un soupir. Depuis le moment de l'opération jusqu'à celui de la mort, elle n'a jamais fait un mouvement de ses propres forces; mais, quand c'était nécessaire, elle était aidée par le témoin. Elle a semblé avoir conservé pleine connaissance jusqu'à la mort. (Presque tout est littéralement traduit.)

Déposition de M. William Eaton, chirurgien de Grantham, chargé de faire la nécropsie d'Anne Parkinson.

« Le témoin a trouvé à la cuisse gauche une plaie, longue d'environ six pouces, réunie par des sutures, paraissant résulter d'une opération récente. En l'examinant de près, il n'a point observé qu'un nerf ou un vaisseau volumineux ait été lésé. Il y avait quatre ligatures appliquées à des artérioles; rien dans la plaie qui indiquât une prompte désunion. L'opération semble avoir été exécutée aussi bien que possible. Le chirurgien examina d'abord la poitrine, et n'y trouva rien d'anormal. Les poumons étaient sains, mais congestionnés dans leurs parties postérieures, ce qu'il attribue au décubitus du corps. Le cœur était sain, mais paraissant flasque, et contenait moins de sang que d'ordinaire. L'estomac renfermait un peu de liquide, de coloration grisâtre, apparemment de l'eau de gruau; il avait l'air sain; comme les poumons et pour la même cause, il était un peu congestionné à sa partie postérieure. Le foie était du volume habituel, mais plus pâle et d'une structure moins ferme. La rate était saine et dans l'état naturel; de même les intestins. Le cerveau était tout à fait sain, *sauf une légère congestion dans la partie supérieure des membranes des lobes postérieurs.* Il y avait de l'épanchement dans les ventricules. *Le sang, en général, semblait plus fluide qu'il ne l'est habituellement.* Selon l'opinion du témoin, la mort a été causée par l'administration de l'éther. »

« *Le coroner :* « Si une personne est soumise à l'éther, dans le cas d'une opération, l'ébranlement de l'économie sera-t-il plus grand que d'ordinaire ? En résulte-t-il deux ébranlements dont il faut se relever ? — Il est double, l'un venant de l'opération, et l'autre venant de l'éther. Il n'y avait point de travail de réparation apparent dans la plaie, point de lymphe épanchée à sa surface ; l'état du corps était le même que celui qu'on a constaté dans un autre cas où l'emploi de l'éther a été suivi d'effets funestes (celui de Thomas Herbert, opéré par M. Nunn). Il n'attribue la congestion de la membrane du cerveau à aucune autre cause qu'à l'administration de l'éther ; il présume que l'acide prussique et l'éther ont le même effet sur le cerveau. L'extérieur du corps annonçait celui d'une femme jeune et bien portante, mais délicate. L'ébranlement causé par l'opération n'a pas amené la mort. La décédée ne semblait pas devoir succomber à une pareille opération. La tumeur était une tumeur dite ostéo sarcomateuse, de nature maligne, capable de détruire la vie ; toutefois il pense qu'elle n'est pas arrivée à un point où elle aurait pu occasionner la mort. L'opération n'était pas telle que la santé générale dût courir des dangers... »

OBSERVATION XXVI. — *Lithotomie par Roger S. Nunn (Essex and Colchester hospital).*

Thomas Herbert, âgé de cinquante-deux ans, maigre et pusillanime, ayant le pressentiment de sa mort.

Inhalations pendant sept à huit minutes ; alors on commença l'opération, et les vapeurs furent administrées par intervalles. La respiration était quelque temps gênée, stertoreuse ; les lèvres livides. Le malade ne montra aucune marque de souffrance. L'opération fut difficile, la vessie étant *relâchée,* et retombant sur la petite pierre qu'on voulait saisir. Elle dura, pansement compris, dix minutes. (On lia quelques vaisseaux disposés à donner, immédiatement après le retour du malade au lit, de sorte qu'il ne perdit pas beaucoup de sang ; on a cependant évalué cette perte à une pinte ; je ne saurais plus dire où.)

Le malade se réveilla peu de moments après la fin de l'opération. Il resta calme, dans un état de passibilité qu'aucune réaction décidée ne troubla pendant vingt-quatre heures. Au bout de ce temps, grand frisson qui dura vingt minutes. 60 grammes d'eau-de-vie, étendus de

60 grammes d'eau, avaient été prescrits pour stimuler le malade; on les prescrit encore après les premières vingt-quatre heures, et une potion ammoniacale pour être prise alternativement avec la potion alcoolique. Bouteilles chaudes et arrow-root en sacs autour du malade; injections stimulantes.

Plus de calme pendant quelque temps, puis collapsus. Délire pendant vingt-quatre heures, du 13 au 14. Alors, réaction apparente; pouls fréquent. Le malade s'affaiblit de plus en plus, et meurt le 14, à cinq heures de l'après-midi, c'est-à-dire une cinquantaine d'heures après l'opération.

Autopsie soixante-sept heures après la mort. — Congestion des membranes du cerveau, qui est ferme.

Cœur flasque, *presque vide*; poumons congestionnés en arrière.

Rein gauche pâle; rien de particulier du côté des organes génito-urinaires.

Sang fluide dans tout le corps.

Le chirurgien pense que l'éther a empêché la réaction de se produire par un ébranlement ajouté à celui qui est résulté de l'opération elle-même.

OBSERVATION XXVII. — Albin Burfitt, âgé de onze ans, d'une bonne constitution, pris dans une machine de moulin. Il y avait fracture simple de la cuisse droite, et fracture de la cuisse gauche, compliquée d'une grande dilacération des parties molles (*with great dilaceration of the soft parts*). L'amputation de cette cuisse gauche est pratiquée treize heures après l'accident. «Nous n'eûmes aucune crainte en ce moment relativement à la mort du malade, comme résultat probable des lésions éprouvées ou de l'opération. Sans doute, le système nerveux avait reçu un grand choc; mais comme il n'y avait eu qu'une perte de sang médiocre, qu'une réaction vive s'était établie, qu'aucun organe essentiel ne paraissait avoir été lésé, comme le petit garçon était tout à fait sensible, et avait montré un grand courage et une grande patience dans ses souffrances, nous trouvâmes qu'il y avait dans l'organisme des forces suffisantes pour le soutenir dans l'opération. La question de l'emploi de l'éther fut décidée, après mûre considération. Inhalations pendant trois à quatre minutes ; l'enfant jette un cri violent quand on fait l'incision circulaire. Inhalations reprises pendant deux à trois minutes. L'insensibilité est complète durant le reste de l'opération, dans laquelle le malade perd fort peu de sang (*in which loss of blood was most trifling*).

« L'opération terminée, notre embarras et notre inquiétude commencèrent, car notre opéré était dans un tel état d'épuisement et d'apparente ivresse (1) que nous jugeâmes sa vie en danger, et nos craintes ne furent que trop pleinement réalisées ; car, en dépit des soins les plus attentifs, il succomba en moins de trois heures à compter de l'opération. L'état du cerveau, durant ce temps, était particulièrement fâcheux. Il y avait alternativement excitation et dépression des facultés sensorielles ; tantôt comme du délire, tantôt comme un commencement de syncope, et d'un autre côté, comme une violente ivresse (*violent intoxication*). Ces conditions alternatives ne cessèrent qu'avec la vie du pauvre garçon. » (*Dublin med. press*, **21** april ; Willot Eastment.)

L'autopsie n'a pas été faite ; nous ne la regrettons pas très-vivement, car elle n'aurait révélé rien qui ne pût être prévu. Mais nous regrettons que l'on n'ait pas dit de quelle nature étaient les soins donnés à l'amputé (2).

---

(1) Il y a ici une ivresse, une réaction consécutive évidente. L'éthérisation n'a été ni longue ni profonde ; si elle avait été plus hyposthénisante, peut-être la réaction mortelle n'aurait pas eu lieu. (Note de l'auteur.)

(2) Dans les observations empruntées aux journaux anglais, excepté celle de M. Robbs, les faits ne sont pas exposés dans le même ordre que dans le texte anglais ; j'en avais fait le relevé à une époque où je ne comptais pas les publier, et j'avais trouvé commode de réunir sous des titres (inhalations, effets, etc.) tout ce qui, épars dans le texte, pouvait se réunir. Du reste, les détails importants sont littéralement traduits.

CHAPITRE XVII.

EXAMEN DE QUELQUES QUESTIONS D'UNE GRANDE IMPORTANCE
PRATIQUE.

1° *De l'action secondaire de l'éther.*

Toutes les observations rapportées démontrent surabondamment
l'influence de l'âge, du sexe, des conditions générales, en un mot, de
la force de résistance des individus sur les effets de l'éther. Qu'il
me soit permis de traiter ici de l'action secondaire de l'éther.
Je n'ai fait que l'effleurer dans le courant de cette étude, parce qu'il
m'a semblé qu'après avoir donné les observations, je serais mieux
compris ; j'en traiterai surtout sous le rapport pratique.

J'ai déjà dit ailleurs, et particulièrement dans les remarques sur
mes propres expériences, qu'une ivresse éthérée de courte durée
non-seulement n'affaiblissait pas l'organisme, mais qu'elle l'excitait,
qu'elle imprimait aux fonctions une activité notable. J'ai dit aussi que
l'ivresse éthérée prolongée abattait l'énergie vitale : de là un besoin
de repos, de sommeil ; la prostration est bien plus grande encore, si
l'éther agit sur l'estomac, amène des nausées et des vomissements.
Dans ce cas, point de phénomène d'excitation, pas plus que dans une
période avancée de l'ivresse alcoolique. La même chose peut avoir
lieu pour un sujet faible, après une éthérisation de courte durée. Ces
données sont pleinement confirmées par les observations que j'ai
rapportées et par les faits de tous les jours.

Examinons, en effet, ce qui se passe depuis le moment du collapsus
jusqu'à l'époque (24, 48 heures) où il n'y a plus de vapeurs dans
l'économie.

On peut diviser les sujets éthérisés en trois catégories ; des individus placés dans l'une présentent une partie des caractères propres à des individus de la catégorie voisine.

1° Sujets chez lesquels l'éthérisme est suivi d'une réaction plus ou moins vive (ivresse de retour) : ce sont les cas les plus nombreux, comme on sait. Si je renvoie tout à l'heure aux observations rapportées, c'est pour rappeler des exemples ; qu'on ne veuille donc rien conclure des chiffres.

2° Sujets qui ne présentent point d'excitation apparente ni de prostration, et qui souvent se réveillent de l'éthérisme comme d'un profond sommeil.

3° Sujets qui offrent une prostration, une stupéfaction plus ou moins persistante, et qui peut se terminer par la mort.

Dans la *première catégorie*, l'éther a une action secondaire excitante. Ici, qu'observons-nous ? le sujet est robuste, l'éthérisme est profond, mais de courte durée (obs. 1), ou prolongé, mais superficiel ; le sujet est faible, mais l'éthérisme était dans les conditions précédentes (obs. 6, 7, 18, 27). Dès qu'une certaine quantité de vapeurs s'est échappée du torrent circulatoire, l'organisme réagit vivement contre la cause perturbatrice. De là l'ivresse de retour avec tous ses divers phénomènes, du côté du cerveau, du système locomoteur, de l'estomac (1), de la sensibilité, etc. Chez l'homme sain, point de suites fâcheuses de ces troubles, s'ils ne sont pas fréquemment renouvelés ; au contraire, l'excitation momentanément exagérée fait place à une excitation moins vive, utile à l'organisme et en rapport avec la présence d'une certaine quantité de vapeurs dans le sang ; elle n'existe pas en apparence, mais si on fait bien attention, on constate une plus grande activité des fonctions de la circulation, des

---

(1) Les vomissements qui surviennent après le coma, ainsi que ceux qui ont lieu durant l'éthérisme (cas bien remarquable de M. Rigaud, obs. 23), peuvent dépendre de l'action tardive de l'éther sur l'appareil nerveux de l'estomac, mais le plus souvent ils doivent dépendre de l'ébranlement général de l'économie c'est-à-dire de l'*action secondaire* de l'éther.

fonctions digestives, de l'action musculaire. Des accès hystériques, que les femmes y soient sujettes ou non, surviennent volontiers chez elles pendant les trois jours qui ont suivi l'éthérisation.

Chez les individus opérés, les phénomènes ne diffèrent de ceux des individus sains que par ce qui tient à leurs conditions mêmes : ainsi l'opéré souffre vivement pendant quelque temps dans sa plaie (obs. 6); physiquement et moralement relevé par les vapeurs d'éther, il a de l'appétit, et il goûte, à la première nuit, et sans le secours d'un opiacé, un sommeil que depuis longtemps il n'avait plus goûté (il faut ici faire encore la part de la suppression des douleurs que causait le mal enlevé). L'éthérisation a-t-elle été faite pour combattre une affection convulsive, ou pour une opération nécessitée par un accident, le blessé offrant un état de bonne santé, la réaction éthérée se joint aux conditions pathologiques, et la mort peut en être la suite, si l'art ne parvient pas à la modérer (obs. 7, 18, 27).

La *deuxième catégorie* ne diffère de la catégorie précédente que par l'absence de la vive excitation de retour. Les sujets se réveillent comme d'un profond sommeil, et l'ivresse éthérée est si passagère, que s'ils ne marchent pas, si on ne les fait pas parler, on ne s'aperçoit pas de l'ivresse consécutive ; les sujets opérés ne souffrent pas de leur plaie pendant plusieurs heures, et quand elles surviennent, leurs douleurs sont très-modérées. L'action de l'éther se prolonge comme celle d'un opiacé, et procure un sommeil bienfaisant après l'opération, et souvent un calme insolite, la première nuit qui la suit (obs. 9). Du reste, le pouls s'est relevé, et les fonctions activées chez les sujets sains comme chez les sujets opérés de cette catégorie. Dans les deux, les plaies se réunissent souvent par première intention, ou marchent rapidement vers la guérison.

Troisième catégorie. Après une éthérisation de longue durée chez des sujets quelconques, après une courte éthérisation de sujets faibles, on ne les voit point réagir comme d'ordinaire. N'ont-ils point subi d'opération, ou celle-ci a-t-elle été insignifiante, peu à peu ils reviennent du coma, qui peut se prolonger plusieurs heures (observ. 3, 10). C'est parmi ces cas qu'il faut ranger celui que Brande a rapporté dans son journal (1818) et celui de Christison (*On poisons*). Le sujet a-t-il subi une opération, il résiste quelquefois à la prostration ; d'autres fois les effets de l'opération et de l'affaiblissement antérieur à elle s'ajoutent à ceux de l'éther, et il succombe plus ou moins longtemps après l'éthérisation (obs. 14, 19, 20, 23, 25, 26). Dans ces cas, donc l'action secondaire de l'éther a causé ou hâté la terminaison fatale.

Ainsi l'éther, à mon avis, possède, comme tout excitant et comme l'opium, deux propriétés très-différentes, selon la dose administrée, selon la force de l'individu. Il a une action secondaire stimulante, et de cette façon, tonique, si l'éthérisme est de courte durée ou superficiel ; il est débilitant et stupéfiant, s'il est donné dans des conditions différentes. Notons bien, toutefois, qu'il en reste dans le sang pendant un, deux, trois jours.

2° *Ivresse éthérée comparée à l'ivresse alcoolique.*

Les analogies et les différences de ces deux sortes d'ivresse peuvent être maintenant mieux établies ; je vais les constater.

En voyant un homme avant ou après le narcotisme éthéré, on ne pourrait certainement pas décider, sans l'odeur de l'haleine, s'il a été enivré avec de l'alcool ou avec l'éther. Si ce que j'ai appelé dans ma division pratique, nullement physiologique, *ivresse éthérée initiale*, manque souvent, c'est que le sujet a été plongé rapidement dans le coma. Le coma éthéré ne diffère pas de l'état d'un homme ivre-mort. L'éthérisation a-t-elle été longue ou profonde, relativement à la force du sujet de l'expérience, le coma éthéré, qui n'est qu'un degré plus avancé de l'*ivresse initiale*, se termine par un affaissement général et par des phénomènes correspondants à ceux qui suivent une ivresse alcoolique portée très-loin. Chez un grand nombre de sujets, on observe une céphalalgie plus ou moins opiniâtre, comme après l'ivresse alcoolique ; chez ceux dont le système nerveux est irritable, une folie partielle, un délire furieux, ou une agitation convulsive, comme chez les *ivrognes de profession*. Notons cette action remarquable de l'éther sur les centres nerveux. Rapide et énergique, elle produit assez souvent les troubles les plus variables, quelquefois les plus singuliers : ce sont les phénomènes très-passagers d'aliénation mentale, ceux d'un accès d'hystérie, d'épilepsie, de catalepsie, d'éclampsie, d'une sorte de somnambulisme, etc. On n'a pu observer l'action de l'alcool sur des sujets aussi nombreux, aussi divers; mais on en connaît l'action d'après les ivresses qu'on voit tous les jours. On sait que l'abus des boissons spiritueuses joue un grand rôle dans les aliénations mentales. Chose digne d'attention, dans une seule et même expérience, comme après une première éthérisation, on éprouve une *soif* irrésistible de nouvelles doses d'éther (1); on les aspire avec un sentiment de délices qu'il faut avoir éprouvé pour le concevoir : plusieurs médecins ont fait la même remarque. Ainsi ce n'était pas ma faute si je ne m'éthérisais pas quatre, cinq fois de suite. Après la troisième ou la quatrième expérience, je me rendais aux représentations des assistants; mais m'étant éthérisé un jour quand je me trouvais seul, je fus entraîné irrésistiblement à répéter l'expérience pendant plusieurs heures jusqu'à ce que je fusse fatigué, dégoûté de l'éther. On est pris d'une vraie monomanie éthérique. J'ai rencontré, dans un journal anglais dont je regrette de n'avoir pas pris note, l'observation d'un homme du monde qui eut bientôt une passion invincible pour l'éther; il en usa si bien que ses facultés intellectuelles en furent gravement altérées. Sourd aux avis, et sachant toujours se procurer une dose d'éther,

_____

(1) Il en est de même chez les hommes adonnés aux boissons alcooliques; un fait analogue, purement physiologique, est exprimé par le proverbe : l'appétit vient en mangeant. Un homme qui consomme de l'éther, de l'alcool, en excès, le fait aussi instinctivement que celui qui fait un repas copieux. Le mal est dans l'empire de l'homme brute sur l'homme raison. Le sage praticien applique tous les jours le proverbe cité, en ordonnant l'alimentation aux personnes dont l'estomac est devenu paresseux à la suite d'une longue diète.

il fallut enfin que sa famille le séquestrât : au bout de quelques jours, il était guéri de sa folie et de sa passion.

En résumé, l'éther agit sur le système nerveux en général et sur le cerveau en particulier, à l'instar des liqueurs alcooliques. Pourquoi en serait-il autrement ? On sait bien que l'éther ne diffère chimiquement de l'alcool que par un atome d'eau ; ceux qui prétendent que ces deux corps agissent identiquement sont donc fondés à le prétendre.

Malgré ces analogies, il y a entre les ivresses éthérée et alcoolique des différences importantes ; elles sont en rapport avec la constitution physique différente des deux agents. L'éther, liquide très-volatil, est introduit dans l'économie, en est éliminé sous forme de vapeurs ; l'alcool est absorbé comme liquide, et est éliminé, excepté une fort petite quantité, comme liquide, et par suite, bien plus lentement que l'éther. A poids égal, l'éther a une action plus énergique que l'alcool, mais il occupe un grand volume ; cette propriété, et la rapidité avec laquelle l'éther est absorbé et éliminé, permettent aux chirurgiens d'en arrêter ou d'en augmenter les effets primitifs presque à volonté.

On sait qu'il n'en est pas ainsi de l'alcool. De ces conditions physiques d'absorption et d'élimination résulte une différence énorme entre les phénomènes produits par l'alcool et par l'éther, quant à leur intensité, leur marche, leur durée, leur gravité, la rapidité avec laquelle ils surviennent. Ce qui distingue surtout l'action de l'éther, c'est qu'elle amène une insensibilité et un coma profond, suivis d'une réaction réparatrice du mal causé, et qu'elle est susceptible d'être graduée, entretenue sans danger pendant plusieurs heures. Rien de pareil pour l'action de l'alcool. Nous avons vu l'éther donner lieu à une hyposthénie plus ou moins grave, comme fait l'alcool à haute dose ; mais alors il faut en accuser le mode d'inhalation employé, point sur lequel je reviendrai bientôt.

D'après tout cela, ceux-là n'ont-ils pas raison qui soutiennent que l'éther n'agit pas comme l'alcool ? Il est facile de voir qu'ils ne

27

considèrent qu'une partie des faits ; qu'en définitive il ne s'agit que du plus au moins. L'éther, à dose égale, exerce une action plus énergique ; il excite, puis stupéfie plus rapidement et plus profondément le tissu nerveux: cette propriété stupéfiante le rapproche des narcotiques. D'un autre côté, il emprunte à sa constitution physique une fugacité d'action qui l'éloigne de l'opium et de l'alcool; de là ces conclusions pratiques d'une grande importance : les inhalations éthérées bien appliquées sont moins dangereuses qu'une ivresse alcoolique, 2° elles peuvent remplacer les stupéfiants.

3° *Application de l'action secondaire de l'éther.*

De l'action excitante, puis sédative et hyposthénisante de l'éther, selon la dose administrée, résulte cette conséquence : éthérisez légèrement, si vous voulez produire des effets stimulants ; éthérisez avec persistance, si vous devez combattre les effets d'une excitation, de quelque source qu'elle vienne (agitation, convulsions, provoquées ou non par l'éther). Quel médicament antispasmodique est comparable à l'éther, pour sa rapidité d'action, pour la facilité de son administration? Des sujets vigoureux peuvent être plongés dans un éthérisme profond, sans inconvénient pour les suites; même ils doivent l'être, pour n'être pas exposés aux dangers d'une agitation convulsive ou autre. Éthérisez ces sujets avec un appareil qui leur administre en peu de temps un air saturé, mais non sursaturé de vapeurs d'éther. Si, au contraire, vous avez à redouter une hyposthénie consécutive, et c'est le cas des sujets bien affaiblis ou qui ont à subir une opération longue et débilitante par elle-même, éthérisez superficiellement ; donnez juste ce qu'il faut pour maintenir l'insensibilité : quelques inspirations de vapeurs en excès sont capables d'affaisser l'organisme au point qu'il ne s'en relève plus. Le malade est certainement moins fatigué par une éthérisation rapide, l'insensibilité étant maintenue un temps égal, que par une éthérisation lente, qui produit d'abord nécessairement des phéno mènes d'excitation. Chez les sujets faibles, il y a donc indication d'une éthérisation prompte, mais d'un éthérisme superficiel. Les faits cliniques de M. Sédillot sont, sous le rapport de la question que je traite, aussi instructifs qu'intéressants; ils sont d'ailleurs très-nombreux. On se demande, au contraire, comment l'éthérisation a été pratiquée dans quelques-uns des cas où elle a été suivie d'un coma mortel (obs. 19, 20). Il n'est pas facile de *bien* éthériser; il y a éthérisme et éthérisme, malade et malade. Quand on a été témoin de l'empirisme avec lequel on a administré l'éther, on s'étonne qu'on n'ait pas à déplorer un nombre infini d'accidents, et on arrive à cette conclusion que l'éthérisation est en somme bien innocente, infiniment plus innocente que la piqûre de la lancette.

4° Causes véritables de la mort survenue dans les cas rapportés au nombre de 14.

Eliminons de suite les sujets des observations 15 et 16, qui sont évidemment morts du fait de l'opération qu'ils ont subie.

Pour le malade de M. Piedagnel (obs. 17), nous le voyons éthérisé trois jours de suite, et précisément de façon à exciter vivement les centres nerveux. Si l'affection s'était développée immédiatement après la troisième éthérisation, la cause de la mort serait évidente; mais il continue de manger pendant sept ou huit jours, puis l'arachnitis se manifeste. Quand, après des milliers d'éthérisations, on a si rarement observé des inflammations des centres nerveux, on se demande la part que l'éther a eue ici dans les accidents nerveux. Il faut convenir que le malade y était bien prédisposé, comme ceux chez lesquels on les aurait vus apparaître huit jours après une ivresse alcoolique.

Le malade de M. Roux (tétanos, obs. 18) pouvait certainement succomber rapidement aux accidents tétaniques seuls; mais il est facile de se convaincre que l'éther a hâté la terminaison funeste, en ajoutant à l'irritation convulsive.

Les malades des observations 19 et 20 ont évidemment succombé à l'hyposthénie persistante, due à une éthérisation excessive ou tout à fait contre-indiquée.

Obs. 21. Il est assez curieux de noter que, dans ce cas, M. Jobert a bien voulu attribuer la mort à l'éther, qui cependant n'a pas produit le moindre des phénomènes ordinaires, pas même un mouvement de toux. Depuis quand un agent chimique, physique, développe-t-il des inflammations sans avoir agi? Il est vrai que, le 14 janvier 1847, dans un amphithéâtre de chirurgie, et au lit n° 64 de la salle Saint-Augustin, un malade ne saurait être pris de bronchite; des morceaux d'agaric appliqués sur la plaie sont incapables de produire un érysipèle; un vaste érysipèle ambulant ne produit pas un *trouble nerveux indéfinissable,* etc. Remarquons aussi que bien peu d'éther a dû être absorbé, puisqu'il n'y a pas eu d'attaques d'hystérie chez cette femme, qui y était sujette.

Obs. 22. Voilà une femme chétive, scrofuleuse, qui subit l'amputation de cuisse; *au deuxième temps de l'opération, elle roidit son membre et pousse des cris inarticulés.* Elle *souffre* quand elle est arrivée au lit. Elle a été, du reste, éthérisée au bout de quatre à six minutes, et n'a pas toussé. Il est vrai qu'elle tousse un peu deux jours après (28 janvier); ce même jour, elle va bien d'ailleurs. Dix jours après l'opération, survient le tétanos; la femme succombe. Elle présente un ramollissement de la moelle, qui est là fort à propos pour expliquer les phénomènes tétaniques. Il y a de la sérosité dans les ventricules du cerveau, des injections des membranes et de la substance nerveuse, etc. D'où il faut conclure, quoi? tout au plus, sans doute, que l'éther a contribué peut-être à la myélite, comme il a contribué à l'arachnitis de la malade de M. Piedagnel. Pas du tout: l'éther a *irrité les bronches, irrité l'arbre nerveux en général, et la moelle épinière en particulier.* C'était la conclusion de M. Jobert. Elle eût été assurément différente, si le chirurgien de Saint-Louis avait suivi les faits dans leurs détails; ces détails sont si précis, que je me serais dispensé d'y revenir ici, si ces cas de mort observés par M. Jobert, et attribués à l'éther, n'avaient pas fait tant de bruit. Je ne sais pas pourquoi on a dit et répété de toutes parts que cette femme est restée après l'opération dans un collapsus qui a duré trois heures. Il est possible qu'on ait pris pour collapsus un bon sommeil ; mais l'assoupissement, s'il a existé, ne serait guère en rapport avec l'irritation bronchique déterminée par l'action directe des vapeurs d'éther. (Voy. *Journal des connaissances médico-chirurg.*, avril 1847.)

Obs. 23. C'est un vieillard de soixante-treize ans, éthérisé pour la réduction d'une hernie étranglée, affecté depuis longtemps de bronchite chronique et d'accès d'asthme. Le troisième jour après la réduction, il succombe à un de ces accès. Selon M. Rigaud, l'éther a ranimé la bronchite chronique et provoqué le retour d'un accès d'asthme. Sans doute, l'éthérisation n'a pas été très-profonde, puisqu'il y avait trismus ; mais il s'agit d'un vieillard cacochyme, facile à hyposthéniser. Si l'asthme eût été nerveux, je serais disposé à croire que l'action excitante consécutive de l'éther a provoqué l'accès. Il est plus probable que l'asthme était symptomatique de la bronchite. Ne suffisait-il pas que ce vieillard de soixante-treize ans fût quelques jours au lit pour être asphyxié par son catarrhe ? En tout cas, l'éther n'a pu faire passer la bronchite chronique à l'état aigu ; nous connaissons plus d'un cas pareil où cela n'a pas eu lieu, et le malade de M. Rigaud n'a pas inspiré des vapeurs irritantes.

Obs. 24. Une désarticulation du *bras droit,* chez un homme affaibli et qui perd du sang jusqu'à risquer une mort immédiate, le bon état du malade les premiers jours qui suivent l'opération, les fusées purulentes et le siége de la *lésion* pulmonaire du *côté droit,* sur lequel le malade a dû s'incliner..., cela me suffit pour déclarer qu'il a succombé à un affaiblissement général étranger à l'éther, qui a amené une *pneumonie* hypostatique, et qu'il faut vouloir faire agir l'éther pour tout et malgré tout, si l'on prétend qu'il a succombé à une *gangrène* ou à une *bronchite capillaire.*

Obs. 25. J'admire l'anatomo-pathologiste anglais, M. William Eaton, qui ne saurait attribuer la légère congestion de la membrane du cer-

veau à aucune autre cause que l'administration de l'éther. Peu importe! Anne Parkinson, éthérisée longtemps, mais peu profondément,
hyposthénisée de plus par une potion d'eau-de-vie, me paraît s'être
éteinte au milieu de la faiblesse due en grande partie à l'éther.

Obs. 14. C'est à côté du cas précédent et du suivant qu'il faut
ranger la malade de M. Velpeau. Notons que c'est une asthmatique
dans de mauvaises conditions.

Obs. 26. Le malade est dans de mauvaises conditions générales,
subit une opération grave, perd du sang. On *l'éthérise de nouveau
avec des potions d'alcool et d'ammoniaque :* c'est plus qu'il ne faut
pour qu'il succombe promptement à l'hyposthénie.

Obs. 27. Les conditions générales d'Albin Burfitt sont bonnes; il
ne subit pas une éthérisation trop longue; évidemment, il succombe
à l'ivresse de retour, à l'action de l'éther sur l'organisme, profondément
atteint par la fracture et par l'amputation.

Obs. 28. Le *Medical times* (mars) n'a fait que citer le cas d'un malade
amputé du pied, mort vingt-quatre heures après l'éthérisation et à
la suite d'un coma continu. Il est à placer à côté des malades des observations 19 et 20, et constitue un quinzième cas de mort attribuée
à l'éther.

Voilà donc, en définitive, sur 15 cas de mort survenue après
l'éthérisation, 9 où celle-ci nous semble avoir une part manifeste
dans la terminaison funeste plus ou moins prématurée, comme cause
excitante dans deux cas (obs. 18, 27), comme cause hyposthénisante dans les autres (obs. 14, 19, 20, 23, 25, 26 et 28). Mais quelle
est encore cette part? Entendez-vous les cris de terreur et aussi de
triomphe d'un certain nombre de médecins? A les entendre, l'éther a
tué, c'est leur mot, plus d'un malade; et ils vous citent d'abord les faits
de M. Jobert, puis les cas de tétanos de M. Roux, et Anne Parkinson, et
Thomas Herbert, et la gangrène pulmonaire de l'amputé de M. Richet...
S'ils nous font l'honneur de nous lire, ils citeront peut-être encore
tous les cas de mort rapportés. Mais demandez à ces esprits timorés
s'ils connaissent les faits, leurs détails Ils ne les connaissent pas; ils

ne doivent pas les connaître... Si cela était, ils changeraient d'opinion. Quand on songe au nombre de souffrances que l'inexacte appréciation de ces faits a empêché de soulager, d'éloigner avec leurs suites, on serait disposé aux récriminations, si tout ce qui arrive pour l'éther n'arrivait pas pour tant de choses moins étourdissantes que la découverte de Jackson et d'une utilité depuis longtemps démontrée. Nous ne ferons donc que quelques remarques aux adversaires de l'éther.

Admettons que l'éther a tué quelques malades ; qu'est-ce que cela prouve quand dix mille autres n'en ont ressenti aucun effet fâcheux ? Tous les moyens thérapeutiques, jusqu'aux plus innocents, échouent, tuent même tous les jours dans les mains les plus habiles, ou par l'empirisme, par l'inexpérience qui président à leur application : l'éther n'aurait donc pas ce triste privilége ? Notez aussi que, précisément dans ces cas, vos épouvantails, l'éthérisme a été nul ou très-court, et, s'il a été long, il aété très-superficiel. N'est-il pas évident que l'éther a agi comme une cause secondaire dont le surcroît suffisait pour amener la mort ? Prétendez-vous que, sans l'éther, le malade n'aurait pas succombé ? Vous ignorez donc que la douleur tue quelquefois le malade sur le lit d'opération, qu'un affaissement et des causes inappréciables l'enlèvent souvent en quelques heures ? Deux faits semblables se sont présentés l'année dernière, à peu de distance l'un de l'autre, dans le service de Lisfranc. Bien plus, si l'éthérisation ne préserve pas de tout ébranlement de la part de l'opération, si elle en exerce un sur l'organisme, ce qui en résulte n'est pas comparable à l'ébranlement par l'opération *perçue*. Non-seulement l'éthérisation préserve le malade de la douleur, mais elle expose sa vie moins que celle-ci aux dangers de la mort. La preuve de ce que j'avance ressort pour moi des effets immédiats et des effets consécutifs de l'éthérisation (5, 7, 9, 11, etc.). Nous accordons, et nous sommes convaincu, que l'éther a précipité le terme fatal pour quelques malades que vous connaissez, pour un plus grand nombre que vous ne connaissez pas (tous ceux qui ont succombé plus ou moins tôt à l'action secondaire excitante, quelquefois à l'action hyposthénisante de l'éther); mais alors c'est l'état général du malade ou le médecin qu'il faut accuser des accidents. Nous ferons enfin une dernière remarque : le traitement appliqué, dans quelques-uns des cas où l'éthérisation a été suivie de la mort, n'a pas été peut-être étranger à la terminaison funeste. Sans parler de ceux où il a été nul, il a été nuisible certainement quand il a consisté à prescrire les alcooliques, et à plus forte raison quand il était basé sur un diagnostic erroné (obs. 24).

COUP D'OEIL SUR L'ACTION PHYSIOLOGIQUE DE L'ÉTHER.

L'étude de l'action physiologique de l'éther, telle que nous venons de la faire, renferme sans doute des lacunes; mais, à côté de tout ce qui a été encore fait sur ce point, elle nous semble assez complète, et rend compte de tous les phénomènes d'une manière plus satisfaisante que nous-même nous n'aurions jamais osé l'espérer. Quand nous avons traité des phénomènes locaux amenés par l'éther, nous ne pensions guère que l'étude de son action *anatomique* viendrait jeter sur eux une lumière nouvelle, mais non indispensable. L'exaltation, l'engourdissement, enfin l'abolition locale des fonctions du système sensitif, les phénomènes correspondants présentés par le système musculaire, se sont simplement généralisés pour produire tout le cortége des effets éthériques que nous connaissons. Nous voyons alors le sujet de l'expérience, jusqu'au plus vigoureux, réduit en deux, quatre, six minutes, presque à l'état de cadavre, ce qui est littéralement vrai; peu de moments après, le voilà qui se réveille comme du plus doux sommeil, et souvent au milieu d'un rêve enchanteur. Tous ses sens ont été endormis dans un ordre variable, quelquefois même pas tous à la fois, comme si une substance narcotique ordinaire, absorbée et éliminée avec une rapidité insolite, avait émoussé et aboli passagèrement les fonctions nerveuses. Souvent le trouble profond de celles-ci est précédé, presque toujours il est suivi d'un trouble en quelque sorte plus superficiel, qui se traduit par l'exaltation générale du système nerveux : trouble semblable à l'ivresse alcoolique. Chez les sujets faibles, l'action irritante de l'éther retentit d'une manière plus particulière sur l'estomac, comme ferait un excès de boisson spiritueuse ; chez les sujets robustes et chez ceux dont les muscles sont irritables, c'est sur le système locomoteur. Ce qu'il y a ici de remarquable, c'est que les désordres dont ce système est le siége ont chez l'homme et chez la femme la plus grande analogie avec les attaques épileptiformes ou hystériques, non-seulement par eux-mêmes, mais encore par la perturbation d'autres fonctions qui les accompagne. C'est une observation que Jackson lui-même a déjà faite. D'ailleurs, les convulsions sont prévenues ou suspendues par une éthérisation convenable; les fonctions cérébrales peuvent se comporter, à la suite de l'action de l'éther, de toutes les façons connues, abolies ou altérées comme dans le sommeil ordinaire, actives comme chez un somnambule, un aliéné, etc.

La moelle épinière et les cordons qui en émanent perdent leur principe d'activité après le cerveau, et ces deux organes sont déjà profondément paralysés, quand le bulbe rachidien conserve encore ses fonctions, quoique affaiblies. Comme lui, le système nerveux ganglionnaire exerce les siennes ; mais elles présentent cette circonstance digne d'attention, qu'elles sont activées alors que les autres sont ou suspendues ou sur le point de l'être. Enfin, le bulbe rachidien et le grand sympathique sont narcotisés eux-mêmes par l'éther ; leur action s'éteint, et, avec elle, la vie, si des secours éclairés ne la soutiennent, ne la relèvent promptement.

Les lésions ou plutôt les phénomènes anatomo-pathologiques sont ceux d'une mort par asphyxie, suite de la paralysie du bulbe rachidien et de la paralysie concomitante, plus ou moins profonde, du grand sympathique, surtout de ses filets cardiaques.

Introduit et se maintenant dans le sang d'après les lois physiques, l'éther a produit une action dont la nature ne diffère pas de celle de l'action de l'alcool, des narcotiques, des hyposthénisants, en général ; mais, comme toute substance, son action suit une marche et donne lieu à des phénomènes consécutifs qui lui appartiennent, et qu'expliquent ses propriétés chimiques et physiques à lui particulières.

APPLICATION DES INHALATIONS ÉTHÉRÉES.

On ne discute plus aujourd'hui la question de savoir si les vapeurs d'éther sont applicables. La question est résolue : la douleur que la compression des vaisseaux, des nerfs, le narcotisme par le *datura stramonium*, les opiacés, n'ont pu étouffer, est supprimée facilement, et le nom de Jackson est devenu immortel. L'époque est oubliée où la morale, par la bouche d'un académicien mal inspiré, jetait contre le terrible agent de hauts cris de proscription ; les chirurgiens, qui lui ont fait un accueil plein d'une défiance exagérée, doivent mainte-nant en avoir du regret ; ceux qui se montraient adversaires opiniâ-tres, comme Dieffenbach, seront bientôt les plus chauds partisans des inhalations éthérées. Pourquoi n'en serait-il pas ainsi ? Nous avons vu à quoi se réduisent ces funestes accidents dont l'éther a été rendu responsable ; que l'on compare donc ! Quel est le moyen thérapeutique en chirurgie et en médecine, et le plus simple, qui ne cause tous les jours des terminaisons fatales ?

L'éther est donc accepté partout, en Amérique, en Europe ; mais dans tous les pays, dans chaque ville, et même dans chaque hôpital, son emploi n'a pas la même latitude. N'est-ce pas le sort de toute chose du monde, et de la médecine en particulier? Depuis quand les esprits envisagent-ils identiquement les faits en apparence sem-blables? Delà, pour nous, bien des questions à passer en revue : les faits que possède actuellement la science, et l'étude de l'action physio-logique de l'éther, nous permettront d'en résoudre les plus impor-tantes; mais, pressé par le temps, nous le ferons d'une manière rapide et générale, espérant revenir sur ce sujet.

L'éther a été d'abord appliqué par la chirurgie, comme moyen pré-

ventif de la douleur et de la résistance musculaire; l'art des accouchements, la médecine, y ont eu recours bientôt. Nous avons donc
à traiter des applications de l'éther : 1° en chirurgie, 2° dans l'art des
accouchements, 3° en médecine. Nous consacrerons quelques lignes à
des considérations médico-légales, et nous terminerons par un cinquième chapitre sur la méthode d'administration des vapeurs d'éther.

CHAPITRE Ier.

APPLICATIONS DE L'ÉTHER EN CHIRURGIE.

Indiquer les cas où l'éther est applicable et où il ne l'est pas, indiquer les opérations où il a été appliqué, et les suites de ces opérations : tels sont les points à traiter dans ce chapitre.

ARTICLE I. — *Indications et contre-indications.*

Elles sont relatives à l'âge, au sexe, à la constitution, aux conditions générales des individus.

Age. — J'ai fait le relevé de plus de quatre cents observations. Il en
résulte que ni l'âge le plus tendre ni l'âge le plus avancé ne contre-indiquent l'emploi des inhalations éthérées comme moyen préventif de
la douleur. Je n'ai pas retrouvé une observation où l'on avait fait
respirer l'éther à un enfant de quelques mois. M. Norman, en Angleterre, les a vues appliquées à un enfant de huit mois, pour l'opération
d'une tumeur érectile de la joue qui a eu les suites les plus heureuses.
M. Heyfelder a opéré un enfant de dix mois d'un bec-de-lièvre double,
déjà opéré une fois sans succès; l'enfant, cette fois, guérit. A l'autre
extrème de la vie, je trouve des vieillards de quatre-vingts ans et
plus ; ils ont subi des opérations très-graves, dont les effets, sans les
inhalations, les auraient peut-être enlevés en peu d'heures. Un malade

de M. Roux, opéré de la taille, avait quatre-vingt-deux ans ; un autre
de M. Giraldès, quatre-vingts. Entre ces extrêmes, les faits d'emploi
de l'éther, chez toute espèce de sujets, ne sont plus à compter. Comme
les enfants, au sein de la mère, ont été éthérisés sans accident à toute
époque de la grossesse, soit que la mère se soumît volontairement à
l'expérience, soit qu'elle eût à subir une opération même très-grave,
j'établis la proposition suivante : *L'âge, quel qu'il soit, n'est pas par
lui-même une contre-indication de l'emploi des vapeurs d'éther.*

Quand on a vu l'homme le plus vigoureux devenir presque un cadavre après quelques inspirations de vapeurs d'éther, on s'est demandé si cet agent est applicable aux enfants et aux vieillards. D'abord
les faits prouvent qu'il l'est; un peu de réflexion conduit au même
résultat. Ne peut-on pas graduer l'absorption du médicament, ses
effets qui se traduisent et s'apprécient exactement à chaque mouvement respiratoire ? Les enfants, les vieillards, ne sont-ils pas pour la
force organique des adultes affaiblis ? Tout ce qui se rapporte à ceux-
ci se rapporte à ceux-là. De ce que les enfants vomissent, faut-il
conclure qu'on ne doive pas leur épargner les douleurs d'une opération et leurs suites ? Non, certainement. D'ailleurs, ils ne sont pas
plus sujets aux vomissements que les adultes faibles, et, pour ne citer
que les faits qu'a bien voulu me communiquer M. Guersant, sur
dix-sept opérés, il n'y en a qu'un, âgé de six ans, qui a vomi, encore
lui avait-on donné un potage le matin même de l'opération.

Sexe. — Le sexe entraîne certaines conditions de santé ou de constitution : c'est sous ce rapport qu'il influe sur les effets de l'éther.
Nous savons que les femmes, en général, sont éthérisées, c'est-à-dire
hyposthénisées plus facilement et plus rapidement que les hommes;
comme elles peuvent l'être sans danger, l'éthérisation est chez elles
parfaitement indiquée. Les femmes sanguines, bien portantes, ainsi
que certaines femmes hystériques, qui, pour leur constitution, peuvent
être rangées à côté d'elles, sont exposées, surtout par les inhalations
lentes, à des désordres nerveux, comme les hommes peu ou nulle-

ment affaiblis. Ces désordres, souvent véritablement hystériques chez les hommes aussi bien que chez les femmes, trouvent leur meilleur remède dans les inhalations prolongées, et, au besoin, *forcées*. Pour les femmes enceintes qui ont à subir une opération, il me semble que l'éthérisation est doublement précieuse comme moyen préventif de la douleur et, par suite, de l'avortement (obs. 11).

En résumé, si les troubles nerveux pouvaient constituer une contre-indication, comme les hommes y sont plus exposés que les femmes, il faudrait dire que l'éthérisation est plutôt indiquée chez celles-ci que chez les premiers. Il est bien établi et généralement accepté que l'insensibilité peut être obtenue sans accident. On ne saurait donc renverser la proposition précédente, et restreindre l'emploi de l'éther chez la femme, parce qu'il est *reconnu que celle-ci supporte mieux les douleurs d'une opération que l'homme* (thèse de Krust). Notez que c'est M. Krust qui, en rapportant les beaux cas de la clinique de M. Sédillot, a montré mieux que personne la possibilité de prolonger les inhalations jusqu'au delà d'une heure.

Constitution, tempérament. — Les modifications des effets éthériques par l'âge, par le sexe, se résument, en définitive, en celles qui résultent du degré de force que possèdent un organisme, une constitution.

Plus on envisage cette question de l'éther, plus on s'étonne que la découverte de Jackson ait étourdi les esprits au point de leur faire oublier tout ce qu'ils savaient avant elle (ce que je dis là en prouve la grandeur, et personne ne l'admire plus que moi). Il y a un an, si quelqu'un avait écrit : « L'éther énivre comme l'alcool. — Quoi d'étonnant ! auraient crié mille voix, c'est de l'alcool. » Si l'on avait écrit : « L'éther est un narcotique. — Assurément ! voyez Brande (1818). » Aujourd'hui l'éther, pour bien des gens, n'énivre plus comme de l'alcool, et de là ces déplorables traitements de l'ivresse éthérée par l'alcool ; L'éther ne narcotise plus : il a une action particulière, inexplicable ; introduit dans les gros vaisseaux, il agit autrement qu'introduit par

les capillaires. Quel agent merveilleux et terrible ! ne l'employez pas
chez les enfants, ne l'employez pas chez les vieillards. L'homme le plus
vigoureux est pris de convulsions, est anéanti en quelques minutes.
Éthériserez-vous votre vieux père, votre femme, vos enfants ?... Et les
médecins qui vous tiennent ce langage achèvent la péroraison par un
mouvement de terreur, comme pour repousser le redoutable ennemi
loin d'eux, loin de leurs proches, mais non toujours loin de leurs
clients. Encore une fois, l'éther agit comme l'alcool, comme l'opium ;
il endort, il hyposthénise comme ces agents. Vous prescrivez bien le
sirop diacode à dose narcotisante aux enfants, aux vieillards, sans savoir si cette dose ne les endormira pas du sommeil de la mort. Ici
vous pouvez *graduer* votre narcotisme, le maintenir tel que vous le
voulez ; mais votre parti est pris, et vous avez garde de croire à ce que
font les autres.

Comme les faits ont pour nous plus de valeur que votre opinion,
nous établissons que l'éther agit sur les organismes, comme tout médicament, selon sa dose, et de même qu'une constitution quelconque
comportera, pour vous, une certaine dose d'opium, de même toute
constitution, selon nous, peut être éthérisée. Votre opium a excité
votre malade, au lieu de lui procurer du calme : la faute en est à vous,
qui ne l'avez donné qu'à dose excitante. Le chirurgien, en éthérisant
son malade, a provoqué des convulsions chez les adultes robustes,
chez les enfants, chez les vieillards : la faute en est à l'appareil ou au
chirurgien, qui a administré l'éther en quantité trop petite ou trop
lentement. Vous avez narcotisé profondément avec l'opium : vous
avez prescrit celui-ci à trop forte dose. Le chirurgien a hyposthénisé
outre mesure son malade : il ne l'a pas éthérisé avec assez de précaution ou trop longtemps.

Puisqu'on n'a tenu aucun compte des propriétés de l'éther, on ne
s'est pas expliqué les convulsions provoquées par lui chez des adultes,
et on les a prédites aux enfants, aux femmes délicates, à tempérament
nerveux, on les a prédites aux femmes en couches. On sait maintenant
à quoi s'en tenir sur ces points.

Toutes ces conditions qui prédisposent aux convulsions, l'enfance, le *tempérament nerveux,* l'état puerpéral, sont dominées par une seule condition, la force de résistance de l'organisme. Plus l'organisme est fort, robuste, plus il a besoin d'absorber d'éther pour être hyposthénisé: or, comme une certaine quantité agit d'abord en irritant, si elle a *le temps* d'irriter, le système nerveux, l'individu est pris de convulsions, de délire furieux. A cause de l'importance pratique de la question, je n'ai guère fait qu'établir, au chapitre sur la contractilité musculaire, l'influence de l'éther sur les sujets vigoureux, et je dois y insister ici.

Sur plus de quatre cents observations, j'en ai compté plus de cent où l'exagération de la motricité est notée, soit avant, soit durant ou après le narcotisme. Ici il y a seulement des mouvements partiels, là un délire, des convulsions violentes. Tous ceux qui en présentent ont de vingt à cinquante ans; au-dessous de vingt ans, on n'a guère noté que les convulsions des yeux. Les adultes de toute cette catégorie ont subi des opérations légères, ou n'étaient pas affaiblis par leur maladie (extractions de dents, amputations de doigts, excisions de condylomes, etc.). Je me souviens de l'observation, assez plaisante, d'un dentiste anglais se préparant à opérer un client, maçon, d'une taille athlétique, et s'esquivant furtivement pour échapper à l'exécution des menaces exprimées par l'attitude et les traits du patient. Dans la séance de la Société de chirurgie du 10 février, M. Huguier a rapporté cinq expériences sur des femmes. Trois ont été éthérisées parfaitement; l'une d'elles était très-nerveuse et délicate. Les deux autres ont été prises d'attaques hystériques; l'une d'elles était vigoureuse, grasse, apathique. Je pourrais citer une foule d'exemples analogues. M. Kronser, sans se l'expliquer, a remarqué l'action différente de l'éther sur les hommes sains et sur les hommes malades (voy. p. 30,31).

Les individus adonnés aux boissons alcooliques doivent être rangés à côté des individus à constitution robuste. Il n'y a pas de sujets réfractaires.

Les sujets qui ont présenté de l'agitation furieuse ou convulsive

ont été plongés dans le collapsus, quand les inhalations ont été continuées ou reprises. C'est un fait important que je signale aux médecins
que les convulsions effraient. J'aurai occasion de parler de l'éclampsie
des femmes en couches; je dirai seulement que la seule qui en ait été
prise jusqu'ici, après éthérisation, était une femme vigoureuse, sanguine, non primipare. L'accès, survenu quelques heures après l'é-
thérisation, comme cela arrive souvent chez les femmes hystériques,
n'a pas eu de suites fâcheuses.

Les adultes faibles, hommes et femmes, les vieillards et les enfants,
forment la catégorie des meilleurs sujets d'éthérisation. Mais ici l'opérateur doit veiller à ce que l'hyposthénie ne soit pas poussée trop
loin, sinon le malade risque d'y succomber plus ou moins rapidement
(obs. 14, 19, 20, 23, 25, 26).

De tout ce qui précède, il résulte que l'éthérisation est contre-indiquée chez les sujets qui sont ou très-vigoureux ou très-affaiblis. La
contre-indication est absolue pour l'opérateur qui n'est pas familiarisé
avec l'application de l'éther. Mais nous espérons qu'il n'y aura bientôt
plus d'éthérisateur assez timide pour ne pas savoir prévenir ou combattre les troubles nerveux dus à des inhalations imparfaites; que,
muni d'un appareil convenable et assisté d'un nombre suffisant
d'aides, il triomphera de la constitution la plus athlétique, la plus
irritable. Sous ce rapport donc, plus de contre-indication absolue. Il
en est autrement d'un organisme débilité qu'il s'agira d'éthériser un
certain temps. Le chirurgien le plus habile sera-t-il sûr d'éviter une
hyposthénie mortelle, soit immédiate, soit consécutive? D'un autre
côté, un pareil organisme résistera-t-il mieux aux douleurs d'une
longue opération qu'à l'ivresse éthérée? Des questions analogues
s'offrent tous les jours à l'homme de l'art; il les décide d'après les
circonstances dont il est juge, mais dans le cas supposé, il se rappel-
lera l'observation de Sortel Castor (obs. 8).

ARTICLE II. — *Indications et contre-indications particulières, résultant de conditions individuelles.*

1° On a beaucoup insisté sur la contre-indication que constituerait une affection des poumons. Qu'on redoute une apoplexie pulmonaire, on a raison; nous savons que, dans une éthérisation profonde, le poumon doit être gorgé de sang. Ainsi la prédisposition à l'hémorrhagie pulmonaire formera une contre-indication, mais aussi rarement qu'elle sera connue d'avance. Quant à la bronchite chronique, à l'asthme nerveux, à la bronchite aiguë elle-même, ce ne sont pas ces affections qui contre-indiquent les inhalations d'éther. Si elles sont accompagnées de très-mauvaises conditions générales, sans doute alors on n'éthérisera pas; mais c'est à cause de celles-ci. Qu'on veuille bien se souvenir de Pearson, qui en 1794 préconisait les inhalations d'éther contre la phthisie, contre le croup, contre la coqueluche; de Jackson, qui doit sa grande découverte précisément à une irritation des bronches qu'il a calmée avec la vapeur d'éther. Qu'on se mette bien dans l'esprit que jusqu'ici, sur tant de cas où celle-ci, par une administration défectueuse, a provoqué de la toux, il n'y a pas eu un seul cas de laryngite, de bronchite, de pneumonie; car on n'accordera, j'aime à le penser, aucune valeur aux deux faits cités page 46, ni à ceux de M. Jobert, de M. Rigaud (obs. 21, 22, 23). Qu'on sache, enfin, que l'éther est essentiellement stupéfiant, que loin d'être contre-indiqué dans tous ces cas, il pourra y être très-utile (voy. Application de l'éther en médecine).

2° De tous les côtés aussi, on a signalé une prédisposition à l'hémorrhagie cérébrale comme une contre-indication formelle. Cette idée est fondée sur une prétendue congestion du cerveau que produirait l'éthérisation. Mais elle est absolument fausse; car, dans une éthérisation bien faite, les organes éloignés du centre circulatoire, et le cerveau, la tête en particulier, sont, pour ainsi dire, exsangues. Oui, l'hémorrhagie cérébrale sera à craindre, quand une mauvaise administration des vapeurs d'éther amènera des accidents d'asphyxie ou d'excitation. Nous rentrons dans les cas où l'éther est administré soit de manière à irriter les voies respiratoires, soit par la méthode lente, dans les cas encore où il s'agira de sujets robustes, quoique âgés, et plus ou moins adonnés aux boissons spiritueuses.

Dans ces cas, si l'on n'est pas certain de produire un prompt collapsus, l'éthérisation est formellement contre-indiquée; elle l'est également, si l'on redoute des effets consécutifs, analogues à ceux d'une ivresse alcoolique, et qui se manifestent par de la céphalalgie, etc.

3° M. Heyfelder a observé une fois, sous l'influence de l'éther, des mouvements tumultueux du cœur; on a trouvé une rupture du diaphragme et de l'aorte chez un cheval éthérisé et tombé mort au bout d'une minute et demie d'éthérisation. Nous savons que le cœur et les gros vaisseaux, dans une éthérisation profonde, sont distendus par le sang. Faut-il conclure de ces faits qu'on doit bien se garder d'éthériser un homme *affecté d'une lésion organique du cœur ou des gros vaisseaux?* On agira d'après le degré de la lésion ; nous verrons que des sujets affectés de dyspnée symptomatique ont été éthérisés avec avantage. Nous avons vu M. Roux éthériser assez profondément, pour l'opération de la taille, un vieillard de quatre-vingts ans qui avait le pouls très-irrégulier : il a bien supporté l'expérience ; il est vrai qu'il ne se plaignait de rien du côté du cœur, et qu'il se portait d'ailleurs parfaitement bien (il avait une sonde dans la vessie).

4° L'hystérie ne contre-indique nullement l'emploi de l'éther. Pour éviter un accès, le chirurgien éthérisera vite et maintiendra un narcotisme assez profond. L'accès survient-il, on le combattra en prolongeant les inhalations, ou du moins on sera quitte pour différer l'opération, pour traiter d'abord l'hystérie (voy. obs. 25).

Tous les sujets qui n'offrent pas les contre-indications que nous avons signalées, et qui se réduisent à un bien petit nombre, peuvent-ils, doivent-ils être éthérisés pour les opérations qu'ils ont à subir ? Cela dépend de la nature des opérations : nous allons examiner les indications et les contre-indications qui s'y rattachent. Elles peuvent être considérées : 1° sous le point de vue de l'insensibilité, 2° sous celui du relâchement musculaire.

ARTICLE III. — *Indications et contre-indications sous le point de vue de l'insensibilité.*

Des philosophes, des moralistes, ont disserté sur l'utilité de la douleur ; des médecins, en très-grand nombre (voy. *Dict. de méd.,* t. 10, art. DOULEUR), ont écrit sur son utilité et sur ses dangers. Des partisans de la doctrine italienne, prétendant que la douleur diminue les dispositions à la réaction inflammatoire et fébrile, l'ont rangée dans la classe des contro-stimulants : s'il en est ainsi, qui hésitera encore à la supprimer au moyen de l'éther, qui est un contro-stimulant autrement énergique ? Qui hésitera en songeant aux terribles accidents nerveux sur lesquels Dupuytren (*Leçons orales*) a bien insisté, et qui peuvent tuer le malade entre les mains du chirurgien, comme une hémorrhagie foudroyante ? Que la douleur et l'éther agissent ou non comme des antiphlogistiques, le fait est que l'éthérisation, de l'aveu de tous les chirurgiens, n'augmente pas l'intensité de l'inflammation locale ni la fièvre traumatique ; selon nous, et notre opinion est fondée sur un grand nombre d'observations, elle diminue la réaction inflammatoire, favorise la réunion par première intention. De sorte qu'elle est indiquée non-seulement parce qu'elle préserve le malade de douleurs cruelles, parce qu'elle lui fait accepter en temps opportun une opération salutaire, mais parce qu'elle hâte et rend moins pénible sa guérison.

On avait aussi rappelé aux chirurgiens le premier mot, le mot le plus important du précepte d'opérer *tuto, jucunde, cito,* de crainte qu'ils ne sacrifiassent la sûreté à la célérité en cherchant à profiter d'une courte insensibilité. Aujourd'hui la célérité dans une opération n'est plus que d'une importance secondaire, et le chirurgien peut conduire le couteau à travers les chairs, en quelque sorte, à loisir.

L'insensibilité sera mise à profit, comme cela a été déjà fait par

M. Sédillot et par M. Pitha, de Prague, pour poser le diagnostic d'affections que la douleur empêche d'explorer. Maintenant aussi, nous
rappellerons et nous recommanderons la pratique de Richter, qui,
avant de faire une amputation, pour une tumeur blanche, par exemple,
assurait d'abord le diagnostic en donnant un coup de bistouri dans
l'articulation malade. Le diagnostic est-il confirmé, on procède à
l'opération ; l'articulation est-elle trouvée saine, on cherche à remédier au coup de bistouri. Qu'on ne croie pas, en effet, et on peut en
juger par l'expérience d'hommes habiles, qu'il soit toujours facile de reconnaître le degré d'une lésion articulaire ; nous avons vu des arthrites
post-puerpérales, qu'on désespérait de guérir, tant elles paraissaient
graves et avancées, heureusement combattues avec le temps ; les surfaces articulaires ne devaient être guère lésées. Nous avons vu amputer
une femme affectée d'une arthrite semblable : quand on a examiné
l'articulation, elle *était parfaitement saine !* Supposez que la femme
affectée d'une arthrite soit enceinte de quelques mois, ce qui peut
arriver, que vous jugiez l'amputation indiquée pour un moment
donné, et que votre diagnostic ne soit pas encore très-positif, votre
embarras sera grand. Pratiquez une petite incision, une ponction
exploratrice, constatez l'état de l'articulation, et agissez en conséquence. Pour que Richter se conduisît ainsi, il fallait que le sage praticien eût ses raisons, et si l'on avait agi de même pour la jeune femme
amputée si prématurément, on aurait été peut-être assez heureux
pour lui conserver son membre, en combattant et les suites de la
ponction exploratrice, et enfin l'arthrite elle-même.

Si l'éthérisation, bien faite, n'entraîne aucun accident grave, elle
ne laisse pas d'avoir des inconvénients qu'il faut mettre en balance
avec les indications qui sont à remplir. Pour les opérations peu douloureuses (saignée, petites incisions, etc.), il est inutile de causer au
malade du malaise, de la céphalalgie, qui peuvent durer un quart
d'heure, très-rarement plus de vingt-quatre heures. Il faut tenir
compte aussi de la pusillanimité, de l'indocilité du malade. Qu'on
sache, une fois pour toutes, que l'éthérisation est facile, exempte

d'accidents, chez les femmes, chez les hommes d'une constitution délicate, chez les enfants surtout, pourvu qu'on ne la prolonge pas maladroitement. Nous venons de lire, dans la *Gazette des hôpitaux,* que M. Delabarre, à l'hospice des Orphelins, a employé cinq cents fois l'éther sans aucune suite fâcheuse. Qu'on juge du nombre d'individus opérés de même, en Amérique, en Europe! Qu'on le sache aussi, on peut éviter aux sujets robustes tous les accidents autres que ceux qui pourraient résulter d'une ivresse alcoolique (toujours avec l'énorme différence en faveur de l'ivresse éthérée).

Nous venons de parler des opérations, en général, où l'éthérisation est indiquée. Quelles sont celles en particulier où elle est contre-indiquée, où elle paraît l'être encore à bien des chirurgiens?

1° L'éthérisation est formellement contre-indiquée quand l'opération chirurgicale est faite dans le but spécial de produire une vive irritation par la douleur même (moxas, cautères, etc.).

2° Il est incontestable que la douleur est quelquefois utile, comme une sentinelle avancée qui avertit le chirurgien du danger que court le malade. Mais est-elle indispensable, nécessaire dans la lithotritie, dans la taille, dans l'application d'une ligature sur un vaisseau? Pour ces trois genres d'opérations, les faits ont déjà démontré qu'ils comportent l'éthérisation. MM. Roux, Velpeau, Guersant, pour ne citer que ces trois chirurgiens, ont déjà taillé une dizaine de malades sous l'influence de l'éther; MM. Leroy d'Étiolles, Amussat, etc., ont pratiqué de même des lithotrities. L'éthérisation est comme un instrument dont le maniement exige une main plus ou moins exercée. Quiconque en s'en servant expose le malade à des dangers ne doit pas y avoir recours. Peut-on soutenir que parce que des chirurgiens même habiles ont déjà pris des nerfs pour des artères, on ne saurait éthériser pour la ligature d'un vaisseau? En raisonnant ainsi, on devrait proscrire tous les moyens chirurgicaux; mais on sait, indépendamment de la sensibilité, distinguer un nerf d'un vaisseau, et l'on a tout loisir, toute facilité pour séparer celui-ci, aujourd'hui qu'on peut sans danger maintenir l'insensibilité pendant plus d'une heure.

3° Quand la douleur est presque nulle, comme dans les opérations qu'on pratique sur les yeux, l'éthérisation, a-t-on dit, est inutile ; elle peut même être dangereuse, car le malade peut rêver, s'agiter, être pris de convulsions soit de l'œil qu'on opère, soit de tout le corps. Nous rentrons ici dans le cas général d'opérations peu douloureuses, pour lesquelles il ne faut pas abuser d'un moyen héroïque. Toutefois la conduite du chirurgien peut varier avec les circonstances, avec les indications qui sont à remplir. Rappelons l'influence de l'éther sur les diverses constitutions, son action salutaire comme antiphlogistique sur les suites des opérations.

4° Le siége du mal à enlever contre-indique quelquefois l'éthérisation. En abolissant la sensibilité on abolit aussi la conscience, la liberté d'action du malade. On ne l'éthérisera donc pas quand sa coopération est nécessaire : la staphyloraphie, les opérations au fond de la bouche, en général, contre-indiquent, sous ce point de vue, l'éthérisation ; mais non pas parce que le sang coulerait dans les voies respiratoires. On croyait que cela aurait lieu, la sensibilité étant disparue, que le pouvoir réflexe de la moelle ne serait plus réveillé ; mais c'était à tort. Nous avions déjà bien remarqué que des vapeurs irritantes ou les mucosités provoquent la toux pendant que le sujet est insensible ; des faits nombreux, et entre autres l'observation 15, sont encore venus contredire les prévisions de la théorie, et montrer que l'action réflexe de la moelle ne dépend pas exclusivement de l'irritation des nerfs sensitifs. (Ils prouvent aussi qu'on n'est pas toujours libre de ne pas tousser, de retenir certains mouvements.) Les dangers d'asphyxie qu'avait signalés M. Longet pour la cause dont il s'agit n'existent donc pas, et par conséquent ne contre-indiquent pas l'éthérisation pour les opérations à pratiquer dans la bouche ou aux environs. Il est cependant une circonstance où ces dangers se présenteraient, c'est celle d'une éthérisation profonde ; alors plus de réaction, comme cela arrive dans l'agonie, dans les cas d'épuisement des forces, où la mucosité bronchique finit par asphyxier le malade (voyez obs. 10). Mais ces dangers sont l'œuvre de l'éthérisateur inintelligent ou inattentif.

Il résulte delà que les opérations sur la langue, sur les amygdales, sur les lèvres, les maxillaires, peuvent être faites sous l'influence de l'éther; c'est d'ailleurs démontré par la pratique d'un grand nombre de chirurgiens, particulièrement en France par M. Sédillot. M. Vidal (de Cassis) avait cru observer, à l'époque où l'on expérimentait encore l'éther, que les organes génitaux étaient, en quelque sorte, réfractaires à l'action de l'éther : le malade était tout simplement mal éthérisé.

5° Doit-on éthériser pour les opérations délicates, et dont le succès pourrait être compromis par des mouvements imprévus, souvent presque incoercibles : opérations sur les yeux, de hernies étranglées, ligatures d'artères ? Il y avait là contre-indication, tant qu'on ignorait l'influence de l'éther sur une constitution donnée, la cause de l'agitation et le moyen d'y remédier : aujourd'hui elle ne peut plus exister. Éthérisez suffisamment les sujets peu affaiblis, éthérisez convenablement toute espèce de sujets : vous n'avez plus de mouvement. L'éthérisation, moyen exempt de dangers quand il est habilement manié, n'est-il pas indiqué précisément dans ces opérations délicates où l'immobilité et un calme absolu sont désirables ? La science, du reste, surabonde en faits qui montrent que peu de chirurgiens s'abstiennent de l'éther dans les cas en question.

6° Sous le rapport de la durée de l'opération, il n'y a plus aujourd'hui de contre-indication. Celle qui exige une seconde, comme celle qui demande une heure, la dissection d'une tumeur, l'incision d'un panaris, comporte l'éthérisation. On avait surtout applaudi à la découverte de Jackson, pour le service qu'elle rend au malade dans les grandes opérations qui n'exigent que quelques minutes d'insensibilité, comme les amputations (1); mais la plupart des chirurgiens, M. Blandin à leur tête, ont limité l'emploi de l'éther à ces opérations

---

(1) Ce service, reconnu par tout le monde, est tel, qu'il est étonnant que jusqu'ici on ait été si avare d'honneurs à l'égard du géologue américain, surtout à une époque où on les prodigue à des illustrations moins méritantes.

de courte durée. Ce qui est pire, ils éthérisent pour celles qui demandent un temps indéterminé. Aussi qu'arrive-t-il ? Au milieu de l'opération, le malade commence souvent à se débattre, à crier horriblement : il est vrai qu'il ne souffre pas toujours, et c'est beaucoup pour le malade ; mais quelquefois la sensibilité revient, obtuse d'abord, puis exaltée. Que gagne alors le malade, je le demande, à la découverte de Jackson ainsi appliquée ? Aussi, après un pareil succès, peut-on voir le chirurgien faisant assez mauvaise figure, qu'on me pardonne l'expression. Bien plus, on est allé un jour jusqu'à conseiller de ne dépasser jamais, en éthérisant, la période d'excitation, qui, dans notre division pratique, est l'ivresse initiale : fort heureusement pour les malades et pour l'éther, a-t-on perdu aujourd'hui de cette timidité dont nous ne voulons pas rappeler la source. Honneur aux chirurrurgiens qui ont eu le courage de leur opinion ! Leur conduite est assurément bien différente de celle de M. Adams, qui éthérise ses malades sans hésiter, dût-il y réfléchir à deux fois s'il s'agissait de lui-même. Mais aujourd'hui les faits prouvent l'erreur de ces chirurgiens et l'exagération de leurs craintes ; le moment n'est pas loin où tous les chirurgiens épargneront à leurs malades, en général, jusqu'aux douleurs du pansement. C'est depuis longtemps l'habitude d'un certain nombre de chirurgiens de prolonger les inhalations assez longtemps pour que le malade ne souffre pas durant toutes les opérations ordinaires. Nous ne citerons que MM. Roux, Velpeau, Malgaigne, Jobert (quel triomphe pour les sages que précisément dans le service de trois de ces chirurgiens on ait observé des accidents mortels !). Mais les plus hardis se défient encore des inhalations prolongées ; cependant déjà, le 29 janvier, M. V. Wattmann, de Vienne, avait fait une résection du maxillaire inférieur qui demanda plus d'une demi-heure, et pendant laquelle on maintint l'insensibilité au moyen d'inhalations six fois interrompues. Proth. Smith, en Angleterre, a éthérisé des femmes en couches pendant *plusieurs* heures (v. obs. 13). En France, c'est M. Sédillot (il a failli aussi *tuer* un malade) qui s'est chargé du soin de donner à l'éthérisation toute la latitude qu'elle est susceptible d'acquérir. Les faits de M. Sédillot, favorables aux éthérisations prolongées, doivent décider la question : ils sont déjà nombreux, nous en avons déjà cité trois (obs. 8, 10, 16). Ils démontrent aussi, comme tant d'autres, la possibilité d'appliquer l'éthérisation aux opérations à pratiquer dans la bouche et à la face en général. Dans notre relevé d'observations, nous en trouvons plusieurs qui montrent que l'insensibilité a été obtenue pour trente minutes et davantage, entre autres chez une femme âgée de soixante-dix ans, et opérée d'un cancer du mollet par M. Denonvilliers.

Les faits sont plus éloquents que les raisonnements ; on s'y rendra, nous l'espérons, et, comme la question est importante, nous allons rapporter encore deux observations recueillies dans le service de M. Sédillot. Elles nous ont été communiquées avec plusieurs autres par MM. Lévy et Bourguignon, internes de l'hôpital de Strasbourg ; l'une d'elles est relative à un enfant. Nous ferons observer que ce qui distingue le mode d'éthérisation de M. Sédillot, c'est que ce chirurgien fait continuer les inhalations juste assez pour produire l'effet désiré, sauf à les reprendre bientôt. C'est ainsi, en effet, qu'il faut agir. Notez qu'une inhalation continuée quelques minutes avec un bon appareil peut tuer un malade, surtout s'il est très-faible.

Comme les deux observations se trouvent également dans la thèse de M. Krust, nous les publions telles qu'elles ont été rédigées dans cette thèse.

OBSERVATION XXVIII. — *Cancer de la cuisse ; inhalations intermittentes pendant quarante-cinq minutes ; insensibilité au bout de cinq minutes et pendant une heure.*

« Renoux (Joséphine), âgée de vingt-deux ans, d'une constitution forte, d'un tempérament sanguin, entre à la clinique, portant à la partie supérieure et interne de la cuisse gauche un cancer opéré déjà trois fois sans succès.

« Le 12 mai. Opération. Deux incisions semi-elliptiques circonscrivent la tumeur à l'extérieur ; elle s'étend très-profondément entre les muscles de la cuisse jusqu'au nerf et aux vaisseaux cruraux, dont il faut la détacher. Cette dissection est difficile et longue. Pour réparer la perte de substance, M. Sédillot taille à la face externe de la cuisse un large lambeau qu'il se contente d'appliquer sur la plaie, et se propose de le réunir aux lèvres de celle-ci quelques heures plus tard, lorsqu'il se sera dégorgé. L'opération et le pansement durent une heure et demie.

« Les inhalations ont été continuées pendant quarante-cinq minutes avec de fréquentes interruptions. Il n'a fallu que cinq minutes pour amener l'insensibilité, qui est restée complète une heure entière. Les premières inspirations ont provoqué de la toux. Pendant l'opération, la malade a poussé quelques gémissements, fait quelques mouvements, qui cependant n'ont pas gêné l'opérateur. Le pouls a été petit, fréquent ; le sang qui s'est échappé d'une artériole a paru à M. Sédillot moins rouge qu'à l'état normal ; la respiration a été par moments gênée par le resserrement convulsif des deux arcades dentaires, contre lesquelles venait s'appliquer la langue.

« A son réveil, la malade déclare n'avoir éprouvé aucune douleur. Portée dans son lit, elle dort plusieurs heures. Le soir, pouls normal, point de céphalalgie, point de douleur à la poitrine ; rien d'anormal à l'auscultation.

« Le 13. Sommeil pendant la nuit, pouls normal ; la malade se trouve très-bien.

« Les jours suivants, la réaction a été faible ; le lambeau s'est en partie mortifié. L'état général continue d'être satisfaisant, mais la cicatrisation fait peu de progrès.

« Le 5 juillet. La plaie n'est pas encore guérie. »

OBSERVATION XXIX. — *Cicatrice vicieuse ; inhalations pendant quarante-cinq minutes ; insensibilité pendant tout ce temps.*

« Victor Noé, âgé de quatre ans, d'une bonne constitution, porte au bras droit une cicatrice vicieuse, résultant d'une brûlure et empêchant l'extension de l'avant-bras.

« Le 19 juin. Opération.

« M. Sédillot enlève par deux incisions semi-elliptiques un lambeau long de 0m,10, et large de 0m,04, constitué par la cicatrice vicieuse. Pour affronter les lèvres de la plaie et réparer la perte de substance, il est obligé de faire une incision de chaque côté de la plaie, et parallèle aux lèvres de celle-ci; il réunit ensuite par des points de suture. L'opération et le pansement durent quarante-cinq minutes.

« On a fait inspirer de force l'éther au petit malade, et au bout de deux minutes, il était insensible et immobile. Les inhalations ont été continuées pendant trente-cinq minutes, avec de [fréquentes interruptions; chaque fois que la sensibilité reparaissait, il suffisait de quelques inspirations pour l'anéantir de nouveau.

« Il aurait été très-difficile d'opérer ce malade sans le secours de l'éthérisation, en raison des mouvements désordonnés auxquels il s'est livré dès qu'il a vu ce dont il s'agissait. »

7° L'éthérisation est-elle indiquée dans les cas de lésions graves, compliquées d'ébranlement nerveux et nécessitant, par exemple, une amputation ?

La solution de cette question dépend de celle-ci : quel est l'effet de l'éther sur l'économie ? Or, d'après tout ce que nous avons dit sur ce point, nous croyons pouvoir établir : 1° que l'insensibilité peut être obtenue pendant que le système nerveux ganglionnaire est encore excité, c'est-à-dire pendant que les forces vitales ne sont au moins nullement abattues ; 2° que cette proposition étant fausse, un éthérisme superficiel, surtout celui qui serait accompagné d'excitation, non-seulement empêcherait l'épuisement du malade pendant les douleurs de l'opération, mais encore le relèverait, par suite de la réaction primitive et secondaire provoquée par l'éther absorbé en petite quantité : cette réaction, selon nous, peut devenir trop vive et même tuer le malade (voyez obs. 7 et 27); 3° en tout cas, l'abattement de l'action nerveuse, produit par l'éther administré convenablement, n'est pas comparable à celui qui résulterait des douleurs de l'opération. Il y aurait donc, à notre avis, à tout avantage à éthériser dans les cas en question, contrairement à l'opinion de M. Bégin, qui nous a dit qu'il croyait ici l'éther contre-indiqué.

Si l'on veut apprécier le degré d'ébranlement que cause l'éther, on n'a qu'à consulter les observations 7 et 11. Nous prétendons qu'Albin Burfitt (obs. 27) a succombé à l'effet excitant de l'éther qu'on aurait pu éviter; d'autres malades (obs. 19 et 20) ont été éthérisés ou trop longtemps ou trop profondément. Chez des sujets très-faibles, et à leur tête sont ceux qui ont reçu des plaies énormes et contuses, l'éthérisation doit être superficielle, courte; elle doit étouffer la douleur, mais non, au besoin, tout cri, tout mouvement, car on risque de produire une hyposthénie qu'on ne combattra pas avec autant de chance de succès qu'une réaction trop vive.

ARTICLE IV. — *Indications et contre-indications sous le rapport du relâchement musculaire.*

L'éther relâche déjà les muscles en enivrant; il les paralyse complétement en stupéfiant les nerfs moteurs. De là cette conséquence : dans les cas où le malade doit concourir au succès de cette opération par des mouvements, l'éther est contre-indiqué. Telles sont certaines opérations à pratiquer au fond de la bouche, au fond du vagin, du rectum, des cas de ténotomie, d'extraction de balle.

Faut-il rappeler la prétendue contre-indication résultant pour certains médecins, et relativement aux amputations, du relâchement musculaire? Comme si on ne pouvait pas couper les muscles à la hauteur convenable.

Hors la contre-indication signalée, et qui se présente bien rarement, l'éther est indiqué souvent comme moyen préventif précieux non-seulement de la douleur, mais de tout mouvement, de toute contraction musculaire dans les opérations en général. C'est sous ce dernier rapport que le chirurgien l'applique aux sujets indociles; il l'emploie également avec avantage pour tous les cas où la contraction des muscles s'oppose complétement au traitement de certaines affections chirurgicales, rend le diagnostic difficile ou obscur, et même simule des maladies. Nous citerons le taxis pour les hernies étranglées, les luxations, certaines fractures, les contractions pathologiques qui dévient les membres de leur direction normale, les rétrécissements spasmodiques de l'urèthre, les incurvations simulées de l'épine dorsale, etc. M. Leroy d'Étiolles, contrairement à l'opinion de M. Serre (de Marseille), a signalé l'utilité de l'éthérisation dans les cas de lithotritie chez des sujets dont la vessie, dite à colonnes, se contracte sur le calcul. Dans ces cas, nous ferons observer que chez des sujets robustes il faudrait produire un éthérisme assez profond, la vessie pouvant encore se contracter par suite de l'action réflexe de la moelle, quand même l'insensibilité serait complète.

ARTICLE V. — *Opérations auxquelles les inhalations éthérées ont été appliquées.*

Voici le relevé d'observations, communiquées ou recueillies dans les journaux, qui montrent qu'il y a peu d'opérations dans lesquelles l'éther n'ait pas encore été appliqué.

Extirpation du scapulum, 1. Désarticulations du bras, 2. Amputations du bras, 14; de l'avant-bras, 10; de cuisse, 30; de jambe, 27. Amputations partielles du pied et de la main, 4; de doigts et orteils, 43. Résections du scapulum, 1; de la tête humérale, 2; de l'une des extrémités du cubitus, 2; de la tête du fémur, 2; du tibia et du péroné, du calcanéum, de la main et du pied, 43; des maxillaires supérieur et inférieur, 10. Réductions de fractures, de luxations, 14. Myotomies et ténotomies, 12. Extensions d'articulations vicieusement fléchies, 4. Dilatation du vagin offrant une étroitesse congénitale, 1. Ligature de l'artère brachiale, de l'artère crurale, 3. Extirpations de tumeurs cancéreuses du sein, 31; des membres, 6; de tumeurs érectiles ou autres des joues, 7; de la parotide, 3; de tumeurs diverses, 13; condylômes, 6; polypes du nez, 3; des oreilles, 2; de l'utérus, 2. Ablation des amygdales, 2. Opération de la grenouillette, 1; opération du cancer de la langue, de la lèvre inférieure, et stomatoplastie, 11; becs-de-lièvre, 4. Plusieurs rhinoplasties par Dieffenbach. Ablations de l'œil, 3; de tumeurs de l'œil, des paupières, opérations de l'entropion, trichiasis, de la cataracte, du strabisme, 30. Hernies étranglées opérées, 10; taxis, 6; lithotomies, 16; lithotrities, 4; cathétérisme uréthral forcé ou ordinaire, uréthrotomie, phimosis, varicocèle, 17. Amputations de la verge, 1; des testicules, 6; fistules à l'anus, 20; cancer du rectum, 3; fistule vésico-vaginale, suture vulvo-périnale, 2. Extractions de séquestres, 7; ongles incarnés, 15. Application du cautère actuel ou potentiel, 10. Extirpation d'un corps étranger du genou, 1; extractions de dents, 43; cathétérisme de la trompe d'Eustache, 1; ablation de calotte de teigneux, 1.

ARTICLE VI. — *Quelle est l'influence de l'éther sur les suites des opérations ?*

Pour résoudre cette intéressante question, il faut un grand nombre d'observations détaillées, montrant la part que les conditions de l'individu opéré, de l'opération, de l'administration de l'éther, et enfin le traitement, ont eu dans les résultats de la maladie. Les observations complètes et assez nombreuses que renferme notre relevé, celles que nous avons recueillies nous-même avec soin (au nombre de 20), contiennent les éléments de la solution du problème dont il s'agit. Le sujet est assez important pour mériter d'être traité au long; pour le moment, nous ne pouvons que donner des conclusions générales, qui se réduisent elles-mêmes à ce que nous avons dit en parlant de l'action secondaire de l'éther.

§ 1. *Action de l'éther sur l'économie des opérés en général.*

Déjà tous les chirurgiens qui ont observé un certain nombre de malades opérés sous l'influence de l'éther ont déclaré que l'éthérisation n'avait au moins aucun effet défavorable sur les suites des opérations , et nous ne parlons pas seulement des chirurgiens de Paris , de la France , mais encore des chirurgiens de Londres , de Vienne, de Prague, de Berlin, d'Erlangen, etc. La plupart d'entre eux ont fait la remarque que la réaction traumatique était moindre, que le frisson initial manquait , que les soubresauts des moignons sont presque nuls. Nos observations nous donnent un résultat précis, qui se traduit par ces deux propositions : 1° l'ivresse éthérée a augmenté la réaction dans certains cas (ils sont rares et se rapportent à des sujets qui ont été éthérisés légèrement); 2° presque toujours elle a diminué la fièvre inflammatoire. Insistons sur quelques phénomènes consécutifs à l'éthérisation.

Si l'éthérisation a été de courte durée ou même longue, mais superficielle, l'opéré offre les phénomènes de l'ivresse , de l'excitation de retour; la sensibilité étant non-seulement revenue, mais dépassant même pendant quelque temps son degré normal , la cuisson ordinaire des plaies survient ou elle est même exagérée (obs. 4 et 6). L'éthérisation a-t-elle été faite dans des conditions différentes , surtout chez un sujet affaibli : celui-ci reste assoupi après l'opération plus ou moins longtemps, ou , s'il paraît ne plus se ressentir en rien de l'influence de l'éther, il est calme, n'éprouve que des douleurs modérées et quelquefois s'endort d'un bon sommeil.

Elle a souvent réveillé l'appétit qui manquait avant l'opération, procuré un sommeil bienfaisant, soit le jour même, soit la nuit qui a suivi l'opération , indépendamment d'un opiacé. Assez souvent l'action de l'éther et le goût des vapeurs qui s'échappent, pendant un ou deux jours , des poumons ou de l'estomac, affectent les malades assez fortement pendant ce temps : de là des nausées et des vomissements, qui diminuent encore, pour leur part, la violence des douleurs et de la fièvre traumatique. Il y a une soif vive qui n'est pas en rapport avec la mollesse du pouls, la chaleur douce et modérée de la peau.

Nous avons aussi rencontré plusieurs observations de malades qui ont été pris d'une légère diarrhée trois ou quatre jours après l'opération (un taillé de M. Roux et un de M. Guersant, entre autres). Cela s'accorde parfaitement avec la chute des forces qui a lieu quelquefois peu de jours après l'opération.

M. Macdonnel, de Dublin, a observé sur lui-même, M. Heyfelder sur deux malades, M. Hayward (*Inh. of ether*, Warren) sur un nombre plus considérable, une activité plus grande des reins.

Un médecin anglais a attribué à l'éther une hémoptysie dont un malade a été pris. Nous rappellerons à ce médecin la pratique de son compatriote Pearson, renouvelée depuis sans accident par un autre de ses compatriotes; puis nous citerons un fait. Quinze jours avant d'être amputée de la cuisse par M. Roux, une jeune femme, nommée Simonnet, a eu plusieurs hémoptysies qui ont été arrêtées par deux saignées et un vésicatoire appliqué sur la poitrine. Elle a été facilement éthérisée; la plaie s'est réunie par première intention; plus d'hémoptysie durant le reste de son séjour à l'hôpital.

Du reste, sur le grand nombre de malades opérés sous l'influence de l'éther, plus d'un a dû avoir et a eu des tubercules dans les poumons. Jusqu'ici il n'y a que le médecin anglais qui ait signalé une hémoptysie consécutive à l'éthérisation. Quant à d'autres accidents du côté des poumons, il n'y a pas dans la science une seule observation qui montre que l'éther en ait déterminé d'une manière directe.

Sans doute, la céphalalgie s'observe assez souvent et plus ou moins longtemps à la suite de l'éthérisation, mais il n'y a rien de plus variable que les circonstances où elle survient; elle n'est pas toujours en rapport, pas plus que les vomissements, ni avec l'âge, ni avec le sexe, ni avec la constitution des malades éthérisés, ni avec la durée des inhalations. A cause de la céphalalgie, on a jugé quelquefois des saignées nécessaires. Qu'on prenne garde pour les malades qui ont subi des opérations graves; la suppuration va venir, et faut-il tirer du sang de la veine de sujets qui sont loin d'être pléthoriques, comme on l'a fait quelquefois? Nous avons bon nombre d'observations où des accès hystériques ont été notés ; ils sont survenus plus ou moins longtemps après l'éthérisation, jusqu'au troisième, quatrième jour qui l'a suivie, presque toujours chez des femmes jeunes éthérisées pour des opérations légères, comme des extractions de dents ; quelquefois c'étaient les premiers qu'elles aient présentés.

L'éthérisation n'a pas toujours sur l'état général de l'opéré l'influence innocente et souvent salutaire que nous venons d'indiquer. Elle a été suivie, comme l'emploi de tout moyen thérapeutique, d'accidents plus ou moins rapidement mortels, soit qu'elle n'ait pas été faite convenablement, soit plutôt que le malade ait présenté des conditions exceptionnelles qui ne lui auraient pas permis de résister à l'action un peu vive d'une cause quelconque. On ne saurait nier que l'éther ait contribué à la mort des sujets des observations 14, 18, 19, 20, 23, 25, 26, 27, 28.

Tous les auteurs sont d'accord sur ce point, que l'éther a causé la mort dans ces cas, en produisant un affaiblissement dont le malade ne s'est pas relevé ; tous semblent croire que l'éther n'agit pas autrement, que si l'opéré vient à offrir une réaction vive, quelquefois mortelle, consécutive à l'éthérisation, celle-ci n'y a été pour rien. Nous ne sommes pas de cet avis. Selon les conditions générales de l'opéré et selon les conditions de l'éthérisation, nous prétendons que presque toujours celle-ci n'a produit sur les suites des opérations aucune influence défavorable ; que, dans un certain nombre de cas, l'hyposthénie qu'elle produit ordinairement a été mortelle ; que, dans plus d'un cas, elle a amené une excitation qui a dû hâter et augmenter la réaction traumatique. En d'autres termes, nous sommes convaincu que l'éther agit quelquefois sur l'opéré en excitant : c'est à cette excitation que nous attribuons, comme on a pu le voir, la mort des sujets des observations 18 et 27 ; c'est à elle qu'il faut rapporter une part de la réaction intense, même funeste, observée à la suite de quelques opérations. Nous ne citerons pas les malades des observations 7, 18, et 27 : on pourrait les trouver peu concluantes ; mais nous citerons, entre autres cas publiés, le brigadier Geffine, amputé de l'avant-bras par M. Baudens (*Gazette des hôp.*, 9 février). Il résulte, pour nous, de pareils faits : 1° que l'éthérisation peut influer sur les suites des opérations comme excitant, comme ferait de l'alcool administré après l'opération ; 2° que par conséquent l'éthérisation a dû contribuer aussi pour sa part aux accidents rapidement mortels observés sur des malades éthérisés, mais de nature opposée à ceux des cas 14, 19, 20, 23, 25, 26; 3° qu'il a contribué de cette façon à la mort des malades des observations 18 et 27.

Nous avançons là une idée nouvelle, nous la croyons fondée sur les faits ; si elle est l'expression de la vérité, les chirurgiens pourront en tirer des conclusions pratiques d'une certaine importance.

L'éthérisation a-t-elle causé l'arachnitis du sujet de l'observation 17, le ramollissement de la moelle chez le malade de M. Jobert (obs. 22) ? D'une céphalalgie à une arachnitis, de convulsions déterminées par l'éther à la myélite, il n'y a pas loin ; les affections des centres nerveux ont une marche insidieuse. Mais quand, pendant les huit jours qui suivent l'administration de l'éther, le malade n'éprouve absolument rien du côté de la tête ou du côté de la moelle ; quand on n'a vu sur des milliers de malades éthérisés que ces deux-là pris d'inflammations des centres nerveux ; et qu'enfin, l'on prétend guérir celles-ci avec l'éther (voyez chap. 3), faut-il attribuer à cet agent l'arachnitis du malade de M. Piedagnel, la myélite de la malade de M. Jobert ?

§ 2. *Influence de l'éther sur la cicatrisation des plaies.*

Qu'on ne croie pas qu'en général la lymphe plastique soit sécrétée moins abondamment, que les plaies aient moins de tendance à se réunir : c'est très-ordinairement le contraire qu'on observe. Nous avons vu pour notre compte six grandes amputations (cuisses, 4 ; jambe, 1 ; avant-bras, 1) à la suite desquelles la réunion par première intention a eu lieu. Voyez même le malade de M. Richet, si

affaibli, la malade de M. Robbs : les plaies sont dans un état qu'on
ne s'attendrait pas à rencontrer.

Pour les amputés, les soubresauts des moignons étant à peine
marqués, la réunion des lambeaux doit être plus facile.

Réunies d'abord, les plaies se désunissent quelquefois deux, trois,
quatre jours après l'opération. Est-ce parce que les deux lambeaux
ont laissé un vide entre eux et que du pus s'est accumulé à leur base ?
est-ce à cause de la nécrose d'une virole osseuse favorisée par l'hyposthénie ? Voici quelques faits que nous avons observés : chez un
amputé de bras de M. Roux, chez un amputé de cuisse de M. Velpeau,
guérison lente à cause de la nécrose d'un point de l'os ; trois amputés
de cuisse de MM. Roux, Jobert, Giraldès, sont morts épuisés par la
suppuration ; chez les deux malades de M. Jobert et de M. Giraldès,
point de bourgeons charnus sur l'extrémité de l'os. Remarquons d'a-
bord que des faits pareils se sont présentés avant l'emploi de l'éther ;
que ces faits sont rares, puisque ce sont les seuls que nous connaissions ; enfin, qu'y aurait-il d'étonnant que l'éther, ajoutant son action
à la faiblesse des opérés, et elle existait chez ceux dont j'ai parlé, con-
tribuât à une mortification d'une partie de l'os lésé par la scie ? Notons
bien toujours ce fait, que pendant qu'il y a des vapeurs d'éther dans
le sang, les plaies s'unissent et restent réunies.

Tous les chirurgiens qui ont trouvé le sang noir et liquide chez les
animaux sur lesquels ils ont expérimenté, ont prédit des hémorrhagies consécutives : ils se sont trompés dans leurs prévisions. Nous avons
des observations où des hémorrhagies consécutives ont été notées.
Quelles sont-elles ? Une observation de taille par M. Guersant, trois
opérations sur la bouche, une ablation de tumeur érectile volumineuse
de la joue ; les hémorrhagies, peu considérables et facilement arrêtées
d'ailleurs, ont eu lieu presque toutes le jour même de l'opération. Rappelons aussi le caillot trouvé par M. Giraldès dans la plaie d'un amputé
de cuisse. Que prouvent de pareils faits ? Cependant les malades hy-
posthénisés par l'opération et par l'éther devraient aujourd'hui être
plus exposés aux hémorrhagies. Mais l'influence favorable de l'éther

sur la réunion des plaies n'est-elle pas pour quelque chose dans cette contradiction entre la théorie et les faits ?

M. Roux a vu la gangrène survenir en trois cas, et se demanda d'abord si l'éthérisation y avait été étrangère. 1º Le 19 mars, M. Roux ampute un sein cancéreux et extirpe une tumeur de même nature dans l'aisselle, chez une femme âgée de quarante-huit ans : pendant la deuxième opération, la malade souffre quoiqu'on ait repris les inhalations. Quelques jours après, une gangrène s'étend sur toute la surface de la plaie sans en dépasser les bords ; elle est activement combattue avec le cautère actuel, et la malade guérit.

2º Le 27 mars, M. Roux ouvre un bubon scrofuleux à un jeune homme d'une constitution détériorée, et excise des lambeaux décollés : sensibilité conservée. Quelque temps après, la pourriture d'hôpital, à forme pulpeuse, envahit successivement l'aine, l'abdomen, le scrotum, et le malade meurt dans le marasme.

3º Le 19 mai, M. Roux opère un sarcocèle volumineux, et extirpe des ganglions inguinaux : insensibilité. Le 28 mai, gangrène à la surface de la plaie ; elle gagne peu à peu et envahit l'abdomen, les corps caverneux, le scrotum, le testicule gauche : hémorrhagies ; mort le 8 juin. (Notes communiquées par M. Guyton.)

Mon ami M. Broca, interne de M. Blandin, m'a également fait part de deux cas de gangrène survenus vers le mois de mai : l'un, chez une femme opérée d'une hernie étranglée, et qui n'avait pas été éthérisée : elle succomba ; l'autre, chez une femme amputée du sein, sous l'influence de l'éther : elle guérit.

M. Roux, vu la rareté de la gangrène et le fait de la hernie observé par M. Blandin, rejette le concours de l'éther dans la production des gangrènes qui se sont présentées dans son service (voyez *Gazette des hôp.*, 15 juin). Il y a, dans les cas rapportés, plus de preuves qu'il n'en faut pour montrer que M. Roux a raison.

Voilà les résultats du relevé considérable d'observations que nous avons fait. Il confirme les opinions des chirurgiens français et étrangers, qui, s'ils ont constaté une différence, ont trouvé qu'elle était en faveur des opérés soumis aux vapeurs d'éther.

§ 3. *Considérations particulières sur les principales opérations.*

Amputations et résections. — Nous avons vu pratiquer un grand nombre de ces opérations dans les hôpitaux de Paris. Les malades étant en général affaiblis, les vapeurs d'éther amènent un assoupissement rapide qui ne dure que les quelques minutes nécessaires à l'opération; si le patient a toussé, a *mal respiré*, s'il s'est agité (obs. 6), c'est que l'éther n'a pas été administré d'une manière convenable. C'est ici que cet agent se manifeste dans toute sa merveilleuse puissance; la courte durée des inhalations ne l'exposant à aucun malaise, à aucun accident, lui procurant, au contraire, pendant qu'il est mutilé, un doux sommeil, souvent des songes agréables, au lieu des vives douleurs et du spectacle de sa sanglante opération. M. Lallemand a pensé que le relâchement musculaire, pendant les opérations, favoriserait la production de ce vice de conformation des moignons que redoutent les chirurgiens, savoir la conicité. M. le professeur Velpeau a fait observer au savant académicien que le chirurgien a de tout temps détaché et fait relever les chairs; qu'il était maître de faire la section de l'os à la hauteur nécessaire (Acad. des sciences, 1er et 15 fév.). Aux cas remarquables d'amputation que nous avons rapportés, nous ne pouvons nous empêcher d'ajouter celui d'une double amputation de cuisse, par suite de gangrène déterminée par la congélation, et pratiquée avec le plus grand succès par M. de Lavacherie. Le malade fut opéré au mois de janvier : « Pendant les premières heures après l'opération, Maréchal était dans un calme si parfait, que nous ne pûmes revenir de notre étonnement. La double amputation avait été faite à onze heures du matin, et seulement à quatre heures de l'après-midi il accusa de légères douleurs dans les deux moignons. *Il y eut à peine de la réaction le jour de l'opération* et les jours suivants. A partir du troisième jour, une alimentation substantielle, peu abondante, du vin et quelques cordiaux, ont été prescrits et continués jusqu'à la fin de la cure. Pendant la première quinzaine, le repos au

lit a été strictement observé ; mais à dater de cette époque , le malade
a passé toutes les journées dans un fauteuil. Enfin, la cicatrisation des
moignons était opérée le 12 avril, pour le gauche, et le 20 avril pour
le droit. » (De Lavacherie, *Observations et réflexions sur les inhalations
de vapeurs d'éther ;* Liége , 1847.) Le malade respira la vapeur d'éther
par l'une des narines, l'autre étant tenue fermée , pour chaque opération pendant sept minutes ; on ne pratiqua la deuxième amputation
que lorsque le pansement de la première cuisse amputée fut achevé.
Par chaque inhalation , il avait été plongé dans un état d'insensibilité
et d'immobilité complètes. La circulation n'était que médiocrement
abaissée, il jouissait du calme le plus parfait (Dr Chambert). Le malade a été éthérisé bien plus que celui de M. Adams ; comparez aussi
les résultats.

Le relâchement musculaire est une condition très-favorable aux
résections. On pourra les pratiquer en ménageant davantage les parties molles, les muscles, les tendons. Le débridement sous-cutané, que
M. Baudens a conseillé pour le deltoïde dans la résection de la tête
humérale , pourra être évité , comme l'a fait observer M. le docteur
Chambert. Nous avons vu , sous l'influence de l'éther, M. Roux resé-
quer sans difficulté une tête de fémur, et M. Jobert, l'extrémité inférieure du cubitus.

Tumeurs. — Le relâchement musculaire, la parfaite immobilité,
qu'on obtient par une éthérisation convenable, facilitent singulièrement la dissection de certaines tumeurs dont les ramifications s'in-
sinuent entre les muscles, les vaisseaux, les nerfs. Nous avons rapporté le cas de M. Sédillot (obs. 29), et nous avons vu M. Velpeau
opérer le cancer de la cuisse dont il a parlé à l'Académie de médecine (*Bulletin de l'Acad.,* t. 12, p. 308) : ce sont deux faits qui montrent l'utilité de l'éthérisation dans les cas d'ablation de tumeurs.

Hernies étranglées. — L'éthérisation, annihilant les contractions in-
stinctives du malade , est devenue une ressource précieuse pour la
réduction des hernies. Nous avons cité un cas intéressant de hernie

réduite par M. Rigaud, de Strasbourg (obs. 23). M. Rothmund, de Munich, par le taxis pratiqué sous l'influence de l'éther, a été aussi heureux pour une hernie que, pendant trois jours, on avait vainement essayé de faire rentrer. M. Mayor, de Lausanne, dit, en rapportant un cas remarquable (*Gaz. méd.*, 20 février) : « L'engourdissement fut aussitôt signalé par la rentrée prompte et facile de l'intestin. Voilà donc un premier trait de lumière pour cette foule de herniaires qui, placés comme sous l'épée de Damoclès, peuvent voir leur mal se reproduire à chaque instant malgré le meilleur bandage, et sa rentrée résister même à de violents et parfois imprudents efforts de répulsion. »

M. Pirogoff a réduit plusieurs hernies au moyen de l'éthérisation rectale. Si cette méthode est indiquée dans certains cas, c'est particulièrement dans ceux dont il s'agit, les vapeurs d'éther pouvant être ici précisément ce qu'il ne faudrait pas qu'elles fussent ailleurs, c'est-à-dire irritantes. Ajoutons que le procédé de M. Dupuy serait même préférable à celui de M. Pirogoff, parce qu'il servirait mieux aux deux fins : 1° d'abord, de provoquer les contractions intestinales ; 2° si cette action avait été sans résultat sur la hernie, de produire les effets d'une éthérisation ordinaire. Hors ces cas, nous croyons que les inconvénients du procédé rectal peuvent être évités, que tous ses avantages peuvent être obtenus par la méthode pulmonaire. L'éther a été employé depuis longtemps, à l'extérieur, dans le but thérapeutique dont il est question, d'abord par Valentin, de Nancy, puis par MM. Montain jeune, de Lyon, Schmatz, de Pirna, Hund, etc. (voy. *Dict. de méd.*, art. ÉTHER). C'était en qualité de topique, à la fois réfrigérant et sédatif.

Opérations de hernies étranglées.— M. Marc Dupuy (thèse inaugurale) a rapporté l'observation d'une femme de soixante-huit ans qui a fait des mouvements automatiques au milieu de l'opération de la hernie étranglée que lui pratiquait M. Richet ; il en conclut que l'éther est contre-indiqué dans ces opérations. Nous savions ce qu'il faut penser de cette contre-indication. Cette femme, du reste, est sortie de l'hôpital parfaitement guérie au bout de douze jours. Nous avons observé un succès également remarquable dans le service M. Roux, mais le plus intéressant que nous connaissions est celui que nous avons rapporté (obs. 9).

Tailles.—Nous avons été témoin d'un assez grand nombre de tailles opérées avec succès sous l'influence de l'éther, par MM. Roux, Velpeau et Guersant. Sur deux malades de M. Velpeau, il y avait une femme; l'un des malades de M. Roux était un vieillard de quatre-vingt-deux ans; parmi cinq taillés de M. Guersant, était un enfant de vingt-huit mois : opéré sous l'influence de l'éther, le 4 mars, cet enfant n'a pas eu le moindre accident jusqu'au troisième jour après l'opération. Au troisième jour, hémorrhagies inquiétantes, mais qui cèdent aux applications de vessies remplies de glace. Le 17 mars, apparition de la variole, pneumonie qui est combattue avec un large vésicatoire. Le 28 mars, le petit malade est en état d'être emmené par ses parents, et, au bout de peu de temps, la plaie est complétement cicatrisée.

Il est heureux, pour l'éther, que ce malade ait eu la variole. A coup sûr, il y aurait eu des *étiologistes* qui nous auraient montré l'éther au fond du poumon hépatisé. Si aucune inflammation n'a emporté au bout de huit jours le vieillard de quatre-vingt-deux ou quatre-vingt-quatre ans, taillé le 16 juin par M. Roux, il n'est pas certain qu'il n'ait pas succombé à l'action hyposthénisante de l'éther. Il allait bien cependant jusqu'au 21 juin; nous le voyons alors s'affaisser et il s'éteint dans la nuit du 27. Qu'on rapproche ce cas de celui de Herbert, de tous ceux qui ont succombé, à notre avis, à l'effet hyposthénisant de l'éther. Parmi les nombreux cas de taille que nous connaissons, le cas de M. Roux et celui de M. Roger Nunn sont les seuls qui se soient terminés par la mort. MM. Roux, de Toulon, Bermond, de Bordeaux, MM. Morgan, Arnott, Pritchard, Cutler, ont publié des observations intéressantes à plus d'un titre, sur lesquelles nous regrettons de ne pouvoir insister. Le malade d'Arnott avait soixante-huit ans ; pendant le coma, il a rejeté tout le liquide injecté dans la vessie. Aucun genre d'opération ne démontrerait, mieux que la taille, l'utilité de l'éthérisation, si la science n'était pas déjà riche en opérations de toute espèce également probantes.

Lithotritie. — Nous avons dit que MM. Amussat et Leroy d'Etiolles ne craignent pas d'éthériser les malades qu'ils soumettent à la lithotritie ; que M. Leroy d'Etiolles regarde l'éthérisation comme avantageuse, surtout lorsque le calcul est contenu dans des vessies à colonnes, c'est-à-dire très-musculeuses et resserrant le calcul dans leurs locules. L'éthérisation, relâchant les faisceaux musculeux, facilite, selon M. Leroy, la saisie du calcul dans ces cas. Cependant, nous avons vu M. Roger Nunn accuser le relâchement de la vessie de la difficulté qu'il a éprouvée à extraire le calcul chez Thomas Herbert, et dans son mémoire inséré dans la *Gazette médicale* du 6 mars, M. Serre exclut l'éthérisation de la lithotritie : 1° parce qu'elle abolit la sensibilité de la muqueuse vésicale, ce qui expose le chirurgien à la pincer ; 2° parce qu'elle relâche la tunique musculeuse, et qu'elle empêche ces espèces d'ondulations péristaltiques qui amènent si souvent le calcul entre les mors de la pince ; 3° parce que le malade éprouve souvent, à son réveil, une surexcitation marquée, se révélant par des mouvements désordonnés qui pourraient avoir les inconvénients les plus graves, si l'instrument lithotriteur se trouvait en ce moment dans la vessie. Ce sont les conclusions que M. Serre a tirées de l'observation d'un jeune brigadier des douanes, déjà plusieurs fois lithotritié, chez lequel il n'a pu trouver le calcul, après l'avoir soumis à l'influence de l'éther, et qui, se réveillant au milieu de l'opération, saisit l'instrument, se mit à sonner de la trompette et à rire aux éclats. Pour le dernier inconvénient, on l'évite en éthérisant convenablement; pour le second, il n'existe pas, si le malade n'a pas rejeté tout le liquide injecté, comme cela est arrivé pendant le coma chez le taillé d'Arnott, âgé de soixante-huit ans (*The Lancet,* 30 janvier). Quant au premier inconvénient, il est également nul pour des chirurgiens familiarisés avec le maniement du lithotriteur.

Luxations, fractures, etc.— Le but que l'ivresse alcoolique pouvait remplir aux yeux de Richerand, l'ivresse éthérée, sans atteindre le degré de coma, le remplirait facilement. Une ivresse éthérée profonde ou l'éthérisme relâche complétement les muscles, abolit la douleur qui en provoque la contraction convulsive : quel moyen plus héroïque pourrait s'offrir aux chirugiens pour la réduction des luxations? Aussi ne tardent-ils pas à y avoir recours. En Amérique, Parkman réduit le premier une luxation scapulo-humérale sous l'influence de l'éther. La première idée de la même application est venue à M. Hippolyte Larrey, qui, en assistant à la dissection d'une tumeur par M. Velpeau, le 22 janvier, est frappé du relâchement des muscles dénudés. Le 25 janvier, M. Velpeau signale à l'Académie des sciences le service que la chirurgie peut attendre de l'éthérisation pour la réduction des luxations et dans le traitement des contractures tétaniques. Le 9 février, le professeur de la Charité réduit une luxation coxo-fémorale, aux applaudissements des nombreux assistants. M. Després avait, avant l'éthérisation, essayé en vain de la réduire avec son procédé par flexion et rotation. M. Jobert et M. Ébrard ne sont pas moins heureux dans des cas semblables; MM. Roux, Velpeau, Malgaigne, Robert, etc., dans des cas de luxations de l'épaule, du coude, du pied. M. Pitha, de Prague, emploie l'éther pour réduire une luxation du coude, ancienne de quatre semaines, sur une femme de trente ans. « C'était une luxation complète et en arrière de l'avant-bras; on avait d'autant moins d'espoir de réussir, que les os étaient déjà fixés dans leur position anormale par de fortes adhérences et par la lymphe plastique épanchée autour de l'articulation, qu'elle avait résisté à des tentatives de réduction, énergiques et opiniâtres, antérieures à l'éthérisation. Sous l'influence du narcotisme éthéré qu'on rendit complet, la réduction fut opérée, par la méthode de Cooper, avec assez de facilité. » (*Vierteljahrschrist,* p. 180.)

M. Malgaigne a dit (Acad. de méd., 2 fév.) qu'il est des sujets dont la résistance musculaire n'est pas vaincue par l'éthérisation. Aujourd'hui le savant chirurgien de Saint-Louis doit avoir changé d'avis. M. Whittle, de Liverpool, pour réduire une luxation du fémur dans le trou ovale, chez un jeune homme de dix-huit ans bien musclé, lui pratique (deux jours après l'accident) une saignée de dix-huit onces, lui prescrit le tartre stibié à dose vomitive, l'éthérise légèrement, et ne réussit pas. Il renouvelle l'éthérisation, quoique timidement encore, et la luxation est réduite avec une sensation à peine douloureuse. (*Lond. med. gaz.,* 17 avril.) M. Whittle se bornerait maintenant, sans doute, à une bonne éthérisation, s'il avait une nouvelle luxation à réduire. Les individus affectés de luxations sont, en général, doués de la constitution la plus vigoureue. Rappelons l'action de l'éther sur ces sujets. Chez eux, elle provoque facilement un délire furieux, des convulsions; ils se rangent à côté des sujets peu affaiblis, bien portants même, auxquels on enlève des dents, des condylômes, des ongles incarnés, et qui sont plongés dans un éthérisme superficiel. Tout d'abord ils peuvent s'endormir, devenir insensibles, leurs membres paraissent dans la résolution; mais exercez des tractions sur le membre luxé, donnez un coup de ciseau, etc., tout d'un coup, la perception cérébrale étant abolie, des convulsions générales ou partielles éclatent, comme si le système locomoteur était en ce moment plus irritable (1); mais cela n'a lieu que lorsque l'éthérisation n'a pas stupéfié

---

(1) Remarquons bien que, dans les cas cités, les opérations sont d'ordinaire des plus douloureuses; l'action de l'éther abolit la perception cérébrale; mais, si elle est légère, elle n'empêche pas la moelle épinière de *percevoir* l'irritation locale, comme le nerf d'un muscle *perçoit,* quand on l'irrite, sur un animal récemment tué. Nous avons dit qu'un système nerveux n'est pas un diverticulum pour la force nerveuse d'un autre système dont la fonction est abolie par l'éthérisation ; il me semble plus exact d'admettre que, subissant l'influence de l'éther, le système nerveux, en général, est excité avant d'être paralysé, et comme le

la moelle épinière et les cordons qui en émanent. De là l'indication pour le chirurgien d'éthériser assez profondément les sujets dont il est question, s'il ne veut pas avoir à lutter contre des contractions musculaires. (Voy. p. 98.)

Un sujet dont on aurait réduit la luxation sous l'influence de l'éther serait pris de convulsions, que les inconvénients qui en résulteraient seraient peu de chose ; mais on conçoit ce qu'elles auraient de grave chez un sujet affecté, par exemple, d'une fraction oblique du fémur. Comme on sait les prévenir, on ne se laissera pas détourner de l'emploi de l'éther, par la crainte de les voir survenir, dans les cas où il paraît indiqué. Nous citerons un cas de fracture réduite dans le service de M. Velpeau. C'était un homme vigoureux, âgé de trente-cinq ans, entré à la Charité le 25 janvier. Le 27, on tente inutilement de coapter les fragments du fémur qui chevauchaient, tant le malade contracte ses muscles sous l'influence de la douleur. Le 26, on l'éthérise ; il s'agite d'abord un peu, puis devient insensible. On réduit la fracture et on applique l'extension permanente. Le 20 mars, le malade marche déjà facilement, mais en s'aidant encore de béquilles.

Les dangers de l'éthérisation que nous venons de signaler ne se présentent jamais chez les malades affaiblis ; on éthérisera en sécurité ceux dont on veut redresser un membre vicieusement fléchi à la suite d'une arthrite. Nous avons vu M. Giraldès employer l'éther dans ce but avec succès. M. Pitha, de Prague, l'a appliqué trois fois dans des cas analogues ; l'un d'eux surtout est remarquable. Il s'agissait d'une jeune fille de quatorze ans, affectée d'une coxalgie très-douloureuse ;

---

système cérébral résiste moins que le *système spinal*, et celui-ci moins que le système nerveux ganglionnaire, il arrive que la moelle épinière est excitée, prédisposée au moins à une *innervation convulsive*, quand l'action cérébrale est émoussée, que les fonctions du grand sympathique sont de même activées pendant que celles du cerveau et de la moelle sont déjà suspendues.

la cuisse était dans une position très-vicieuse, et le diagnostic n'avait encore pu être posé avec précision. Y avait-il déplacement de la tête fémorale, carie, etc. ? Il importait de savoir ce qu'il en était pour le traitement. Au moyen de l'éther, M. Pitha peut s'assurer de l'état de l'articulation, redresser le membre, et la jeune fille, au bout de quinze jours, pouvait marcher.

Ce que nous venons de dire nous dispense d'insister sur les opérations plus ou moins importantes ou graves que le chirurgien pratique, sous l'influence de l'éther, à la face ou ailleurs; nous rappellerons seulement l'accident arrivé au malade de M. Rigaud (obs. 23); une éthérisation suffisante préviendra le trismus, et les accidents que pourraient causer des matières vomies et retenues à la partie supérieure des voies respiratoires.

§ 4. *Conclusion.*

L'éthérisation rendant très-généralement les accidents inflammatoires moins fréquents et moins violents, favorisant d'un autre côté la cicatrisation des plaies, doit diminuer le chiffre de la mortalité à la suite des opérations. La statistique le démontrera un jour quand elle pourra opérer sur des milliers de faits; c'est notre conviction. Pour nous, c'est démontré par nos observations particulières et par les observations complètes dont nous avons fait le relevé. Leur réunion forme un nombre suffisant pour nous prouver tout autant qu'une statistique qui en aurait rassemblé mille fois plus; car (c'est aussi la pensée exprimée récemment par M. Velpeau à l'Académie de médecine, au sujet de la taille et de la lithotritie) une statistique qui n'opère pas sur des chiffres très-considérables ne sert à rien : c'est d'un certain nombre d'observations complètes qu'on peut conclure et déduire l'opinion la moins entachée d'erreur. Aussi nous dispensons-nous de faire, pour le moment, de la statistique avec le relevé même assez important que nous possédons des opérations pratiquées par MM. Velpeau, Roux, Blandin, Boyer, Jobert, Guersant, Giraldès, et par d'autres chirurgiens.

Nous ne terminerons pas ce chapitre sans tirer de l'action physiologique de l'éther une dernière conclusion relativement au traitement. Nous avons cru devoir rapprocher de l'étude de l'action primitive de l'éther le traitement du coma, suite d'une éthérisation excessive. Rappelons que les alcooliques ne feraient que l'augmenter, que les moyens les plus efficaces sont ceux qui réveillent, excitent l'action réflexe de la moelle : les frictions sèches, les irritants portés sur les muqueuses, l'application plus ou moins brusque d'eau froide. Ce dernier moyen réussira également bien dans les cas d'excitation de retour, de vive réaction nerveuse, comme cause perturbatrice. Mais le remède héroïque, indiqué ici, selon nous, que cette excitation de retour soit exprimée par des convulsions, du délire, des phénomènes d'ivresse plus ou moins prononcée, ou seulement par des douleurs intenses, c'est une éthérisation renouvelée même plusieurs fois, jusqu'à effet sédatif; elle remplacerait avec avantage les narcotiques, qui sont certainement indiqués contre ces troubles nerveux, mais qui sont loin d'avoir une action si sûre. Nous avons l'observation d'un homme amputé de l'avant-bras, dont on a en vain cherché à dissiper l'ivresse persistante au moyen de l'opium et de l'ammoniaque.

Il me semble inutile de laisser souffrir le malade pendant plusieurs heures avant de prescrire les calmants; et, quand la réaction fébrile a lieu, l'antiphlogistique par excellence serait encore, à moins de pléthore, l'éthérisation, répétée au besoin; on n'affaiblirait pas le malade comme par des émissions sanguines, et il lutterait avec plus d'avantage contre une suppuration abondante.

CHAPITRE II.

APPLICATION DES INHALATIONS ÉTHÉRÉES A L'ART DES ACCOU-CHEMENTS.

M. Simpson, d'Édimbourg, a le premier appliqué les vapeurs d'éther à l'art obstétrical (19 janvier). Le 30 janvier, M. Fournier-Deschamps, de Paris, écrit à la *Gazette des hôpitaux* qu'il les a employées avec succès dans un cas d'application du forceps. Le 23 février, M. P. Dubois communique à l'Académie de médecine les résultats de ses expériences. Le 5 et le 10 mars, M. Stoltz emploie l'éther dans un cas de version et dans un accouchement naturel. A la même époque, Siebold l'expérimente à Gœttingue ; puis c'est le docteur Hammer, à Manheim ; le docteur Ziehl, à Nuremberg ; V. Riffel, à Pesth ; les docteurs Scanzoni, Wollmann et Roth, à Prague, sous les yeux du professeur Jungmann. Toutes ces expériences témoignent en faveur de l'éther, et on les répète encore, MM. Villeneuve, Chailly-Honoré, Colrat, Levicaire, Malle, en France ; M. Protheroe-Smith, en Angleterre, etc. Mais, malgré tous les succès obtenus, une grande réserve succède à l'enthousiasme, à la confiance, qui dirigeaient la conduite des accoucheurs. Quels sont donc les malheurs, les accidents qui ont répandu l'alarme ? C'est ce que nous allons voir, en cherchant la solution de ces deux questions, qui forme le sujet de ce chapitre.

1° L'éther est-il applicable aux opérations obstétricales ?

2° Est-il applicable aux accouchements naturels ?

Mais remontons d'abord dans le passé. Y avait-il dans la science des faits qui devaient rassurer l'accoucheur contre les suites de sa première expérience ? Il va produire l'insensibilité, c'est pour cela qu'il emploie l'éther ; mais il sait que les muscles seront aussi relâchés ; le relâchement va peut-être frapper l'utérus lui-même. Pour peu qu'on réfléchit à ce qui se passe dans une éthérisation ordinaire, où le système nerveux ganglionnaire est loin d'être paralysé, tandis que les nerfs sensitifs et la moelle épinière le sont depuis longtemps, on prévoyait que les contractions utérines ne seraient rien moins que suspendues, en thèse générale. M. P. Dubois et M. Stoltz avaient déjà avancé que la suspension des fonctions intellectuelles et sensoriales n'empêche pas la matrice de se contracter régulièrement et d'expulser le produit de la conception. Haller même, s'étayant sur les observations de Harvey, Smellie, de La Motte, avait déclaré que l'utérus pouvait se contracter, « Matre ignara, stupida, sopita, immobili, apo- « plectica, epileptica, convulsionibus agitata, et ad summum debili » (*Elem. phys.*, t. 8, p. 420). Deneux, et plus récemment Retzius, ont vu des femmes accoucher dans le coma. Ollivier et Nasse ont publié des cas de paraplégie complète, laquelle n'empêcha pas la femme d'accoucher d'une manière régulière et dans l'absence totale de douleur. Les accoucheurs pouvaient donc, en jugeant d'après ces faits, appliquer avec confiance les inhalations éthérées à la femme en travail. Simpson ne les ignorait pas, quand il entreprit ses expériences ; il a rappelé les paroles citées de Haller, ainsi que les faits de Deneux, de Hasse et d'Ollivier, dans ses notes *on the inhalations of sulfuric ether in the practice of midwifery*. Examinons maintenant la première question.

ARTICLE I. — *L'éther est-il applicable aux opérations obstétricales?*

Citons d'abord des observations.

OBSERVATION XXXI. — *Version par M. Simpson.*

Femme enceinte pour la deuxième fois. Le premier accouchement a été long et difficile; la crâniotomie a dû être pratiquée, tant le détroit supérieur du bassin de la mère était rétréci.

« Les douleurs de son second travail commencèrent dans la matinée du 19 janvier. Je la vis, avec M. Figg, d'abord à cinq heures du soir, puis à sept heures. L'orifice utérin était assez bien dilaté, les eaux non encore écoulées ; la tête, qui se présentait, était très-haute, mobile et difficile à atteindre ; de plus, le doigt percevait les battements d'une anse de cordon ombilical qui flottait au-dessous de la tête dans la poche des eaux encore entière. De cinq heures à neuf heures, les douleurs semblèrent n'avoir d'autre effet que de précipiter le cercle de l'orifice utérin, sans augmenter la dilatation et sans faire, le moins que ce fût, engager la tête au détroit supérieur.

« Assisté du docteur Zeigler, du docteur Keith et de M. Figg, je commençai, vers neuf heures, à faire respirer l'éther à cette femme. Comme elle nous l'apprit ensuite, elle subit presque immédiatement l'influence enivrante ; mais, comme il avait des doutes au sujet de son assoupissement complet, je continuai l'usage de l'éther pendant vingt minutes avant de commencer la version, opération à laquelle je m'étais tout d'abord arrêté. Un genou fut facilement saisi, les pieds de l'enfant, puis le tronc, furent amenés sans peine ; mais il fallut beaucoup d'efforts pour extraire la tête. Cette partie franchit enfin le détroit rétréci et présenta à la partie antérieure du pariétal droit un enfoncement angulaire très-prononcé, dû à la pression que cet os avait subie contre la saillie du promontoire ; le crâne offrait dans sa totalité des traces d'aplatissement et de compression latérale. L'enfant fit quelques mouvements d'inspiration, mais une respiration complète ne put être établie. Le diamètre transverse ou bipariétal de la tête, au niveau de l'enfoncement, n'avait pas plus de 2 pouces et demi (anglais) quand on comprimait le crâne, ce qui nous permit de conclure que le diamètre sacro-pubien n'avait guère au delà de cette étendue. L'enfant était gros et plus volumineux qu'un enfant ordinaire ; il pesait huit livres. A l'examen que nous fîmes de la tête, en enlevant le crâne, il ne fut pas trouvé de fracture à l'endroit de l'enfoncement. L'os pariétal, très-mince, avait simplement plié de dehors en dedans.

« J'interrogeai la femme aussitôt après l'accouchement ; elle m'assura n'avoir pas eu conscience de la douleur pendant tout le temps que durèrent la version et l'extraction de l'enfant ; elle n'avait même rien senti depuis une minute ou deux après le commencement de l'inhalation. Vers la dernière partie de l'opération, l'éthérisation fut suspendue, et le premier souvenir que put recueillir l'accouchée en se réveillant fut d'avoir *entendu* et non *senti* l'espèce de *secousse soudaine*, pour me servir de son expression, produite par le dégagement brusque de la tête; puis son réveil devint plus complet au milieu du bruit occasionné par les préparatifs d'un bain pour l'enfant. Elle reprit bientôt sa connaissance pleine et entière, et se mit à parler, toute reconnaissante et surprise, de son accouchement qui s'était fait en l'absence de toute douleur. Le lendemain, cette femme allait bien. Je la visitai le 24 janvier (5e jour), et je fus étonné de la trouver levée et habillée; elle me dit que la veille elle était sortie de sa chambre pour aller voir sa mère. M. Figg m'a depuis fait savoir que la convalescence ne s'était point démentie. » (Simpson, loc. cit.; *Union médicale*, 11 février.)

OBSERVATION XXXII. — *Version par M. Stoltz.*

Une fille âgée de vingt-quatre ans, fortement constituée, sanguine-lymphatique, entra à la clinique d'accouchements le 4 mars, à sept heures du soir. Elle était enceinte pour la première fois et était arrivée à la fin du sixième mois de sa grossesse. Le 1er mars, elle avait fait une chute sur le ventre; de là des symptômes d'avortement qui l'amenèrent à l'hôpital. Le 4 mars, les eaux étaient parties. Le 5, à huit heures, M. Stoltz l'examine, et trouve que le fœtus est mort.

« A dix heures, je fis placer la femme commodément sur le lit de travail pour la délivrer; puis je lui fis respirer les vapeurs d'éther sulfurique. Après avoir toussé plusieurs fois, la patiente supporta très-bien l'opération; au bout de quelques minutes, elle accusa un grand malaise, bientôt après elle se sentit défaillir, éprouva de l'anxiété, puis les globes oculaires se convulsèrent et la respiration devint profonde et lente; en même temps le pouls s'accéléra. Voyant que la sensibilité générale avait presque cessé, je voulus introduire la main dans les parties génitales : la femme fut aussitôt réveillée, jeta des cris et s'agita. J'attendis encore deux à trois minutes ; alors les membres se trouvèrent dans une résolution complète.

« A partir de ce moment, je pus introduire la main dans le vagin et opérer sans que la malade s'y opposât ou criât. Cependant le passage de ma main à travers la vulve ne fut pas plus facile que chez d'autres primipares. Ayant saisi le pied qui se présentait à l'orifice, j'essayai de faire la version du fœtus en l'attirant au dehors. La résistance de la matrice fut telle que les fesses ne purent pas suivre. Après avoir appliqué un lacq sur le pied, j'introduisis de nouveau la main pour aller chercher l'autre pied, qui était dans le fond de l'utérus. Mais d'abord j'eus beaucoup de peine à pénétrer dans l'orifice de la matrice, et, parvenu au bout de quelques minutes dans la cavité utérine, je ne pus jamais arriver assez haut pour saisir le pied gauche. Le tronc du fœtus ne se laissait pas déplacer, et la matrice se contractait par intervalles avec une grande énergie. Je fus forcé de renoncer à réunir l'extrémité inférieure gauche à la droite, et je recommençai à tirer sur cette dernière en agissant avec force et en même temps avec précaution pour ne pas l'arracher. Insensiblement les fesses pénétrèrent dans l'orifice utérin. En reportant de nouveau la main gauche dans le vagin, je pus accrocher avec l'indicateur l'aine gauche et faire avancer ainsi le tronc. Le bras droit suivit, et le gauche fut dégagé sans difficulté ; mais le cercle de l'orifice utérin, ou plutôt le col de la matrice, se contracta tellement sur la tête que, après avoir employé en vain toutes les manœuvres indiquées en pareil cas pendant plus de dix minutes, je fus obligé de renoncer à l'extraire. Dans ce moment, j'ai regretté de ne pouvoir être aidé par les efforts volontaires de la mère.

« La respiration des vapeurs éthérées avait été continuée pendant tout ce temps, et avait assuré la tranquillité et l'impassibilité complète de la femme. A la fin, elle eut des envies de vomir, et rendit, sans beaucoup d'efforts, une grande quantité de mucosités spumeuses qu'elle avait probablement avalées pendant qu'elle se trouvait sous l'influence de l'éther. On ne réappliqua plus l'appareil, et au bout d'une minute à peu près, la femme commença à se réveiller. Elle dit avoir rêvé qu'on voulait l'accoucher, et que cela lui faisait mal. Elle était probablement restée sous l'impression de la dernière sensation qu'elle avait éprouvée avant d'avoir perdu tout à fait connaissance. Insensiblement elle se remit et ne se plaignit que d'un vague dans la tête et de mal de gorge.

« La tête du fœtus était donc restée dans le col de la matrice. J'ordonnai d'attendre les effets des contractions utérines. Au bout d'une heure, elles se déclarèrent d'une manière assez vive, et quelques légères tractions suffirent pour faciliter l'expulsion complète du fœtus. La délivrance ne tarda pas de suivre.

« Les suites de couches ne présentèrent rien de particulier ; la sécrétion laiteuse fut même extraordinairement abondante. Pendant quelques jours encore, l'accouchée se plaignit de mal de gorge, eut les yeux brillants et les pommettes fortement colorées. » (*Gaz. méd.*; Strasbourg, 27 mars.)

OBSERVATION XXXIII. — M. J. ROUX, de Toulon, l'un des médecins qui ont rendu le plus de services à la science pour l'application de l'éther, a vu M. Levicaire pratiquer la version avec les difficultés ordinaires chez une femme qui avait respiré l'éther pendant six à huit minutes. La douleur fut presque nulle ; le fœtus fut extrait mort. (*Gazette médicale*, 3 avril.)

OBSERVATION XXXIV. — *Application de forceps, par MM. Moir et Simpson.*

« La femme fut amenée de grand matin, le 3 février, à Royal maternity hospital. Les douleurs étaient fortes ; elle était en travail de son deuxième enfant. Lors de son premier accouchement (il y a sept ans), cette femme avait été délivrée par les instruments, en Irlande, et le médecin qui lui donnait des soins lui avait dit qu'à ses accouchements futurs on serait, comme alors, obligé d'avoir recours à l'art. Je la vis entre dix et onze heures du matin. L'orifice était largement dilaté, les membranes rompues, et les douleurs, très-fortes, revenaient fréquemment. Mais le volume de la tête de l'enfant semblait en empêcher l'engagement complet au détroit supérieur, et n'éprouvait qu'une faible diminution sous l'influence de ces fortes contractions utérines qui faisaient souffrir la femme. A trois heures, le pouls de la mère ayant atteint 125 pulsations par minute, il sembla aux médecins présents qu'il ne convenait pas de permettre une plus longue durée à ces efforts qui fatiguaient la malade, sans être profitables aux progrès du travail. Cette femme fut alors, à ma demande, soumise à l'inhalation de l'éther. Le docteur Moir appliqua très-habilement le long forceps sur la tête de l'enfant; puis il dut faire de fortes tractions pendant les douleurs suivantes; et comme ces efforts avaient momentanément fatigué l'opérateur, je pris sa place. Quand la tête eut complétement franchi le détroit supérieur, le forceps fut retiré; après quoi, une ou deux contractions achevèrent l'accouchement. L'enfant était gros et fort; il cria vigoureusement après la naissance. Pendant toute la durée de cette opération sérieuse, la femme demeura tranquille et passive. Les cris de son enfant la réveillèrent, et depuis elle a déclaré au docteur Moir n'avoir ressenti que peu ou point de douleur pendant l'opération et l'acccouchement. » (Loc. cit.)

OBSERVATION XXXV. — *Application de forceps, par M.M. Simpson et Graham Weir.*

« Dans la soirée du 12 février, je fus témoin d'un autre cas d'application de forceps, avec mon ami le docteur Graham Weir. La femme, d'un âge déjà avancé, n'en était qu'à son premier enfant. Les eaux s'étaient écoulées de bonne heure, et il en était résulté que la lèvre antérieure du col, chassée en bas devant la tête de l'enfant, était devenue gonflée et œdématiée. Après avoir franchi cet obstacle, la tête était rapidement descendue sur le plancher du bassin; mais arrivée là, elle ne put plus avancer à cause de l'étroitesse du diamètre transverse du détroit intérieur, due à la convergence des tubérosités ischiatiques qui pressaient ainsi sur l'extrémité céphalique de l'enfant. Les os du crâne ne tardèrent pas à chevaucher; puis, comme la tête finit par ne plus avancer du tout, comme aussi la malade s'épuisait par suite d'un travail non interrompu, et qui avait déjà duré vingt-quatre heures; comme enfin, les parties molles étaient bien relâchées et convenablement préparées pour le passage de l'enfant, le docteur Weir appliqua le petit forceps et put extraire un enfant vivant. Avant de nous décider à l'opération, j'avais, pendant un assez long espace de temps, fait respirer à cette femme la vapeur d'éther, et sous son influence elle n'avait pas tardé à s'assoupir. J'en avais maintenu l'action, et les contractions nous avaient paru si fortes, que nous étions en droit d'espérer que la nature suffirait encore pour délivrer la femme; mais nous dûmes, à la fin, comme je l'ai déjà dit, faire intervenir l'art. La mère ne sortit de l'état d'éthérisation que dix ou quinze minutes après l'accouchement, et elle nous dit alors qu'elle ignorait entièrement ce qui avait été fait et ce qui s'était passé. Le docteur Weir m'apprit, il y a quelques jours, que cette femme s'était levée le quatrième jour après son accouchement, et se trouvait alors si bien portante, que l'on eut beaucoup de peine à l'empêcher d'aller et venir dans la maison, comme à son ordinaire. » (Loc. cit.)

OBSERVATION XXXVI. — Le 27 janvier, M. Fournier-Deschamps, ne voyant pas un accouchement se terminer chez une femme en travail depuis trente-six heures, malgré les contractions vives provoquées par l'administration du seigle ergoté, manifesta l'opportunité pressante d'appliquer le forceps; la femme ne voulut pas y consentir. Il la soumit à la vapeur d'éther, qui la plongea en dix minutes dans un état complet de torpeur. Le pouls, de 120, descendit à 105; l'application du forceps et l'extraction de l'enfant demandèrent *quatre minutes*. La femme sortit de son état comateux cinq minutes après la délivrance, réveillée par les cris de son enfant. Trois jours après, elle allait toujours très-bien. (*Gazette des hôpitaux*, 30 janvier.)

OBSERVATION XXXVII. — Le 8 février, M. P. Dubois appliqua le forceps sur une fille de dix-huit ans, primipare, en travail depuis trente-huit heures. Après des inhalations de six minutes, l'insensibilité parut complète. M. Dubois introduisit une branche de forceps ; la malade fit un violent mouvement de cuisse ; on reprit les inhalations pendant dix minutes, et la tête du fœtus, qui était dans l'excavation, put être extraite très-facilement. La femme n'avait pas eu conscience de ce qui s'était passé. L'enfant était vivant.

OBSERVATION XXXVIII. — Le 9 février, M. Dubois accoucha de nouveau au forceps une primipare de dix-neuf ans. Quoique l'éthérisation amenât une respiration stertoreuse, la femme cria et s'agita ; revenue à elle-même , elle n'eut souvenir de rien.

OBSERVATION XXXIX. — M. Chailly (Honoré) a fait une application de forceps sous l'influence de l'éther, dans un cas bien remarquable. La femme était en travail depuis cinquante-neuf heures ; l'anneau vulvaire présentait une sensibilité insolite qui rendait toute exploration impossible, quoique la femme fût dans un état de narcotisme par suite de l'administration de l'opium.

« Madame Bon... fut placée en travers de son lit ; les inspirations d'éther furent commencées avec l'appareil de M. Charrière : au bout de deux minutes, le narcotisme sembla se dissiper en partie ; après cinq minutes, l'insensibilité était complète. Immédiatement le toucher fut pratiqué avec facilité et sans douleur. La tête était déjà assez engagée dans l'excavation , et cependant elle était encore recouverte par une partie des membranes ; je les déchirai , et un peu de liquide s'écoula. M. Devilliers toucha aussi, et reconnut, en outre, un abaissement et une légère dépression d'avant en arrière de la symphyse des pubis, que je constatai aussi , et qui nous expliqua toutes les lenteurs du travail, malgré l'énergie des contractions. Pendant les investigations , la malade n'avait manifesté aucune douleur ; cette sensibilité si exaltée avait disparu comme par enchantement.

« Que faire encore ? Fallait-il abandonner le travail à lui-même ? Il n'y avait plus de contractions depuis quinze heures, et , je le répète, on ne pouvait espérer, quand bien même elles se fussent ranimées, qu'elles auraient surmonté un obstacle que jusqu'alors elles n'avaient pu vaincre. Il fallait se hâter, car chaque seconde qui s'écoulait allait nous replonger bientôt dans la triste position d'où l'éther nous avait tirés. On fit faire encore quelques inspirations à la malade : j'appliquai le forceps avec la plus grande facilité, quelques contractions se réveillèrent alors; je fis franchir à la tête l'obstacle qui l'avait empêché de s'engager, je lui fis exécuter son mouvement de rotation. Mais bien que le périnée fût fort assoupli, comme sa rigidité antérieure me donnait la crainte de le voir se déchirer, malgré toutes les précautions possibles, je retirai l'instrument et je confiai la dernière expulsion aux contractions, qui s'étaient suffisamment ranimées. Trois contractions suffirent pour expulser la tête. Les épaules présentèrent quelques difficultés dans leur dégagement ; enfin l'enfant fut expulsé et bientôt ranimé.

« Pendant l'expulsion de la tête, la femme se livra à des efforts propres à seconder l'utérus, et madame Bon... poussa quelques cris. Nous pensâmes tous qu'elle n'était plus alors exactement soumise à l'influence de l'éther, et cependant elle nous affirma plus tard, quand les cris de son enfant l'eurent complétement réveillée, qu'elle n'avait rien senti, qu'elle ne se souvenait de rien.

« Madame Bon... s'est rétablie plus rapidement qu'à sa première couche, et la sensibilité des organes n'a persisté que pendant les trois premiers jours. » (Acad. de méd., 9 mars.)

OBSERVATION XL. — *Application du forceps, par M. Protheræ-Smith.* (Résumé de l'observation publiée dans *The Lancet*, 1ᵉʳ mai.)

Le bassin de la mère offrait la déformation que Naegele a appelée *oblique ovalaire;* enfant dans la première position. — M..., âgée de trente-trois ans, mère de six enfants, dont le dernier est né en février 1846; femme robuste, mais sujette à un rhume chronique; sa mère, son frère sont morts de phthisie. Elle est réglée depuis l'âge de seize ans. Les cinq premiers accouchements ont été naturels; le cinquième a duré quarante-huit heures; le sixième six heures. La tête était restée pendant quelque temps arrêtée au détroit supérieur.

La marche de la nouvelle grossesse ne fut troublée par aucun malaise. Les premières douleurs apparurent le 28 mars; le 31, au matin, rupture de la poche des eaux, et administration d'un purgatif; à onze heures et demie du soir, le col est complétement dilaté. Les douleurs, énergiques et fréquentes, sont sans résultat.

Le 1er avril, à cinq heures du matin, on prescrit de l'opium; les contractions sont arrêtées. A six heures on donne trois doses de seigle ergoté : les contractions deviennent plus fréquentes, plus énergiques; elles durent un quart, trois quarts de minute, et reviennent toutes les trois, quatre minutes : la tête est fixée dans le détroit supérieur.

A dix heures un quart on fait respirer à la malade les vapeurs d'éther. Toux pendant cinq minutes; ivresse sans narcotisme pendant dix minutes; l'utérus se contracte toutes les trois, quatre minutes, sans le concours des muscles abdominaux.

A onze heures un quart la malade est insensible, quelquefois loquace; l'utérus se contracte ainsi que les muscles abdominaux, et les contractions sont plus fortes et reviennent à chaque minute. On applique le forceps et on exerce des tractions.

A onze heures cinquante-cinq minutes le narcotisme est complet; les membres sont dans la résolution; les yeux tournés en haut; la face rouge; les *membres inférieurs fortement étendus;* le pouls à 92, mou et petit; la peau couverte de sueur; la tête est bien engagée dans le détroit supérieur; le col n'offre plus de bourrelet; on applique le forceps.

On exerce des tractions pendant une demi-heure environ; elles paraissent sans résultat, quand, à onze heures trois quarts, la tête descend subitement dans l'excavation; quelques efforts expulsent l'enfant qui crie vigoureusement, le placenta suit en même temps; les parties molles étaient parfaitement relâchées; l'utérus revient bien sur lui-même, et peu de sang s'écoule.

Trois minutes après la cessation des inhalations et la naissance de l'enfant, l'accouchée se réveille, elle a eu conscience de l'expulsion du placenta, mais elle ne sait rien de l'application du forceps ni de la naissance de l'enfant. Avec l'expulsion du placenta, les contractions avaient cessé; elles revinrent immédiatement par l'introduction du doigt dans le vagin, et si énergiques, que l'utérus descendait jusqu'à la vulve. Elles cessèrent immédiatement dès que le doigt fut retiré.

L'enfant est un garçon fort, dont la tête a été allongée, aplatie au côté gauche en traversant la filière du bassin. Il y a une bosse sanguine sur l'angle postérieur, supérieur du pariétal droit.

Le 2 avril. La nuit a été calme; la mère et l'enfant vont bien.

Le 6. «Jamais, dans toute sa vie, la mère ne se sentit si bien.» La *toux est presque nulle;* l'enfant est vigoureux et bien portant.

OBSERVATION XLI. — *Application du forceps, par M. Protheroe-Smith.* (Résumé de l'observation publiée dans *The Lancet,* 1er mai.)

Mrs. H..., primipare, âgée de vingt-quatre ans, d'une constitution faible et délicate, d'une santé assez mauvaise; de temps en temps douleurs dans la poitrine, expectoration de mucus noirâtre. Le 14 avril, à dix heures du soir, le travail commence; on prescrit un purgatif le matin du 15, et la poche des eaux se rompt. Le col est complétement dilaté à dix heures; les douleurs sont fortes et fréquentes; à deux heures de l'après-midi la tête, descendue jusqu'au détroit inférieur, reste stationnaire, malgré la force et la fréquence des douleurs. Au bout d'une heure, 1 drachme d'ergot est administrée: les douleurs sont énergiques, et la tête, à huit heures du soir, n'avait pas changé de place. Le diamètre transverse n'excède pas trois pouces et demi (anglais); la vessie est vidée; l'enfant vit. On se décide à appliquer le forceps; à huit heures dix minutes la femme respire l'éther, en trois minutes elle est narcotisée. La tête est extraite douze minutes après, le corps suit au bout de cinq minutes, et le placenta également, environ douze minutes après que les inhalations avaient été discontinuées.

Effets immédiats de l'éthérisation. Respiration d'abord stertoreuse, pendant quelques moments; *cuisses et jambes fortement fléchies* et portées vers l'abdomen ; force et fréquence des contractions utérines, évidemment augmentées ; contractions persistantes des muscles abdominaux ; le cri particulier à la dernière période du travail ne cessa d'être poussé. Les parties molles du périnée étaient relâchées. Après l'expulsion du placenta, l'utérus se contractait énergiquement, et la perte de sang fut ordinaire.

Réveil. L'accouchée se réveilla promptement par l'application d'eau vinaigrée sur le visage. Elle dit qu'elle avait bien dormi, qu'elle était sous l'impression singulière de l'idée qu'elle venait de faire un grand voyage en chemin de fer, et ne voulut croire qu'elle était accouchée qu'en voyant son enfant.

L'enfant naquit dans un état d'asphyxie qui disparut rapidement avant la section du cordon, par l'emploi des moyens ordinaires.

Le 15 avril. La nuit a été tranquille, sauf quelques douleurs qui expulsèrent quelques caillots.

Le 17. La mère et l'enfant vont bien sous tous les rapports.

OBSERVATIONS XLII et XLIII. — *Application du forceps par Siebold.*

« Le succès ne fut pas moindre (que dans le cas d'extraction par les pieds) dans deux cas d'application du forceps faites, l'une le 17, l'autre le 24 avril, sous l'influence de l'éther. Dans les deux cas, il est vrai, les contractions cessèrent immédiatement après la production de l'ivresse; mais l'instrument appliqué, les mouvements de rotation provoquèrent ici encore des contractions qui secondèrent l'opérateur. L'application du forceps fut exempte de douleur, chez les deux femmes; elles ne donnèrent des marques de douleur que lors des tractions : toutefois, après leur réveil, elles n'avaient aucun souvenir de ce qui s'était passé, et étaient étonnées de voir l'accouchement terminé. Les enfants étaient vivants. Il faut encore noter que dans les deux cas, les parties génitales, le vagin et la vulve, étaient tellement relâchées et flasques, qu'on put appliquer le forceps avec la plus grande facilité. Chez ces femmes aussi, il n'y eut pas la moindre su'te fâcheuse : même chez l'une d'elles, les contractions de l'utérus continuèrent si bien que le placenta fut expulsé par leur seul effet. » (*Comptes rendus*; Gœttingue, 10 mai.)

OBSERVATION XLIV. — *Extraction par les pieds, par M. Siebold.* (Les notes que nous a communiquées M. Kauffmann ne nous indiquent pas la présentation.)

« Chez une femme primipare, on s'était décidé à faire l'extraction par les pieds... Les douleurs étaient extraordinairement violentes ; même le simple examen était difficile à cause des mouvements très-désordonnés de tout le corps. Soumise à l'influence des vapeurs d'éther, elle fut bientôt narcotisée, et l'extraction fut exécutée alors facilement. Elle était devenue calme, et quelques gémissements furent la seule expression de douleur qu'elle donna durant l'opération. L'irritation que l'enfant sur lequel on tirait exerçait sur l'utérus, excitait les contractions de cette organe ; l'enfant fit les mouvements de rotation convenables, les bras se présentèrent d'eux-mêmes, la tête se dégagea bientôt elle-même. Ce n'est que quelques minutes après la naissance de l'enfant, que la mère se réveilla... Elle allait bien aussitôt après et dans la suite. » (Loc. cit.)

M. Villeneuve, de Marseille, a publié cinq observations dont quatre sont relatives à des opérations obstétricales : ce sont deux cas de version, un cas d'application de forceps, et un cas d'extraction dans une présentation du genou. Nous n'insisterons pas sur ce dernier cas qui, après l'observation analogue de Siebold, n'apprendrait rien de nouveau. Les deux versions furent pratiquées, comme dans le cas de M. Stoltz, lorsque les membranes étaient depuis longtemps rompues. La forte rétraction de l'utérus rendit les manœuvres très-laborieuses, surtout dans l'un des cas. Après une première tentative infructueuse, on eut recours à l'éther; on ne réussit pas davantage. On pratiqua une saignée, on éthérisa encore; enfin, au bout de trois quarts d'heure d'efforts et de tractions qui lassèrent deux opérateurs, l'enfant fut extrait. M. Villeneuve ajoute que, quoique l'utérus fût violemment contracté sur le fœtus, l'introduction de la main, quelque difficile qu'elle ait été, et quelque obstacle qu'elle ait rencontré pour saisir les membres pelviens, n'a pas développé de ces crampes qui serrent si souvent la main des accoucheurs. C'était dans ce cas une constriction permanente et sans exacerbation; tandis que, chez les femmes non éthérisées, M. Villeneuve a toujours senti ces crampes déterminées par des contractions que semble accroître l'excitation de la main introduite.

Dans le cas où le forceps fut appliqué, le périnée fut considérablement déchiré jusque sur le côté de l'anus, quoique la tête fût dégagée sans efforts; mais il faut dire qu'elle l'était peut-être un peu trop vite.

Les suites furent des plus heureuses dans les trois premiers cas : dans le dernier, l'accouchée alla d'abord bien; six jours après, des mouvements convulsifs se déclarèrent, particulièrement dans le bras droit; d'autres accidents s'y ajoutèrent, et la femme succomba au bout de trois jours. M. Villeneuve trouve que le temps écoulé entre l'éthérisation et l'apparition des accidents est trop long pour qu'on doive les attribuer à l'éther.

Enfin nous avons rapporté, page 176, deux observations relatives à des applications de forceps, l'une de M. Stoltz, l'autre de M. Pr. Smith. Nous avons donc cinq cas de version, deux cas d'extraction dans des présentations de l'extrémité pelvienne, et treize cas d'application de forceps. En passant en revue les points principaux de ces observations, nous arriverons peut-être à une solution assez satisfaisante de notre problème.

1° Les inhalations ont été appliquées plus ou moins longtemps par les divers opérateurs, selon les circonstances et la confiance qu'ils avaient dans le nouveau moyen. MM. Dubois, Stoltz, Siebold, etc., les emploient avec une grande réserve, tandis que MM. Simpson, Villeneuve, et surtout M. Pr. Smith, y ont recours pendant un temps considérable. Les résultats de ces expériences confirment tout ce qui a été établi dans le chapitre précédent. L'influence de la constitution ressort des observations 32, 41 et 43. Selon le degré d'éthérisme produit, la douleur a été émoussée (obs. 33); elle n'a été qu'apparente, soit durant toute l'opération, soit pendant une partie (obs. 13, 38, 39, 41, 42, 43, 44); dans toutes les autres, le calme de la malade était complet.

2° Le relâchement des muscles, et du périnée en particulier, a notablement facilité les manœuvres de l'opérateur et l'expulsion du fœtus : *effet nécessaire* d'une éthérisation convenable, il peut contribuer à des ruptures, favorisant un dégagement brusque de la tête, que font avancer des contractions utérines énergiques, ou un mouvement trop rapide imprimé au forceps. C'est de cette façon, sans doute, et non par un défaut de relâchement des muscles du périnée, qu'une déchirure considérable s'est opérée dans le cas de M. Villeneuve.

3° Dans tous les cas, la matrice s'est contractée, au moins sous l'influence de l'innervation réflexe, mise en jeu par l'irritation locale (fœtus, manœuvres). Dans plusieurs, elles paraissent avoir été activées sous l'influence de l'éther (obs. 32, 34, 35, 39, 40, 41), et les muscles abdominaux continuaient de se contracter au milieu d'un complet éthérisme (40, 41); nous avons dit pourquoi. Même dans l'un des cas de M. Siebold, qui a *légèrement éthérisé*, et qui a observé un arrêt momentané des contractions utérines, celles-ci ont été énergiques, après avoir été *réveillées* par les manœuvres de l'opérateur. M. Stoltz n'a pu terminer l'accouchement (obs. 32) à cause de la violente rétraction du col sur la tête de l'enfant. Notons que c'était chez une jeune femme, fortement constituée, et médiocrement éthérisée. Une éthérisation plus profonde, sans devenir dangereuse, n'empêcherait-elle pas toute innervation réflexe de produire son effet sur le col ? Nous n'en doutons pas. Il en est autrement des nerfs du corps de l'utérus, qui nous semblent excités par la double action de l'irritant local (fœtus) et de l'irritant général (l'éther). A moins d'une atteinte grave portée à l'organisme par d'autres causes débilitantes, l'utérus peut-il cesser de ressentir l'excitation locale sans que tout le grand sympathique et le bulbe rachidien soient stupéfiés? D'après les faits de M. Pr. Smith (obs. 13, 40), d'après d'autres faits déjà connus de Haller, on répondra négativement.

4° L'éthérisation la plus prolongée n'a exercé sur la mère aucun effet consécutif défavorable. Il en était ainsi pour les malades éthérisés par le chirurgien. Pourquoi en serait-il autrement de la femme qui accouche? Ce que nous avons établi au sujet des faits de la clinique chirurgicale corrobore l'idée que nous inspirent les faits d'éthérisation dans l'obstétrique, et est corroboré par ceux-ci. Qu'on veuille bien considérer l'état des accouchées dans les cas 31, 32, 34, 35, 36, 39, 40, 41, 42, 43, 44; peut-on souhaiter un état meilleur? Les deux malades de M. Dubois (obs. 37, 38) que, du reste, il a éthérisées médiocrement, sont mortes à la suite de péritonite, qui régnait épidémiquement à la clinique d'accouchements. Des cinq femmes dont M. Villeneuve a publié les observations, une seule a succombé à des accidents convulsifs qui se déclarèrent six jours après l'éthérisation. C'est l'histoire des malades de M. Jobert et de M. Piedagnel. Pourtant voilà trois faits de même nature; n'y a-t-il pas là quelque chose de grave? Mais qui le croira, en considérant que l'obstétrique a eu recours à l'éther une centaine de fois, la chirurgie et la médecine dans des milliers de cas, et que la science n'a enregistré qu'un nombre aussi faible d'accidents dont la cause encore est loin d'être manifeste? Qu'on le sache bien, l'abolition de la perception cérébrale diminue considérablement l'ébranlement qui résulte d'une longue opération; mais la perception cérébrale abolie, la moelle *perçoit* encore, et d'autant plus vivement qu'elle paraît excitée : de là les convulsions provoquées sous l'influence de l'éther, même par de petites opérations, mais ordinairement très-douloureuses; la perception du cerveau et de la moelle annihilée, le grand sympathique perçoit encore à sa façon. De là encore un faible ébranlement pour l'organisme. Qu'on s'attende toujours, par conséquent, à une réaction de nature quelconque; elle est possible; l'éther ne la préviendra pas sûrement, mais qu'on ne le repousse pas, à cause des inconvénients qu'il n'aura pas entièrement fait disparaître, ou dont son emploi ne sera même constamment exempt. La remarque que nous venons de faire n'est peut-être pas sans importance pour ce qui peut survenir après un travail laborieux, surtout si l'éthérisation n'a pas préservé la moelle de l'irritation considérable qu'il ne laissera pas de produire.

Quant à d'autres accidents que ceux qui nous ont entraîné à la digression précédente, les accoucheurs n'en ont pas observé. Les cas de M. Pr. Smith montrent l'innocuité d'inhalations même très-prolongées, pourvu qu'elles soient sagement appliquées. Point d'hémorrhagies consécutives, et cependant on les a prédites, ici surtout. D'après ce que nous avons dit de l'influence excitante de l'éther sur les contractions utérines, et d'après ce que nous aurons encore à en dire, cet agent doit même les prévenir.

N'est-ce pas à cette même propriété qu'il faut rapporter, au moins, la *sécrétion laiteuse extraordinairement abondante* de la malade de M. Stoltz (32)? C'était une femme jeune, fortement constituée, médiocrement abattue par l'éthérisation. Au sujet de la même malade, qui se plaignit de mal de gorge, nous ferons observer que ce mal de gorge n'est qu'une sécheresse désagréable causée par l'exhalation des vapeurs d'éther.

Après tout ce que nous venons d'examiner, et surtout après la lecture de toutes les observations que nous avons multipliées à dessein, peut-on s'imaginer que l'éthérisation soit encore un moyen si redoutable? Mais ne faut-il pas être absolument étranger aux faits d'éthérisation pour prétendre qu'elle est douloureuse?

4° Quel est l'effet de l'éthérisation sur l'enfant? Les expériences de M. Amussat, sur les femelles pleines d'animaux, pouvaient guider les premières expériences des accoucheurs sur la femme en travail, le fœtus étant encore vivant. Mais la question ne pouvait se décider que par un certain nombre d'observations de femmes en couches, soumises à l'influence de l'éther. Celles que nous avons rapportées nous semblent concluantes. Nous voyons que plusieurs enfants sont morts, mais évidemment par des causes autres que l'éthérisation (12, 31, 32). La plupart ont vécu, quelquefois contre toute espérance (13, 34, 36, 37, 39, 40, 41, 42, 43). Nous ne savons pas précisément quel a été le sort des enfants dans les cas où l'on n'en a rien dit ; toujours n'a-t-on attribué jusqu'ici à l'éther aucun effet funeste sur l'enfant. M. Villeneuve a fait observer que, si on veut l'extraire vivant, l'éthérisation ne doit pas être considérablement prolongée. C'est évident. Mais les observations 13 et 40 de M. Pr. Smith démontrent ce qu'il y a d'innocent pour l'enfant lui-même dans la sage application des vapeurs d'éther, quoique prolongée des heures entières. Et l'on redoute encore les inhalations éthérées pour des adultes qui ont à subir une opération quelconque !

Tels sont les résultats de l'analyse des observations rapportées. Il en résulte, ainsi que des observations relatives à chaque genre d'opération :

1° Que l'éthérisation ne facilitera pas la version, comme M. Stoltz l'a conclu de son observation ; mais, convenablement prolongée, elle facilitera l'introduction de la main dans la cavité de la matrice, ainsi que l'extraction du fœtus, contrairement à la conclusion du professeur de Strasbourg ; les faits de M. Villeneuve, et le cas d'extraction de M. Siebold, viennent particulièrement à l'appui de notre proposition.

2° Dans l'extraction du fœtus dans une présentation de l'extrémité pelvienne, l'éthérisation est indiquée à plus forte raison.

3° L'éthérisation est d'une utilité incontestable dans l'application du forceps, surtout quand la tête a franchi le col.

M. Cazeaux, peu partisan de l'éthérisation, a bien voulu nous faire observer que les femmes se soumettent sans répugnance à l'application du forceps ; que cette application est exempte de douleurs vives ; que la pratiquant durant l'état d'insensibilité de la femme, plus d'un médecin pincera et déchirera les parties molles. Il nous semble que toutes les observations que nous avons rapportées sont des réfutations péremptoires de ces objections. Rappelons ce que nous avons dit dans l'historique : M. Stoltz trouve surtout cet avantage dans l'éthérisation, de permettre à l'opérateur d'agir *quand* il le juge convenable. L'accoucheur inexpérimenté sera secondé dans son opération par le relâchement des parties molles, par le calme de la malade. Les observations 12, 36, 39, imposent à tous les praticiens le devoir d'avoir recours à l'éther dans de pareils cas. C'est leur devoir d'éthériser, dans tous les cas, dès que l'innocuité du moyen pour la mère et l'enfant est démontrée.

M. Skey a pratiqué l'opération césarienne sur une femme de trente-huit ans, préalablement éthérisée pendant cinq minutes ; on craignit d'empêcher la rétraction de l'utérus, en prolongeant les inhalations. La malade ne fut insensible que pendant l'incision de la ligne blanche. Elle mourut la nuit suivante ; l'enfant vécut. (*The Lancet*, 30 janvier.) Avons-nous besoin de dire que l'éthérisation favorisera au contraire la rétraction de l'utérus, loin d'y faire obstacle ? Le docteur Halla, l'auteur consciencieux d'un article étendu, inséré dans le journal que nous avons souvent cité (*Vierteljahrschrift*, de Prague), n'a fait que mentionner un autre cas d'opération césarienne, pratiquée par M. Scanzoni. Rien de défavorable à l'emploi de l'éther ne doit s'y être passé, car le docteur Halla, à qui M. Scanzoni a communiqué des notes, l'aurait sans doute indiqué. Ajoutons la crâniotomie ou toute autre mutilation du fœtus, qui, plus que toutes les opérations précédentes, comportera l'éthérisation, et nous ne saurions ne pas répondre à la question que nous avons posée : non-seulement l'éthérisation est applicable aux opérations obstétricales, mais elle est indispensable dans toutes ces opérations (forceps, version, opération césarienne, etc.). C'est aussi la conclusion du mémoire de M. Villeneuve.

ARTICLE II. — *L'éther est-il applicable aux accouchements naturels ?*

Nous répondrions déjà affirmativement à cette question, en jugeant d'après les faits qui nous ont conduit à admettre l'éthérisation pour les opérations obstétricales. Ils prouveraient déjà suffisamment que l'éther peut être appliqué dans la dernière période du travail, sans danger pour la mère, ni pour l'enfant, et que loin d'être suspendues, les contractions utérines doivent être le plus souvent activées. Mais les observations que nous allons rapporter ne laisseront pas, nous l'espérons du moins, le moindre doute à ce sujet, même celles de M. Siebold, à l'endroit desquelles nous réparerons une erreur que nous avons commise dans notre thèse inaugurale, ainsi qu'à la page 104 de ce travail (1).

OBSERVATION XLV. — *Accouchement naturel, éthérisation; par M. Simpson.*

« Le 13 février au soir, je fus témoin de deux cas qui se suivirent de très-près, et présentèrent, à cet égard, l'exemple de deux conditions bien différentes, amenées par l'inhalation de l'éther. Chacune des deux femmes, multipare de plusieurs enfants, fut soumise à l'influence de l'éther au moment où l'orifice achevait sa dilatation; ni dans l'un, ni dans l'autre cas, l'expulsion entière de l'enfant hors du canal pelvien n'exigea plus de douze ou quinze minutes. Ma première malade (la femme d'un ministre protestant) m'a depuis assuré qu'elle avait eu la conscience de ce que l'on faisait et disait autour d'elle; qu'elle n'avait pas ignoré non plus la présence

_____

(1) Cette erreur a été commise parce que la première partie de ce travail est, à peu de chose près, celle de notre thèse, et qu'elle était déjà imprimée quand, nous occupant de la dernière partie, nous avons eu connaissance des observations de M. Siebold; nous n'en possédions jusqu'alors que les conclusions. Nous avons dit que les observations de M. Siebold prouvent que l'éther exerce sur l'utérus une action stupéfiante, et cela quand il a été administré à grande dose; que M. Siebold *a dû* pratiquer de *longues* éthérisations : nous nous sommes trompé, et nous verrons que les conclusions de M. Siebold sont fausses.

des contractions, mais qu'elle n'en avait pas éprouvé la douleur jusqu'au moment où survint la dernière et énergique contraction qui chassa la tête hors de la vulve, et même alors, ce qu'elle ressentit ressemblait davantage, disait-elle, à une pression forte qu'à une véritable douleur. Cette dame m'a également avoué qu'elle ne pouvait se défendre d'un certain dépit en songeant aux souffrances, inutiles en apparence, qu'elle avait eu à endurer jadis en donnant le jour à ses autres enfants. » (Loc. cit.)

OBSERVATION XLVI. — « La deuxième malade, une dame d'un caractère timide, en proie à de vives appréhensions relativement à l'issue de sa délivrance actuelle, ne se détermina qu'avec peine à respirer la vapeur de l'éther ; mais une fois qu'elle s'y fut mise, elle en éprouva rapidement l'influence. Au bout de deux ou trois minutes, elle repoussa l'appareil loin de sa bouche, puis se mit à parler avec un certain degré de surexcitation à une de ses parentes qui était là ; mais nous la décidâmes à reprendre l'inhalation, ce qu'elle fit, et bientôt, comme elle le dit elle-même, elle se réveilla d'un songe, et fut grandement surprise de trouver son enfant qui venait de naître. Ainsi que cela est arrivé à beaucoup d'autres personnes, il avait semblé à cette dame que des heures, au lieu de minutes, s'étaient écoulées depuis le commencement de l'inhalation jusqu'au moment du retour complet de la connaissance. L'accouchée parut alors faire un effort de mémoire, et demanda si une fois elle ne s'était pas réveillée de son état de rêverie, et si elle n'avait pas adressé des propos incohérents à sa parente. »

OBSERVATION XLVII. — M. P. Dubois fit deux expériences sur deux femmes qui accouchèrent naturellement. L'une de ces femmes fut insensible au bout de trois minutes, ses yeux étaient ouverts et dirigés en haut ; les contractions utérines continuèrent silencieuses et amenèrent la tête dans l'excavation. L'expérience ne fut pas prolongée, et l'accouchement se termina comme à l'ordinaire. Chez l'autre femme, primipare de dix-huit ans, la tête était engagée au détroit inférieur, les douleurs, très-vives, quand on lui fit respirer les vapeurs d'éther. Elle les respira pendant dix minutes; elle accusa des bourdonnements d'oreille, et dit qu'elle allait mourir. L'assoupissement fut profond; les contractions utérines et celles des muscles abdonimaux continuèrent comme à l'état normal. L'accouchement eut lieu sans aucune lésion du périnée; la femme fut réveillée par les cris de son enfant, *qui pesait huit livres.* Elle n'avait senti qu'une légère envie d'aller à la garderobe. (Académie de médecine, 23 février.)

OBSERVATION XLIX. — « Le 10 mars, j'eus l'occasion d'employer l'inhalation des vapeurs d'éther, à l'école départementale d'accouchements, sur une fille âgée de vingt-neuf ans, fortement constituée et primipare, parvenue au dernier temps du travail de l'enfantement. La tête du fœtus était dans l'excavation et commençait à paraître à la vulve; les douleurs étaient vives et les contractions fortes. Pendant que la patiente respirait à longs traits la vapeur éthérée, les contractions continuèrent à se manifester avec énergie, et la paroi abdominale les secondait puissamment. Bientôt les efforts devinrent continus, et le fœtus fut expulsé en une fois et certainement avec plus de rapidité qu'on ne pouvait s'y attendre chez une primipare forte et musclée; la fourchette à peine fut déchirée. L'enfant cria aussitôt qu'il fut né et n'offrit rien de particulier.

« Je dois dire cependant que l'éther n'avait pas plongé la femme complétement dans le sommeil de l'ivresse, elle voyait, entendait et se plaignait; mais après elle avoua n'avoir que peu de conscience de ce qu'elle avait fait.

« Cette personne était accouchée à six heures du matin. A cinq heures du soir, on me fit savoir qu'elle n'était pas encore délivrée; je me rendis aussitôt auprès d'elle. J'appris que la matrice était restée contractée sur le placenta, que l'orifice était très-étroit, et que l'arrière-faix n'avait pas cédé aux tractions qu'on avait exercées plu-

sieurs fois sur lui au moyen du cordon. En explorant par le vagin,
je reconnus que le placenta était sur l'orifice, dans lequel son centre
se trouvait même légèrement engagé, et je pus délivrer sans grands
efforts, ce qui fut cause que je n'eus pas de nouveau recours à
l'éther.

« Dans ce cas, la matrice s'est contractée avec énergie malgré l'é-
thérisation ; mais ce qu'il y a de plus singulier, c'est que la contraction
de l'utérus a duré longtemps après, au point de retenir l'arrière-faix
pendant huit heures. »

OBSERVATION L. — M. Villeneuve, de Marseille, a éthérisé une
femme qui était arrivée à la dernière période du travail : c'était son
deuxième accouchement. Elle respira les vapeurs d'éther pendant dix
minutes ; sept minutes après la perte de connaissance, les contractions continuant d'être vives et rapprochées, une fille forte et bien
portante fut expulsée.

OBSERVATION LI. — M. Hammer, de Manheim, éthérisa une primipare de dix-huit ans, arrivée à la dernière période du travail. L'é-
thérisme fut complet en deux minutes ; il y eut *une suspension des
contractions utérines durant six ou sept minutes,* après lesquelles elles
se manifestèrent de nouveau avec plus d'énergie qu'auparavant. Au
bout de vingt minutes, l'accouchement se termina heureusement.
L'accouchée fut réveillée par les cris de son enfant ; elle avait eu des
songes agréables. (*Gazette médicale,* 6 mars.)

OBSERVATION LII. — « Le premier cas se présenta dans la matinée
du 25 février. Une femme enceinte pour la deuxième fois fut éthérisée au moment où la tête allait traverser la vulve. Avant l'éthérisation, les douleurs étaient très-fortes et très-rapprochées. Quelques
inspirations suffirent pour amener l'insensibilité ; l'éthérisation fut
prolongée pendant deux minutes encore. Alors les contractions utérines cessèrent ; *elles ne revinrent qu'au réveil, aussi douloureuses*

d'ailleurs qu'auparavant : aussitôt un enfant vivant fut expulsé. Aucunes suites fâcheuses. »

OBSERVATION LIII. — « Le même jour, à quatre heures de l'après-midi, j'éthérisai une femme en travail pour la quatrième fois, au moment où, sous l'influence de fortes contractions, la tête commençait à paraître à la vulve. Au bout de deux minutes, elle avait perdu connaissance; mais alors aussi les contractions utérines furent aussi suspendues. Elles ne revinrent qu'*au bout de huit minutes,* au retour de la connaissance; mais ce ne fut que quelques minutes plus tard qu'elles reprirent leur intensité première. La femme convint qu'elle avait moins souffert dans cet accouchement que dans les précédents. Les suites furent heureuses pour la mère et pour l'enfant. »

OBSERVATION LIV. — « Je fis, le 8 mars, une troisième expérience. Ce fut, cette fois, une primipare que je soumis à l'éthérisation. Chez elle, comme chez les précédentes, l'ivresse éthérée suspendit les contractions utérines, qui ne revinrent que lorsqu'elle fut dissipée. Je dois dire cependant qu'*il restait encore quelque chose de cette ivresse lorsque l'utérus commença à se contracter de nouveau;* mais, au dire de la femme, le travail fut ensuite moins douloureux qu'auparavant. »

OBSERVATION LV. — « Enfin, j'expérimentai une quatrième fois, le 10 mars, sur une primipare. Pendant qu'elle était sous l'influence de l'éther, il y eut une faible contraction qui fut sans effet sur la marche du travail. L'enfant naquit un quart d'heure après le retour à la connaissance. »

OBSERVATION LVI. — « Le 1er avril, j'éthérisai une primipare au moment où la tête commençait à entr'ouvrir la vulve; bientôt la perte de connaissance eut lieu. Je prolongeai l'éthérisation encore

quelques instants ; les contractions, auparavant très-énergiques, pa-
rurent vouloir se suspendre aussitôt. J'exerçai alors, avec ma main,
des frictions sur l'utérus à travers les parois abdominales ; la contractilité de l'organe se réveilla aussitôt. Une première contraction eut
lieu sous l'influence de ces frictions, puis une seconde spontanément,
et l'enfant fut expulsé. » (*Neue Zeitschr. für Geburtsk. V. Revue médico-
chir.*, septembre.)

Dans les cinq premiers cas (45-50), les contractions continuèrent
sous l'influence de l'éther sans interruption ; dans les six cas suivants,
elles furent suspendues pendant dix minutes environ. Certainement
elles ne l'ont pas été plus longtemps dans les cas où M. Siebold n'a
pas noté la durée de la suspension, car les éthérisations du professeur de Gœttingue ont été courtes.

Dans les deux cas de M. Simpson, le travail paraît avoir été activé
par l'éther ; nous ne saurions dire si ce sont ces cas auxquels le professeur d'Édimbourg a fait allusion, quand il a dit (loc. cit.) que dans
quelques cas il a observé une plus grande énergie dans l'action utérine. Cette énergie est manifeste dans le cas de M. Stoltz ; dans le cas
de M. Hammer, après une interruption de sept à huit minutes elles
sont revenues plus actives qu'auparavant, et la femme se réveilla au
bout de vingt minutes, aux cris de son enfant ; on ne saurait nier que
la même chose se soit passée dans les cas de M. Siebold ; seulement
l'éthérisme, étant moins profond, a cessé avant le retour des contractions ; bien plus, les femmes de M. Siebold ont été *réveillées par les
contractions*, et celles-ci sont devenues si énergiques que l'accouchement s'est promptement terminé. Remarquons bien que dans un cas
(54), une contraction survient, encore durant l'ivresse, que dans un
autre (55), il y eut également une faible contraction ; dans le cas 56,
des frictions sur l'addomen ont hâté le retour des contractions. Comment expliquer cette suspension momentanée, puis cette activité plus
grande ? M. Simpson, qui a observé le même phénomène dans quelques cas, a dit que les femmes qui l'ont présenté ont eu une émotion

36

morale. A cause de la fréquence du phénomène, ne serait-ce pas plutôt le trouble profond du système cérébro-spinal, qui a retenti sur l'utérus? Celui-ci excité par le travail, excité de plus en plus par l'éther, s'est bientôt relevé de sa commotion, a bientôt repris ses fonctions. Rappelons que la salivation, la sécrétion des muqueuses, n'ont lieu qu'au bout d'un certain temps; que les nerfs ganglionnaires ne réagissent que lentement, et peu à peu contre les irritations, souvent quand la cause a depuis longtemps cessé d'agir (voy. Müller, t. 2, p. 632). Toujours ce fait est là, que dans aucune expérience, faite à une époque avancée du travail, celui-ci n'a été retardé par l'éthérisation, l'énergie des contractions qui sont bientôt survenues ayant compensé et au delà leur suspension momentanée.

Si l'on considère l'excitation par l'éther, des fonctions du cerveau et de la moelle, avant leur abolition, l'excitation du système ganglionnaire en général, les phénomènes offerts non-seulement par la plupart des cas d'accouchements naturels, mais aussi par les cas 13, 32, 35, 39, 40, 41, 42, peut-on douter que les contractions utérines ne soient plutôt activées qu'affaiblies?

Nous sommes donc bien loin de l'opinion de M. Siebold, qui a conclu de ses observations, que l'éther suspend les contractions utérines, et qu'il est inapplicable aux accouchements naturels (1). Analysés attentivement, elles sont plus propres à augmenter qu'à diminuer l'enthousiasme qu'inspire le merveilleux agent.

Le travail n'est pas entravé par l'éthérisation quand il est arrivé à la dernière période; une observation de M. Bouvier porte à croire qu'il n'en est pas ainsi, quand le travail est peu avancé. Une femme multipare était en travail depuis six heures, l'orifice du col était un peu plus large qu'une pièce de 5 francs, et la poche des eaux com-

(1) Dans la pensée que l'éther suspend les contractions utérines, mais que des irritations artificielles les réveillent, le professeur de Gœttingue a dû admettre l'éthérisation pour les opérations obstétricales, la rejeter pour l'accouchement naturel.

mençait à se former; elle fut soumise aux inhalations éthérées pendant *quatre à cinq minutes* et s'endormit. Les contractions utérines, auparavant très-énergiques, cessèrent alors complétement. Le réveil eut lieu par degrés; ce ne fut que *dix minutes* plus tard que la femme se plaignit de quelques tranchées, et que l'on sentit de nouveau le globe utérin se durcir. Les contractions ne se ranimèrent toutefois que lentement, et restèrent faibles et rares pendant *près d'une demi-heure*. L'accouchement se termina heureusement *deux heures après les premières inspirations d'éther*. Le col, auparavant assez ferme, quoique mince, offrit, depuis le moment où les contractions avaient cessé, une mollesse et une flaccidité qu'il conserva jusqu'à la fin du travail. (*Gazette médicale*, 13 mars.) Ce qu'on observe ici ne s'éloigne pas considérablement de ce que nous avons vu dans les cas de M. Siebold; néanmoins, cette observation, à laquelle il est désirable qu'il s'en joigne d'autres, nous semble prouver que l'éther peut, en stupéfiant le système cérébro-spinal, et aussi en stupéfiant jusqu'à un certain point le cœur, et en modifiant la circulation, triompher pendant quelque temps de l'effort de la matrice au début du travail. Il eût été intéressant de voir ce qui eût eu lieu, si les inhalations avaient été prolongées. L'excitation du système ganglionnaire aurait peut-être bientôt contre-balancé l'effet de la stupéfaction du système cérébro-spinal. Que serait-il encore arrivé, si l'on avait fait des frictions sur l'utérus à travers les parois abdominales? Nous avons rapporté, en effet, une observation (56) de M. Siebold, qui montre l'efficacité de ce moyen pour réveiller, durant l'éthérisme, les contractions suspendues. Elle prouve ce qu'il y a de superficiel, s'il nous est permis de nous exprimer ainsi, dans cette suspension, sans compter les faits de MM. Simpson, Hammer, Pr. Smith. De tout ce qui précède, nous concluons que, dans quelques cas, les contractions utérines peuvent être suspendues pendant quelques minutes, même lorsque le travail est arrivé à sa dernière période, mais que cette suspension n'influe guère sur la terminaison de l'accouchement, à cause de l'excitation qui réveille et active bientôt les contractions.

L'innocuité des inhalations éthérées pour la mère et pour l'enfant est démontrée pour la mère, par tous les faits d'éthérisation en général, pour l'enfant par les observations rapportées dans ce chapitre et surtout par celles de M. Pr. Smith. Est-ce à dire qu'il ne peut pas survenir d'accidents? Ce que nous avons dit de l'action physiologique de l'éther sur les diverses constitutions organiques s'applique complétement ici. On ne s'étonnera donc pas si les enfants éthérisés au sein de la mère n'ont pas présenté après leur naissance les accidents convulsifs qu'on leur a prédits. L'éthérisation les rendra probablement chez eux moins fréquents. Pour la mère, au contraire, c'est une chose remarquable que sur cent cas environ d'éthérisation de femmes en travail, on n'ait vu survenir des convulsions qu'une seule fois. Voici ce fait, il est extrêmement instructif; nous allons rapporter l'observation insérée dans le journal anglais *London med. gaz.*, et telle que nous la trouvons traduite dans la *Revue médico-chirurgicale* (juillet).

OBSERVATION LVIII. — *Cas d'éclampsie chez une femme éthérisée à la dernière période de l'accouchement, observé par M. Alexandre Wood.*

« *Une jeune et forte femme*, dont la menstruation avait toujours été douloureuse avant son mariage, et qui, à la suite d'un premier accouchement long et pénible (15 septembre 1845), avait éprouvé de violentes tranchées, devint de nouveau enceinte au bout de neuf mois, et, bien qu'affaiblie, continua d'allaiter son enfant pendant les deux ou trois premiers mois de cette seconde grossesse. Les fonctions digestives avaient d'abord été fort troublées, et le moral vivement impressionné par la perspective du retour des souffrances qu'elle avait éprouvées à son premier accouchement; mais, vers la fin, sa santé s'était améliorée, et ses craintes s'étaient calmées.

« A huit heures du matin, le 29 mars, les premières douleurs de l'enfantement se manifestèrent. Appelé à dix heures et demie, M. Wood trouva tout dans le meilleur état, la tête engagée, l'orifice en voie de dilatation, les parties bien lubrifiées. Les membranes étaient rompues depuis une demi-heure; les douleurs étaient fortes et portaient bien.

« Pressé de mettre les inhalations d'éther en usage, M. Wood refusa d'abord à cause de la marche rapide du travail, qui semblait devoir se terminer bientôt naturellement, mais finit par consentir.

« Il reconnaît que son appareil était imparfait et l'éther employé trop faible. Sans s'expliquer d'une manière précise sur la durée de l'opération, il dit seulement qu'elle fut commencée à onze heures et un quart, et que l'accouchement eut lieu à midi. Pendant tout ce temps, les contractions se succédèrent toutes les huit ou dix minutes, et, bien que la sensation douloureuse fût affaiblie, *jamais, comme dans quelques autres cas, elle ne fut complétement supprimée.*

« Pendant qu'on était occupé, après la sortie de la tête, à dégager le cordon, qui formait deux circulaires autour du col, la femme avait saisi avec force l'embouchoir de l'appareil et continuait d'inhaler la vapeur d'éther; sa face était devenue violette. On eut quelque peine à lui faire lâcher l'appareil, et l'on remarqua alors de profonds soupirs et quelques contractions spasmodiques des doigts. La délivrance eut lieu vingt minutes plus tard.

« M. Wood revit son accouchée entre deux et trois heures. *Elle avait des tranchées d'une violence extrême,* qui ne furent point calmées par la solution d'hydrochlorate de morphine, et n'avaient pas encore diminué d'intensité lorsque le soir, entre neuf et dix heures, M. Wood fit une nouvelle visite. Il remarqua alors que, *pendant chacune de ces tranchées, la bouche se tordait, et que les muscles de la face étaient agités de légers mouvements convulsifs.*

« Il n'avait attaché à ces symptômes aucune signification sérieuse, et ne voyait dans ces mouvements d'autre indice que celui d'une excessive douleur ressentie par la malade; mais, au bout d'une heure, il fut mandé en toute hâte. Deux accès d'éclampsie avaient déjà eu lieu avant son arrivée; un troisième se déclara bientôt après. L'horrible contraction des muscles de la face, l'agitation convulsive des yeux, les mouvements spasmodiques des membres supérieurs, des muscles abdominaux et des membres inférieurs, la suppression de la respiration, le gonflement et la coloration violette du visage, l'engorgement du système veineux cervico-céphalique, le dégagement bruyant de salive écumeuse à la bouche, enfin, l'abolition des facultés intellectuelles et des fonctions sensoriales, tout se réunissait pour caractériser une attaque d'éclampsie. A l'état convulsif succédait l'état comateux; le retour à la connaissance avait lieu ensuite, sans que la mémoire conservât le souvenir de ce qui s'était passé. *Les accès arrivaient à la suite d'une violente tranchée.*

«Après une abondante saignée (40 onces de sang), l'administration du calomel et de l'huile de croton, les applications froides sur la tête, il y eut, vers deux heures du matin, une amélioration sensible. Les accès, encore accompagnés de perte de connaissance et d'une abondante sécrétion de salive visqueuse, ne consistaient plus que dans des mouvements convulsifs des muscles de la face; bientôt ils s'éloignèrent, puis, après quelques variations sous le rapport de la force et de la fréquence, ils cessèrent définitivement le 30, vers six heures du soir. Alors l'amélioration alla croissant, les forces et la santé revinrent rapidement; la femme put allaiter son enfant. Elle a cependant souffert longtemps d'une violente céphalalgie, le matin surtout, et se plaint encore de l'affaiblissement de sa mémoire. »

Cette observation ne confirme-t-elle pas en tous points tout ce que nous avons dit de l'action de l'éther selon la *manière* dont il est administré, selon la *constitution* et les *conditions* de l'individu ? Il nous semble évident que l'éther dans ce cas n'a fait qu'exciter le système nerveux spinal, a rendu le rétentissement des tranchées utérines sur ce système plus intense et plus dangereux; sans doute les attaques d'éclampsie sont peut-être explicables ici sans éthérisation; mais quand on a vu les convulsions survenir chez des sujets *jeunes et forts,* soit au commencement de l'éthérisation, soit après, et quelquefois sans *aucune espèce d'irritation* ajoutée à l'excitation du système spinal, peut-il rester le moindre doute sur la cause de l'éclampsie chez la

malade de M. Wood ? Mais que prouve un pareil fait contre les inhalations éthérées ? Il prouve qu'appliquées d'une manière défectueuse
et empirique, elles sont dangereuses, surtout chez des sujets de constitution robuste et qui ont à subir des *irritations* énergiques. Il y
aura donc pour les médecins qui ne seront pas familiarisés avec l'administration de l'éther, des contre-indications, telles que nous les
avons signalées au chapitre 2. Cependant les femmes en couches, qui
appartiennent à la catégorie de sujets jeunes et bien portants, sont
dans des conditions qui les rapprochent des sujets débiles ; quand
elles sont éthérisées, le travail est déjà très-avancé, c'est-à-dire elles
sont un peu affaiblies ; de plus, leur circulation est très-accélérée, et
c'est une condition très-favorable à l'absorption des vapeurs d'éther,
à la production d'un prompt coma.

Ces conditions expliquent pourquoi l'on n'a observé jusqu'ici qu'un
seul cas d'éclampsie, et doivent rassurer ceux qui craindraient d'é-
thériser à cause des convulsions. Faut-il rappeler que le raptus du
sang vers la tête, que M. P. Dubois a observé dans une de ses expériences, et qui a été sans doute pour beaucoup dans la conduite
réservée que ce professeur a tenue à l'égard de l'éther, rentre dans ces
accidents peu graves, momentanés, qu'on observe si fréquemment
chez les sujets bien portants, surtout s'ils respirent des vapeurs d'éther
irritantes, ou s'ils les respirent, mêlées à un grand volume d'air, trop
lentement. Avec un appareil convenable, on éthérisera parfaitement
toutes les femmes auxquelles on voudra épargner les douleurs de la
dernière période du travail. Mais, qu'on le sache bien, pour éviter
l'action excitante de l'éther sur la moelle, action qui a encore lieu,
quand même les fonctions cérébrales sont abolies (1), pour éviter par

---

(1). Encore une fois l'éther préserve de l'ébranlement cérébral ; mais si la
moelle n'est pas éthérisée, elle ressentira, et dans une éthérisation légère, plus
vivement que jamais, l'irritation d'une opération chirurgicale ou du travail de
l'accouchement. Qu'on ne reproche donc pas précisément à l'éther les accidents

conséquent le retentissement des tranchées utérines sur le système spinal excité, il faudra éthériser la moelle épinière elle-même, produire la respiration stertoreuse et la résolution des muscles, ou si cela effraie l'éthérisateur, il fera respirer les vapeurs *longtemps*, de manière à *hyposthéniser*, non à exciter la malade pendant qu'elle éprouve les dernières tranchées utérines. C'est dans les accouchements, si l'éther, comme nous l'espérons, leur est généralement appliqué, qu'il faudra ériger en méthode les inhalations de longue durée, ce que M. Sédillot a déjà presque fait pour les opérations chirurgicales; les observations 13, 40, encouragent le praticien à imiter la conduite de M. Pr. Smith : alors on pourra soustraire les femmes en couches, non-seulement aux douleurs que cause le passage de la tête par la vulve, mais à toutes les douleurs qu'elles ont à ressentir depuis la complète dilatation du col; on préviendra presque sûrement les attaques d'éclampsie, suites du retentissement d'un travail laborieux sur le système nerveux cérébro-spinal ou sur la moelle épinière seule.

La moelle épinière percevant plus vivement l'irritation venant de l'utérus, sous l'influence d'un éthérisme léger, et étant excitée encore après le réveil, il est évident que ce seraient des conditions favorables à des attaques d'éclampsie chez certaines primipares ; mais notons bien qu'il n'y a plus l'effet des douleurs sur le cerveau ; cet ébranlement prévenu compense ce qui même, dans les cas ordinaires, résulterait d'un ébranlement plus intense de la moelle.

De tout ce qui précède, nous concluons :

1° L'éthérisation est applicable aux accouchements naturels;

2° Légère, elle est moins indiquée chez les femmes d'une constitution forte que chez les femmes délicates, chez les primipares que chez les multipares : profonde ou de longue durée, l'éthérisation est

---

qu'il n'aura pas prévenus. Qu'on se rappelle les paroles de M. Stolz : «Des convulsions pourraient même être la conséquence de l'excès de *douleur perçue* quoique *non ressentie* par la femme.» (*Gazette médicale* de Strasbourg, 27 mars.)

indiquée chez toutes les femmes, au moins à la dernière période du travail.

Nous allons maintenant rapporter une dernière observation de M. Simpson, pour montrer qu'on pourrait associer le seigle ergoté à l'éther, si l'on voulait hâter sûrement la terminaison de l'accouchement.

OBSERVATION LVII. — « Une femme fut amenée à Royal maternity hospital, le 28 janvier, se trouvant en travail depuis trente ou quarante heures. C'était son second enfant. On peut dire qu'à partir de sept heures du soir, heure à laquelle elle entra à l'hôpital, aucune douleur bien évidente ne se manifesta. L'orifice utérin était dilaté, mais la tête encore haute. Quand je la vis, le lendemain à quatre heures du matin, neuf heures après son entrée dans l'établissement, les choses avaient peu ou point changé, et ce cas devenait inquiétant. On fit alors respirer à cette femme parties égales d'éther sulfurique et de teinture d'ergot de seigle. Au bout de quelques minutes il survint une série de contractions utérines extrêmement fortes, et l'enfant naquit un quart d'heure après le commencement de l'inhalation. La mère nous dit ensuite n'avoir pas eu la moindre conscience de son accouchement, si ce n'est au moment où le placenta fut extrait. » (Loc. cit.)

D'après ce que nous avons dit relativement à l'observation de M. Bouvier, on conçoit qu'une courte éthérisation, stupéfiant le système cérébro-spinal, *stupéfiant aussi le cœur,* à cause du contact direct de l'éther avec les filets sympathiques de cet organe, peut être utile pour combattre des accidents d'avortement. Il paraît qu'on a eu à se louer de l'éthérisation dans un cas mentionné dans *The Lancet,* 30 janvier, par M. Skey. Le chirurgien anglais s'est même fondé sur ce fait pour n'éthériser que fort peu de temps la femme à laquelle il pratiqua l'opération césarienne.

Nous terminerons ce chapitre par l'énumération des cas où l'éther a été, à notre connaissance, appliqué dans l'art obstétrical :

MM. Simpson, 40 à 50 fois ; Pr. Smith, 3 ; (*The Lancet,* 1ᵉʳ mai); Skey, 1 opération césarienne ; M. Fournier-Deschamps, 1 ; M. P. Dubois, 5 ; M. Stolz, 3 ; M. Villeneuve, de Marseille, 5 ; M. Bouvier, 1 ; M. Chailly-Honoré, 1 ; Colrat, de Lyon, 1 forceps ; Levicaire, de Toulon, 1 version ; Malle, d'Alger, 1 forceps ; Hammer, de Manheim, 1 ; Ziehl, de Nuremberg, 1 forceps ; Siebold, 5 accouchements naturels, 2 forceps, 1 extraction par les pieds ; Rieffel, de Pesth, 5 accouchements naturels, suites heureuses. A Prague, Scanzoni, 4 forceps et 1 opération césarienne ; Wolmann, 3 forceps ; Roth, 1 forceps.

CHAPITRE III.

APPLICATION DES INHALATIONS ÉTHÉRÉES A LA MÉDECINE.

Avant la découverte de Jackson, et déjà vers la fin du dernier siècle, la thérapeutique avait eu recours aux inhalations éthérées, comme nous l'avons dit dans l'*historique.* Rappelons la pratique de Richard Pearson : ce médecin substitua les vapeurs d'éther au gaz hydrogène, que l'Institut pneumatique avait mis en faveur dans le traitement de la phthisie pulmonaire (1794), et il les préconisa non-seulement pour cette affection, mais encore pour les catarrhes, certaines formes d'asthme, la coqueluche, et pendant quelque temps même contre le croup. Il les faisait respirer de préférence au moyen d'une théière, dans laquelle il versait deux cuillerées d'éther, et qu'il chauffait un peu à la lumière d'une bougie, en fermant avec le pouce l'ouverture du tuyau ; celui-ci était ensuite placé dans la bouche du malade. Pearson ne parvint qu'à faire ressortir davantage les propriétés anodines de l'éther. Après lui, par le discrédit dans lequel tombe la médecine pneumatique, on revient aux anciens errements ; on administre l'éther liquide, ou si on le fait respirer en vapeur, c'est sans appareil proprement dit. Si on lui accorde quelque valeur, c'est comme à un antispasmodique très-utile, sans doute, mais utile comme un palliatif bon à conjurer quelques accidents, ou à modérer la violence de certaines névroses.

La découverte de Jackson a ouvert une voie nouvelle à l'étude et à l'application des propriétés de l'éther. Nous allons indiquer les résultats que la thérapeutique doit à la nouvelle éthérisation, et nous les ferons suivre de quelques considérations générales.

Névralgies. — M. Honoré, après avoir combattu en vain par les moyens ordinaires une prosopalgie violente, eut recours à l'éthérisation qu'il répéta matin et soir au retour de l'accès; enfin, la douleur ne revint plus (Acad. de médecine, 26 janvier et 2 février). Des succès semblables, d'autres momentanés, peut-être par ce qu'on n'insista pas suffisamment sur la médication, ont été obtenus par des médecins français et étrangers, MM. J. Roux, Malle, d'Alger, Sibson, Morgan, Landsdown, Londsdale, Flossmann, Glückselig, etc. Les dentistes ont eu occasion de voir des personnes qu'ils ont éthérisées affranchies de leurs migraines. M. Duméril (Soc. de chirurgie, 3 février) a guéri une gastralgie, accompagnée de vomissements opiniâtres; un médecin de Venise, une hémicrânie et une enteralgie, suite de refroidissement; M. Landouzy, dans un cas analogue, obtint une rémission momentanée.

M. Fourniol, de Mauriac, se loue des bons effets de l'éther dans la coqueluche. M. Willis écrit dans *Medical gazette* (12 février) que, depuis plusieurs années, il a combattu avec succès la coqueluche, des affections laryngées avec occlusion de la glotte, la toux spasmodique, chez des individus *prédisposés à l'apoplexie,* au moyen d'un simple mouchoir trempé dans l'éther et tenu devant la bouche et devant les narines. «A la clinique du professeur Jacksch, de Prague, les mêmes expériences ont été faites dans des cas d'asthme consécutif à des maladies du cœur. Dans plusieurs, l'amélioration fut remarquable; dans d'autres, elle fut moindre, on ne nota jamais de suites fâcheuses. » (Halla.)

Dysménorrhée. — Un docteur anglais, M. Braid, a traité avec succès une dysménorrhée très-douloureuse à l'aide des inhalations éthérées.

Delirium tremens. — L'éthérisation tentée à deux reprises pendant 20 à 30 minutes n'a développé qu'un tremblement plus intense que celui qui existait habituellement chez un homme de quarante ans, livré depuis longtemps à l'abus des boissons alcooliques, et affecté de *delirium tremens* (Chambert).

Tétanos, névrose ordinairement consécutive à des lésions traumatiques. Nous avons dit notre pensée sur le malade de M. Roux (obs. 18), et sur le malade plus heureux de M. Pertusio, de Turin. (*Revue médico-chirurgicale*, avril.)

Le *Spectateur égyptien* du 26 juin rapporte un cas de tétanos traumatique guéri par M. Frank, premier médecin d'Ibrahim-Pacha, au moyen de l'éther prescrit en potion, à la dose d'une demi-once par jour. Le malade était un jeune campagnard.

Hystérie. — M. Piorry a expérimenté sur trois femmes fortement hystériques. Une seule, éthérisée trois jours de suite, présenta une amélioration après la troisième expérience. « Chez toutes les hystériques, dit M. Kronser, les inhalations éthérées eurent de bons effets; les douleurs disparurent très-rapidement, et, si les malades ne furent point guéris, on n'observa pas du moins une plus grande durée dans leurs accès ; quand ceux-ci revenaient, on renouvelait l'éthérisation, les malades étaient à l'instant soulagées. » Des femmes hystériques ont été éthérisées et opérées sans avoir d'accès ; d'autres en ont présenté durant l'éthérisation, et surtout quand elles ont subi des opérations, telles que l'arrachement d'ongles incarnés, des extractions de dents, des excisions de végétations ; enfin, des femmes soumises aux vapeurs d'éther ont été prises pour la première fois de véritables accès hystériques. Nous avons indiqué les causes de ces différences.

Épilepsie. — M. Kronser rapporte les résultats obtenus sur trois épileptiques au moyen des vapeurs d'éther. L'un eut la nuit suivante des accès plus fréquents ; ils devinrent plus rares chez un autre ; le troisième resta dans le même état. M. Riedl, de Prague, obtint une amélioration marquée avec de l'éther acétique chez trois aliénés épileptiques. M. Moreau (de Tours) est le premier médecin auquel la science doit des expériences nombreuses et suivies sur des épileptiques.

Si l'on éthérise jusqu'à produire la stupeur, il est rare de ne pas voir survenir un accès en tout semblable aux accès ordinaires ; mais tandis que ceux-ci arrivent brusquement, ceux-là arrivent peu à peu, presque invariablement annoncés par l'excitation, l'ivresse, l'approche de la stupeur. Les attaques provoquées sont moins courtes que les autres ; c'est ce qu'on a observé aussi pour l'hystérie. M. Moreau a éthérisé neuf épileptiques chaque matin durant huit jours, puis avec un ou deux jours d'intervalle entre l'éthérisation. En définitive, il a obtenu une légère amélioration chez l'un d'eux, dont les accès débutèrent moins brusquement et ne furent plus suivis de délire comme auparavant. (*Gazette des hôpitaux,* 1er avril.)

M. Lemaître, de Rabodanges, a traité deux épileptiques au moyen des inhalations éthérées ; il paraît avoir guéri pour toujours l'un de ses malades (Académie des sciences, 14 juin).

Aliénation mentale. — M. Falret a essayé de modifier le délire d'une femme affectée de lypémanie avec tendance au suicide. On l'éthérisa le 20 janvier, et quand elle fut insensible, on lui appliqua un séton. Au réveil, le délire revint nullement modifié. M. Armand Jobert, de Dôle, directeur d'une maison de santé, écrit à la *Gazette des hôpitaux* du 16 février, qu'il soumet aux vapeurs d'éther des aliénés qui sont au début de leur délire, chez lesquels, par conséquent, une lésion organique du cerveau n'est point invétérée. Pendant que les malades respirent l'éther, M. Jobert leur pratique une saignée du bras, ou leur applique des ventouses sèches ou scarifiées. Au sortir de l'état comateux, ils reprennent peu à peu l'usage de leurs sens, et leur raison est *pour longtemps* rétablie... Après cela, le délire reparaissant, je ne puis encore parler de guérison positive.

M. Cazenave, de Pau, a calmé l'agitation d'une folle qui, depuis cinq mois, n'avait pu prendre le moindre repos.

Manie puerpérale. — Une femme, récemment accouchée, dans le service de M. Bouvier, était depuis quinze jours dans un délire continuel, l'éthérisation y mit fin.

Méningite. — M. Besseron, médecin en chef de l'hôpital de Mustapha, à Alger, eut recours, dans une épidémie de méningite cérébrorachidienne qui avait enlevé jusque-là tous les malades à l'exception d'un seul, aux vapeurs d'éther, qu'il fit respirer à doses fractionnées, selon les principes qui dirigent le médecin dans l'emploi du tartre stibié. Les malades étaient d'abord vigoureusement traités par les antiphlogistiques, puis par quatre, six, huit, dix inspirations de vapeurs d'éther, renouvelées toutes les deux heures, toutes les heures, et, dans les cas les plus graves, tous les trois quarts d'heure.

Dans ces derniers cas, M. Besseron a observé que la tolérance ne s'établissait qu'après vingt-quatre, trente-six heures au plus. Du reste, les effets des vapeurs étaient ceux auxquels on pouvait s'attendre chez des sujets faibles dont la moelle est irritée. Le caillot du sang, après les inhalations, n'était plus couenneux, quelle que fût l'ancienneté de la maladie.

Sur neuf militaires soumis aux vapeurs d'éther, deux ont succombé, l'un au troisième, l'autre au cinquième jour du traitement; trois pouvaient être considérés comme guéris lorsque M. Besseron écrivait le mémoire qu'il a envoyé à l'Académie des sciences (24 mai); deux étaient dans un état satisfaisant; des deux autres, chez le premier, l'issue de la maladie était incertaine; chez le second, il était à craindre qu'elle ne passât à l'état chronique. A l'autopsie de tous les malades morts sans avoir été éthérisés, on a trouvé du pus et des fausses membranes dans l'arachnoïde cérébrale et rachidienne; dans certains

cas, le pus était si abondant qu'il fusait à travers les trous de conju-
gaison dans les espaces intercostaux. Rien de tout cela chez les deux
malades qui ont succombé malgré l'éthérisation.

Phthisie pulmonaire. — Un docteur anglais a éthérisé, non sans
crainte sur les suites de l'expérience, un jeune homme atteint de cette
maladie ; la toux a été modérée, les nuits sont devenues meilleures
(*London med. gaz.*). Il ne connaissait pas, et ainsi bien d'autres, la
pratique de Pearson. M. Rochoux a rappelé le 26 janvier à l'Académie
de médecine que le docteur Delaroche employait également, il y a quelques années, les inhalations d'éther contre la phthisie.

Si nous ajoutons quelques cas de catarrhe bronchique et *un cas de
choléra* (journaux du 29 octobre) où l'on fait respirer les vapeurs
d'éther avec succès, nous avons passé en revue presque toutes les
applications que l'éthérisation a fournies jusqu'à présent à la médecine. Chez trois malades affectées de bronchite chronique, et éthérisées
pour un autre motif, on a noté les bons effets des vapeurs d'éther
(obs. 9, 40, 41).

Nous avons jugé superflu de rapporter les expériences en détail.
Les individus atteints de maladies convulsives ont offert nécessairement des exacerbations de leurs symptômes, avant de tomber dans le
coma ; les hystériques et les épileptiques sont pris de leurs attaques.
nous en avons parlé. On a dit que ces derniers malades et les aliénés
sont presque réfractaires à l'influence de l'éther ; on a essayé en vain
de plonger dans l'éthérisme un homme affecté de *delirium tremens.*
C'est exact en ce sens que, d'une manière générale, ces sujets sont prédisposés à l'agitation, que quelques-uns respirent mal l'éther tout
d'abord, que la plupart sont des adultes encore assez robustes. Chez
ces sujets, il faut pratiquer les inhalations forcées avec la vessie.
Quant aux autres malades, l'éthérisation n'a eu chez eux rien de
particulier. Toutefois il est bon de rappeler le cas d'un homme de
soixante et douze ans, d'une constitution apoplectique, affecté depuis
un grand nombre d'années d'un tic très-douloureux de la face. Les

accès étaient accompagnés de contractions spasmodiques des muscles de la face et du cou, revenaient à chaque repas, et faisaient craindre une hémorrhagie cérébrale. Son médecin l'a éthérisé plusieurs fois, sans oser produire l'insensibilité. L'éthérisation provoquait des paroxysmes; les premiers furent violents, les suivants furent légers; la névralgie fut, en somme, beaucoup amendée. La conduite de ce médecin était très-propre à causer l'accident qu'il redoutait. Dans de pareils cas, une éthérisation prompte et hyposthénisante est indiquée.

Les résultats définitifs de toutes les expériences ont été ceux qu'on pouvait attendre d'un puissant stupéfiant. Il est à regretter que plusieurs n'aient pas été faites avec suite; cependant on peut déjà prévoir l'utilité des vapeurs d'éther dans tous les cas où la thérapeutique avait recours, avec quelque espoir, aux narcotiques les plus énergiques. La facilité de l'administration, la promptitude de l'action de l'éther, et le degré auquel on peut la porter sans danger, feront de l'éther une ressource précieuse contre toutes les névroses plus ou moins complexes et graves. Du reste, l'éther liquide ou en vapeurs avait déjà été administré depuis longtemps contre toute espèce de troubles nerveux, mais indépendants d'une inflammation directe de l'arbre cérébro-spinal.

Les faits de M. Besseron, isolés, auraient sans doute peu de valeur, surtout si l'épidémie de méningite touchait à sa fin, ce que nous ignorons; mais, d'après tout ce qu'on a vu de l'action de l'éther, peut-on douter de son influence salutaire sur les affections inflammatoires? Les Italiens, qui rangent l'éther parmi les hyposthénisants, n'en doutent certainement pas. Est-ce à titre d'excitant, de stupéfiant, d'hyposthénisant, que l'éther a été utile, et doit être employé dans les inflammations chroniques des organes respiratoires? Une action excitante de l'éther sur ces organes est incontestable, soit qu'elle dépende de l'action directe des vapeurs d'éther sur la muqueuse bronchique, soit plutôt qu'elle dépende de leur action générale sur le système nerveux ganglionnaire. Nous croyons donc que cet agent peut être assimilé aux médicaments dits balsamiques, aux expectorants, et qu'il est indiqué dans les mêmes cas.

Si nous sortons du cadre des expériences rapportées plus haut, si nous nous rappelons l'action de l'éther, donné à faible dose, nous sommes forcé de le placer à côté des excitants alcooliques ; si nous tenons compte de son action hyposthénisante et stupéfiante, il devra être rangé parmi les antiphlogistiques et les narcotiques ; si nous l'injectons en vapeurs ou mélangé avec de l'eau dans l'intestin, il prendra place à côté des anthelminthiques ; si nous croyons aux succès de la pratique de Desbois, de Rochefort, nous lui donnerons quelquefois la préférence sur les antipériodiques ordinaires, même sur le quinquina ; Durande le préconisait associé à la térébenthine contre les calculs biliaires ; l'éther liquide sera un excellent vomitif, applicable comme purgatif... Que faut-il de plus pour que l'éther soit une véritable panacée, et pour justifier ce pharmacien de Halle, s'appelant Martmeyer, qui vendait dès 1710 le médicament en question sous le nom de *panacea vitrioli ?*

CHAPITRE IV.

INHALATIONS ÉTHÉRÉES APPLIQUÉES A LA MÉDECINE LÉGALE.

L'éthérisation est un moyen inoffensif à l'aide duquel on peut reconnaître si des individus simulent certaines affections ou s'ils en sont réellement atteints. M. Baudens a communiqué, le 8 mars, à l'Académie des sciences, les observations de deux conscrits, dont l'un, par la contraction des muscles d'un côté du corps, simulait une incurvation très-forte du rachis, dont l'autre avait une ankylose de l'articulation coxo-fémorale du côté gauche, présumée simulée. L'éthérisation, relâchant les muscles, montra la supercherie dans le premier cas, la vérité dans le dernier. Un individu simule la surdité, la mutité ? Éthérisé et endormi, le prétendu sourd se réveillera au bruit qu'on fera ; au milieu de l'ivresse éthérée, le prétendu muet se trahira. Il est cependant possible que toutes les expériences ne réussissent pas.

Je suppose un empoisonnement par l'éther. Il serait décelé par l'odeur d'éther qui persiste d'une manière presque indélébile dans les tissus morts. Des membres de malades amputés sous l'influence de l'éther la répandaient encore fortement au bout de plus de huit jours. A Vienne, on a sacrifié un bœuf qu'on avait éthérisé ; la viande n'a pu servir à la consommation , malgré toute espèce de préparation. On ne trouverait, du reste, qu'une accumulation de sang dans les gros vaisseaux et des congestions hypostatiques.

L'empoisonnement est-il le résultat d'un suicide ou d'un homicide ? Il est bon de rappeler, pour éclairer les recherches médico-légales, que durant l'état d'insensibilité, les piqûres , les contusions légères, comme je l'ai bien des fois constaté , n'appellent point le sang dans la partie de la peau lésée et ne s'entourent pas d'une auréole ; que, sous l'influence de la brûlure, l'épiderme peut se décoller et former des ampoules séreuses , malgré l'état d'insensibilité , même sur certains cadavres, comme le prouvent une observation de M. Leuret (*Annales d'hyg.*, t. 14, p. 370) et les expériences de M. Bouchut (Académie des sciences , 8 mars).

CHAPITRE V.

ADMINISTRATION DES VAPEURS ÉTHÉRÉES.

Il nous reste à parler du mode d'administration des vapeurs éthérées. Nous traiterons d'abord des inhalations, et dans un autre article , d'une deuxième méthode qui consiste à injecter l'éther dans le rectum.

ARTICLE 1ᵉʳ. — *Inhalations éthérées.*

Dans l'application des inhalations éthérées , trois points sont à considérer : 1° l'éther à employer, 2° les appareils, 3° leur maniement, dont le succès dépend du malade et de l'opérateur.

Éther inhalé. — Il est important de s'assurer de sa pureté, et d'en connaître certaines propriétés, pour l'administrer convenablement et sans danger.

L'éther sulfurique pur est un liquide incolore, limpide, très-volatil, *très-inflammable,* d'un poids spécifique de 0,720, à 15° cent., bouillant à 36°, soluble dans dix parties d'eau, et, en toute proportion, dans l'alcool. Si son poids spécifique dépasse 0,74, l'éther est mêlé à beaucoup d'eau et d'alcool. Il doit répandre une odeur agréable, sinon il contient de l'acide sulfureux, de l'huile de vin ; rougit-il le papier de tournesol, c'est la preuve qu'il a été mal conservé et qu'il s'est formé de l'acide acétique. Il peut renfermer encore de l'acide sulfurique, du sélénium, du fer et d'autres oxydes métalliques, provenant des parois du vase. Les acides sulfureux et sulfurique exceptés, ce ne sont pas ces substances étrangères qui provoquent la toux, mais toutes, en définitive, rendent l'action de l'éther moins sûre, et il est bon de n'employer qu'un éther bien rectifié.

Comme nous l'avons dit ailleurs, l'éther le plus pur est irritant dans certaines conditions. C'est ce que nous avons constaté par nous-même, ignorant que depuis longtemps, dès le mois de février, M. Porta, de Pavie, avait rendu compte du même fait, et que M. Buffini, directeur de l'hôpital Majeur, à Milan, l'avait éclairé par des recherches précises. M. Buffini a, en effet, démontré que la vapeur éthérée qui se mêle d'ailleurs avec l'air en toute proportion, peut se trouver au milieu de celui-ci en deux états : 1° à l'état de mélange homogène qui n'ôte pas à l'air sa transparence, et qui constitue comme un état de dissolution ; 2° à un état moins intime, analogue à celui de la vapeur d'eau dans les brouillards. A 13° cent., il faut 7 grammes 8 décigr. pour saturer 3 litres d'air atmosphérique ; ce mélange inspiré ne provoque pas de phénomènes d'irritation. L'air qui renferme une proportion plus considérable de vapeurs en renferme à l'état vésiculaire, et le mélange est irritant. (*Ann. univ. Omodei*, mars 1847.) Il faut savoir aussi que ces deux mélanges prennent feu à l'approche d'un corps en ignition.

M. Landouzy, de Reims, le premier, a communiqué le 9 février, à l'Académie de médecine, le résultat des expériences qu'il a faites à ce sujet sur des lapins et sur des chevaux. Il a constaté qu'en approchant du feu, immédiatement après les inhalations, du nez et de la bouche de l'animal, les gaz expirés s'enflamment avec une légère détonation, qu'ils brûlent tout au plus pendant trente secondes, sans qu'il en résulte autre chose qu'une combustion incomplète des poils. Si deux ou trois minutes se sont écoulées depuis l'interruption des inhalations, les gaz expirés ne sont plus inflammables. M. Buffini a fait de son côté les mêmes expériences; il a fait observer que la proportion inflammable de vapeurs d'éther peut se rencontrer aisément autour des malades qu'on éthérise avec les appareils ordinaires construits de façon à laisser librement échapper les vapeurs de l'appareil et les vapeurs expirées; il a conclu qu'il serait toujours imprudent de tenir dans la chambre du patient qu'on éthérise des lumières artificielles, des charbons ou du bois allumés, même à distance, et que pour éviter ces inconvénients il serait utile de faire respirer l'éther dans des récipients fermés.

Il nous est arrivé, à nous-même, en expérimentant une fois la nuit avec la vessie, de nous approcher d'assez près de la bougie, l'appareil contenant de l'éther et étant ouvert. La vapeur, en contact avec la flamme, communiqua le feu à l'éther de l'appareil; une détonation légère, une flamme d'un instant : voilà l'effet produit; on pouvait s'attendre à voir la vessie, substance très-combustible, brûler elle-même.

M. Buffini rappelle aussi cette autre propriété de la vapeur éthérée, d'avoir une gravité spécifique plus grande que celle de l'air; que par conséquent celle qui est disséminée dans l'atmosphère de la chambre des malades descend peu à peu vers le sol; que respirée par ces derniers à la suite de l'opération, elle peut être nuisible à leur santé; qu'il importe donc de ne pas la répandre sans raison dans les salles des hôpitaux et auprès des lits des malades. Un dernier point important à connaître pour l'application des inhalaisons éthérées, c'est la marche qui suit l'évaporation de l'éther ; ce que nous avons de mieux à faire, c'est de rapporter les conclusions de l'excellent mémoire de M. Doyère sur le dosage des vapeurs (*Comptes rendus de l'Institut,* 19 avril 1847).

« 1° La température de l'éther et de l'appareil qui le contient éprouve un abaissement de 15 à 25 degrés durant une inhalation de six à dix minutes.

« 2° Cet abaissement de température diminue, suivant une progression très-rapide, la dose de vapeur d'éther contenue dans l'air que fournit l'appareil.

« 3° Cette dose est de 15 à 20 pour 100 en moyenne pendant la première minute de l'inhalation, et de 22,5 pour 100 à l'origine.

« 4° A la fin d'une inhalation de six minutes, elle est tombée de 22,5 à 8 pour 100, si les inspirations ont continué à avoir lieu en même nombre et avec la même capacité.

Après huit à dix minutes, l'air inspiré peut ne contenir plus que 4 à 5 pour 100 de vapeur d'éther.

« 5° La composition de l'éther varie peu pendant la durée de l'inhalation, si l'éther est anhydre ou très-rectifié ; elle varie beaucoup, au contraire, si l'éther a une densité supérieure à 0,75.

« 6° Dans un éther dont la densité est de 0,768, l'effet de cette variation peut être de faire tomber la dose de vapeur d'éther de 15 à 20 pour 100, à moins de 4 pour 100 ; encore la vapeur fournie dans ce cas n'est-elle composée de vapeur d'éther que pour une faible partie.

« 7° L'action des températures artificielles double et triple l'évaporation.

« 8° La température d'un été moyen doublera presque la dose de vapeur d'éther fournie par les appareils actuels.

« 9° La durée et la fréquence des inspirations sont *à peu près* sans influence sur la proportion de vapeur d'éther.

« 10° Cette proportion augmente avec les quantités d'éther que l'on emploie pour les quantités de 25 grammes et de 100 grammes ; les quantités de vapeur sont entre elles comme les nombres 11 et 15.

« 11° L'agitation de l'appareil accélère très-rapidement l'évaporation ; elle peut la doubler et même la tripler suivant qu'elle est modérée ou violente.

« 12° L'influence des éponges introduites dans l'appareil est de réduire l'évaporation. Cette réduction peut aller au tiers de l'évaporation normale. »

Ces propositions rendent parfaitement compte de la manière de fonctionner des appareils, et font comprendre ce qu'il y a de défectueux dans la plupart d'entre eux, mais aussi le peu de danger qu'il y a dans les inhalations prolongées au moyen de ces appareils.

Appareils. — Il serait aujourd'hui fastidieux de décrire, de critiquer, même en détail, les appareils, se bornerait-on aux principaux, et surtout aux plus beaux. Disons seulement, d'une manière générale, de quoi ils se composent. On peut les diviser en trois catégories : 1° les plus simples, auxquels on peut accorder à peine le nom d'appareils, consistent en un récipient (sens le plus large du terme) quelconque de l'éther qu'on respire, le récipient rapproché des narines et de la bouche, ou maintenu à distance, mais une alèze circonscrivant une atmosphère éthérée autour de la tête du patient. Le récipient, dans le premier cas, est le flacon qui renferme l'éther, ou un mouchoir, une éponge qu'on trempe dans l'éther ; dans le second, c'est une assiette offrant une large surface à l'évaporation. 2° Les appareils de deuxième classe, parmi lesquels se trouvent les plus compliqués, consistent en un réservoir offrant une ouverture pour l'éther et l'entrée de l'air, et une autre à laquelle s'adapte un tuyau. Ce tuyau se termine de façon à administrer l'éther par les narines (1)

---

(1) M. Bergson, auteur d'une brochure sur l'éther, a mis sur le compte des

ou par la bouche, ou par la bouche et par les narines à la fois (appareil de MM. Bonnet et Ferrand). A une distance plus ou moins grande de l'extrémité du tuyau sont disposées deux soupapes destinées à laisser pénétrer les vapeurs de l'appareil dans la bouche et dans les narines, et à empêcher les gaz expirés d'arriver dans le réservoir. Les vapeurs d'éther sont inspirées au moyen d'un courant d'air qui s'établit dans l'appareil, grâce à l'ouverture restée libre. Au moyen d'un robinet à double effet, on peut rétrécir ou élargir cette ouverture en élargissant et rétrécissant, *vice versa*, l'ouverture du tuyau, de manière à administrer de l'air atmosphérique pur ou mélangé d'une quantité plus ou moins considérable de vapeur d'éther. Sur ces données sont construits tous les appareils ordinaires, ceux de MM. Charrière, Lüer, etc. L'appareil de M. Doyère présente un thermomètre très-sensible plongeant dans le courant d'air éthéré. Le *courant d'air n'est censé être que saturé.* Si cela était, et d'après la disposition d'un robinet gradué très-ingénieux, on pourrait savoir le degré de saturation de chaque colonne d'air éthéré inspiré (et absorbé? non, car presque la moitié des vapeurs inspirées est perdue par l'expiration). M. Maissiat a aussi disposé en *régulateur* le robinet à double effet, dans le but d'apprécier la quantité d'éther absorbée. Les robinets à double effet sont utiles, mais les régulateurs ne règlent rien, comme il est facile de le concevoir d'après une foule de circon-

---

inhalations par la bouche, *voie respiratoire non naturelle,* tous les accidents qui proviennent des mauvaises conditions du mélange éthéré inhalé. Il fait respirer l'éther par les narines, *voie respiratoire naturelle,* et il arrive à des résultats de toute espèce qui ne laissent rien à désirer. Il est bon de distinguer une aussi bonne méthode. M. Bergson, excellent père adoptif, la dénomme *méthode allemande.* Notons qu'il est seul à la vanter. Avec autant de raison, M. Bergson appelle *méthode française* le genre d'inhalations par la bouche et par les narines, appliquées par les seuls MM. Ferrand et Bonnet, de Lyon; *méthode anglaise,* le genre d'inhalations par la bouche seule, appliquées par presque tous les chirurgiens de l'Amérique et de l'Europe.

stances indépendantes du malade et de l'opérateur. 3° Une troisième classe renferme les appareils à réservoir muni d'une seule ouverture; nous voulons parler des vessies de bœuf ou de porc, dont le col, agrandi, s'applique lui-même sur les lèvres, ou à laquelle on adapte un tube. Ce tube se termine par une embouchure seulement ou présente une embouchure et un robinet, au moyen duquel on peut fermer et ouvrir l'appareil. On expire dans l'appareil, dont l'air sert à la respiration pendant la minute ou les deux minutes que dure l'éthérisation. D'après M. Rognetta, qui a suivi avec soin les progrès de la question de l'éther (*Annales de thérapeutique*), les appareils des deux premières classes peuvent être appelés *expirateurs externes;* ceux de la troisième, *expirateurs internes,* ou bien encore, les premiers, *appareils à éthérisation lente;* les derniers, *appareils à éthérisation rapide.*

Parmi tous ces appareils, lequel, théoriquement et pratiquement, est le meilleur? Il suffit de se rappeler ce que nous avons dit plus haut, en traitant de l'éther, pour juger des inconvénients attachés aux deux premières classes d'appareils. La comparaison des appareils ordinaires avec la vessie se trouve dans les conclusions suivantes du mémoire de M. Buffini; elles expriment parfaitement notre manière de voir, et le résultat de nos observations et de nos propres expériences; nous les empruntons, traduites, aux *Annales de thérapeutique* (juillet):

« Le courant d'air qu'on fait passer sur l'éther dans les appareils ordinaires entraîne les vapeurs éthériques sans les dissoudre uniformément : c'est ce qui les rend irritantes, provoque la toux et en rend souvent la continuation insupportable. Par cette méthode, on ne peut voir que des mélanges imparfaits et variables d'air et d'éther, la célérité plus ou moins grande de la respiration, la température, la quantité d'éther, le diamètre du tube, etc., faisant varier considérablement les proportions. Il en résulte que tantôt l'air en est très-chargé, presque comme de l'éther pur, ce qui rend la chose insupportable ou même dangereuse, tantôt l'air n'en contient que trop peu, ce qui fait manquer le but. De là l'incertitude des résultats, les accidents dont on a parlé d'un côté, et l'inefficacité des appareils dont on s'est plaint de l'autre.

« La proportion la plus convenable du mélange éthérique pour produire constamment l'insensibilité avec promptitude et sans danger est celle dans laquelle l'air est saturé d'éther. Cette saturation peut s'obtenir parfaitement dans une vessie de la capacité de 2 litres d'air, dans laquelle on a employé à + 13° cent., 14 gramm. 8 d'éther, et 1 décigr. de moins pour chaque degré d'une température supérieure, si on opère dans une chambre plus chaude que 13°. Pour cela, on doit remplir la vessie à l'aide d'un soufflet, puis on y verse l'éther et l'on ferme rapidement le robinet ; on agite le liquide en différents sens, pendant trois à quatre minutes, ensuite on fait respirer l'air. Cet air, ainsi préparé, n'irrite aucunement la poitrine, car l'éther y est dissous et ne s'y trouve pas sous forme vésiculaire (exp. 17). — Nous venons de dire qu'une vessie de 2 litres d'air se sature complétement à + 13° cent. avec la vapeur de gram. 14,8 d'éther. Il est bon cependant, pour la pratique, d'avoir une vessie de 3 litres ; car au moment de verser l'éther on perd une partie de l'air, et la vessie ne reste pleine qu'aux trois quarts ; c'est tout ce qu'il faut. Cette quantité d'air atmosphérique suffit pour une respiration normale pendant deux minutes et quart. Or, l'insensibilité éthérique arrive par ce mélange avec une rapidité extraordinaire, quelques inspirations suffisant pour la produire ; par conséquent aucun danger d'asphyxie ne saurait exister. »

Nous croyons donc, avec M. Buffini, que la vessie est préférable aux autres appareils, quel que soit le point de vue sous lequel on les envisage. Tous les jours, on compte des insuccès avec ces appareils les plus parfaits : M. Pitha, de Prague, M. Porta, de Pavie, M. J. Roux, de Toulon, n'ont eu recours qu'à la vessie pour les nombreuses opérations qu'ils ont pratiquées et dont ils ont consigné les résultats dans des travaux remarquables ; il n'y est pas fait mention d'un seul in-

succès. Les appareils ordinaires réussissent très-généralement, c'est
vrai, parce que, généralement, les sujets à éthériser sont affaiblis;
une simple théière, une éponge et un entonnoir, une éponge seule,
plus, du thé, enfin l'appareil Mayor, suffisent pour endormir les enfants et les vieillards. Mais la vessie est applicable à toutes espèces de
constitutions; elle est indispensable pour les sujets chez lesquels une
éthérisation lente provoquerait de l'agitation, des convulsions. Elle
commence, du reste, à être adoptée dans les hôpitaux de Paris, grâce
aux louables efforts qu'a faits M. Rognetta pour faire substituer à la
méthode ordinaire la méthode dont M. Porta, le digne successeur de
Scarpa, a le premier montré les avantages.

Procédé opératoire. — On verse une quantité indéterminée, mais
considérable, dans les appareils à soupapes. On habituera le malade à
bien respirer, en laissant d'abord le robinet à double effet, fermé de
façon à ne donner que de l'air pur, et on lui recommandera de respirer
d'une manière égale et profonde. On tourne peu à peu le robinet; si
le malade tousse, cela prouve qu'il a fait une inspiration brusque, ou
qu'on a ouvert un peu trop le robinet. Pour la vessie, on y verse, après
l'avoir préalablement distendue avec de l'air, une ou deux cuillerées à
bouche d'éther, selon la capacité de la vessie; on l'agite; on l'applique
sur la lèvre du patient; s'il tousse, l'air inspiré est sursaturé; on laisse
échapper un peu de vapeurs. Point de toux ne survient, on ferme les
narines du malade avec deux doigts. Veut-on éviter les tâtonnements,
on n'a qu'à verser dans l'appareil une quantité d'éther déterminée
d'après les données fournies par M. Buffini.

Avec les appareils ordinaires, l'éthérisation est lente, d'autant plus
que le sujet est plus robuste. Avec la vessie, elle est rapide, demande
une à deux minutes pour amener le coma éthéré, si la saturation de
l'air inspiré a été suffisante. Dans les deux cas, si le malade s'agite, on
le maintient de force, à moins que les vapeurs administrées, étant irritantes, ne provoquent la toux, ou des mouvements de déglutition,
l'occlusion de la glotte, etc. Survient-il un accès convulsif, nous pen-

sons qu'il est indiqué de continuer l'éthérisation. Mais ce ne sera pas chose facile, et l'accès *artificiel* étant moins grave, plus court que l'accès *naturel,* on peut remettre l'éthérisation à un autre jour.

Quel que soit l'appareil qu'on emploie pour avoir la mesure du degré de l'éthérisme, on ne peut se guider que d'après le pouls, l'état de la respiration et des muscles en général. Tant qu'il y a des mouvements convulsifs, l'éthérisme est léger. La respiration ronflante ne prouve rien, si le pouls est bon ; le malade est seulement bien endormi. L'abattement des traits de la figure, la faiblesse avec la rareté ou la fréquence excessive du pouls, l'impassibilité complète du malade, le refroidissement de la peau, sont des signes d'éthérisme profond.

Selon la nature de l'opération, la force du sujet, on produira un éthérisme variable. L'opération doit-elle durer longtemps, on éthérisera d'abord au degré nécessaire pour maintenir le malade dans l'immobilité; on cessera les inhalations pour les reprendre dès qu'il manifestera, par quelque mouvement, son prochain réveil ou le retour de la sensibilité; en un mot, on pratiquera les inhalations intermittentes. Pour éthériser dans ces cas, *il faut plus que jamais un aide intelligent, attentif, familiarisé avec le maniement de l'éther.* Les appareils ordinaires, dans ces mêmes cas, doivent être légèrement échauffés par un moyen quelconque.

La question des *inhalations d'essai* qu'on avait soulevée au sujet des idiosyncrasies plus ou moins réfractaires aux vapeurs éthérées est aujourd'hui résolue par l'emploi de la vessie et par les inhalations intermittentes.

ARTICLE II. — *Éthérisation rectale.*

M. le professeur Roux, dans une de ses premières communications sur l'éther à l'Académie des sciences, a parlé, le premier, de la possibilité de rendre les malades insensibles par l'injection d'éther dans le rectum (Académie des sciences, 1er février).

On a, depuis, expérimenté l'éthérisation rectale de trois façons :

1° M. Vicente y Hedo a expérimenté sur les animaux avec de l'éther pur, et a constaté que son procédé donne lieu à des accidents mortels ; il le rejette comme non applicable à l'homme : il faut dire que M. Vicente y Hedo a fait usage d'une trop forte dose d'éther (Académie des sciences, 17 mai).

2° M. le docteur Marc Dupuy (voy. *Comptes rendus des séances de l'Académie des sciences*, 5 avril) a expérimenté aussi sur les animaux, avec un mélange d'éther liquide et d'eau ; il avoue qu'on s'expose à développer une inflammation de la muqueuse de l'intestin (thèse inaugurale, p. 53). Ses expériences ont montré qu'on la provoque ; il ne croit pas moins que l'éthérisation, par *la méthode qu'il a proposée le premier,* à l'en croire, est préférable aux inhalations, parce que l'inflammation de la muqueuse intestinale est « moins à redouter que celle qui *pourrait* survenir, lorsqu'on introduit l'éther dans l'économie par les poumons. » D'après l'aveu de M. Marc Dupuy lui-même, et d'après ce que nous avons dit de l'irritation des bronches par les vapeurs éthérées, le procédé dont il est question, et qui n'a jamais été appliqué à l'homme, ne saurait souffrir de comparaison avec les inhalations.

3° M. Pirogoff, professeur de clinique chirurgicale à Saint-Pétersbourg, après avoir expérimenté avec succès les vapeurs d'éther injectées dans l'intestin des animaux, les a injectées dans le rectum de ses malades. Selon M. Pirogoff, le narcotisme survient ici plus sûrement, plus rapidement, et sans aucune excitation préalable, à peine la vapeur d'éther a-t-elle pénétré dans le rectum, que l'*S* iliaque se distend ; la respiration et le pouls s'accélèrent, et au bout de une à deux minutes, on peut déjà constater l'odeur éthérée de l'haleine. En aussi peu de temps, le malade s'endort d'un sommeil calme et profond qui dure encore après qu'on a éloigné l'appareil, et plus longtemps que le sommeil amené par les inhalations. Les muscles volontaires sont relâchés également très-rapidement et complétement : les muscles involontaires ne cessent pas de se contracter. Peu de temps après l'éthérisation, il s'échappe par l'anus une grande quantité de gaz, mêlés de vapeur d'éther, sans que celle-ci discontinue d'agir sur le système nerveux; souvent il y a des selles. Ici, point d'irritation du côté des poumons. L'état ultérieur des opérés n'offre rien de défavorable qui puisse être imputé à l'éther. Les suites sont aussi heureuses qu'il est possible de le souhaiter, d'après les circonstances. Sur 40 opérations que M. Pirogoff a pratiquées d'après cette méthode, il n'a échoué que dans trois cas : dans l'un, l'intestin qui doit toujours être préalablement vidé par un lavement, ne l'avait pas été; dans un autre, la muqueuse du rectum était le siége d'une irritation; dans le dernier, le tuyau élastique était détérioré. M. Pirogoff a fait construire, pour appareil, un clysoir à pompe entouré d'un cylindre, destiné à contenir de l'eau chauffée à 40°. La vapeur éthérée s'élève dans un tuyau élastique, dont l'extrémité pénètre dans l'anus à la profondeur de 2 pouces. M. Pirogoff a trouvé 1° que ce mode d'éthérisation est surtout indiqué pour les opérations longues, difficiles, et d'ailleurs très-douloureuses; 2° qu'il faut l'employer lui seul dans tous les cas où l'irritation des poumons doit être évitée, ainsi que dans les cas où, comme chez les enfants et les aliénés, on ne peut diriger leur volonté; 3° qu'il y a surtout de grands services à en attendre pour les douleurs et les crampes qui ont leur siége dans la cavité abdominale (intestins, organes génitaux urinaires). (*Recherches pratiques et physiologiques sur l'éthérisation*, par M. Pirogoff.) D'après les conclusions précédentes, le professeur de Saint-Pétersbourg préfère l'éthérisation rectale à l'éthérisation pulmonaire. Nous qui connaissons la valeur des conclusions de M. Pirogoff, les propriétés non irritantes d'un mélange convenable d'air et de vapeurs éthérées, le temps considérable pendant lequel on peut maintenir sans danger les phénomènes éthériques, la rapidité de l'action de l'éther, et la facilité de son administration, au moyen de la vessie, nous qui savons que les vapeurs d'éther pures peuvent être nuisibles à des malades affaiblis, souvent sujets à la diarrhée, et, qu'injectées dans l'intestin, elles exposent précisément à des dangers graves d'intoxication auxquels des inhalations intermittentes n'exposeront jamais, nous ne serons pas tout à fait de l'avis de M. Pirogoff ; nous ne croyons pas qu'à moins d'indications spéciales à remplir du côté des intestins, on doive recourir à l'éthérisation rectale. Nous ne tenons point compte de la répugnance que les malades peuvent avoir pour cette méthode, ni de l'inutilité d'un narcotisme durable pour des opérations qui n'exigent que quelques minutes.

Remarquons, en finissant, que l'éthérisation rectale, qui, entre les mains de M. Pirogoff, a produit des effets profonds, non calculés, est une preuve de plus de l'exagération des craintes qu'a inspirées et qu'inspire encore le moyen découvert par Jackson.

BIBLIOGRAPHIE.

Amérique.

Boston med. and surg. journal, 1846 ; mémoire de M. Bigelow.
Hist. discov. oxide gaz, ether, etc., by H. Wells ; Hartford, 1847.
A statement of the claims of the Ch. T. Jackson, by Martin Gay; Boston, 1847.
Inhalation of ether, by Mason Warren, surg. of Massachusetts g. hospital.

Angleterre.

H. Davy, *Researches of nitrous oxide ;* H. Davy, t. 3, p. 329, édit. J. Davy.
Life of Beddoes, by Dr Stock.
Richard Pearson, *Properties of different kinds of airs ;* London, 8 v., 1794 ; et
    lettre adressée au Dr Simmons, *Some effects vitrioli ether,* 1797.
Quarterly journal of sciences, 1818, t. 4, p. 158.
Hickmann, brochure 1824 ; lettre adressée au Dr Knight.
Robinson, *A treatise on the inhal. of vap.;* Webster, 1847.
Med. times, Lond. med. gaz., Med. press, Dublin med. press, etc.
Monthly journal of medical science , 1847 ; *Notes on the inhalation of ether in the
    practice of midwifery ;* Edinburgh, 1847.

France.

Pajot, *des Effets de l'inhalation des vapeurs d'éther;* Paris, 1847.
F. et D. A., *Appréciation de la propr. anesthésique des vap. d'éther sulf.;* Paris, 1847.
Burguières , *des Cas d'inhalation éthérée observés dans les hôpitaux de Paris ;* dans le
    Constitutionnel du 13 et du 15 mars.
Delabarre fils , *Guide du praticien dans l'admin. des vapeurs d'éther;* Paris, 1847.
Longet, *Expériences relatives aux effets de l'inhalation de l'éther sulfurique sur le
    système nerveux des animaux ;* Paris , 1847.
Stoltz , *De l'Éthérisation appliquée à la pratique des accouchements* (*Gazette médi-
    cale de Strasbourg ,* 27 mars 1847).
Villeneuve , *De l'Éthérisation appliquée à l'art des accouchements ;* Marseille, 1847.
De Lavacherie, *Observations et réflexions sur les inhal. de vap. d'éther ;* Liége, 1847.
Chambert, *des Effets physiologiques et thérapeutiques des éthers;* Paris, 1847.
Sédillot, *De l'Éthérisation et des opérations sans douleur* (*Gazette médicale de
    Strasbourg ,* 27 mars 1847).
Comptes rendus des séances de l'Académie des sciences, 1847 ; mémoires ou commu-
    nications de MM. Velpeau, Roux, Laugier, Gerdy, Amussat, Flourens , Serres,
    Leroy d'Étiolles, Gruby, Hutin, Landouzy, Joly, Ducros , Good et Pappenheim,

Mandl, Baudens, Maissiat; Doyère, Preisser, Pillore et Melays, Hossard, Dupuy, Revel, Duval, Deschamps, Dufay, Alibran, Parchappe, Vicente y Hedo, Besseron, Ville et Blandin, Lemaître, de Rabodanges, Pirogoff, Sédillot, de Strasbourg, etc.

Le *Bulletin de l'Académie de médecine*, les autres publications périodiques, *Archives générales de médecine*, *Revue médico-chirurgicale*, *Gazette médicale*, *Gazette des hôpitaux*, *Union médicale*, etc., ont rendu compte des travaux présentés à l'Académie de médecine par MM. Malgaigne, Gerdy, Roux, Velpeau, Laugier, Jobert, Blandin, Amussat, Longet, Reynaud, P. Dubois, etc.

On trouve dans la *Gazette médicale* les mémoires de M. Roux, de Toulon; dans la *Gazette des hôpitaux* les expériences de M. Moreau (de Tours) sur les épileptiques, dans l'*Union médicale* le mémoire de M. Simpson; dans les *Annales de thérapeutique*, l'application de l'éther a été suivie pas à pas; dans ce journal, sont traduits les travaux de MM. Porta et Buffini.

Thèses inaugurales sur l'éther, soutenues à la Faculté de Paris, par MM. Chambert, Dupuy et Lach (28 juillet et 7 août); à la Faculté de Strasbourg, par M. Krust.

Allemagne.

Schlesinger, Leipsig; Rosenfeld, Pesth, 1847; Kronser, Wien, 1847; Heyfelder, Erlangen; Bergson, Berlin, 1847; Dieffenbach (*der Aether gegen den Schmerz*, Berlin); *Vierteljahrschrift*, Prague, 4e année, 3 vol., Dr Halla et prof. Pitha, p. 145-192; *Zeitschrift*, par J. Henle et Pfeuffer, t. 6, no 1, 1847, Heidelberg: Siebold, *Comptes rendus des séances de l'Université et de la Société royale des sciences de Gœttingue*, 10 mai 1847, no 7.

Russie.

Recherches pratiques et physiologiques sur l'éthérisation, par M. Pirogoff, prof., cons. d'État; Saint-Pétersbourg, 1847.

Italie.

Dans les *Annali universali di medecine* (février et mars), sont consignées les expériences du docteur Chiminelli, de Vicence; les expériences sur l'inflammabilité de l'éther sulfurique, lues à l'Institut des sciences de Lombardie, dans la séance du 8 février 1847, par M. Buffini, directeur de l'hôpital Majeur, à Milan.

Une brochure remarquable de M. le professeur Porta, *Sur les inhalations éthériques au moyen de la vessie*, a été en grande partie traduite par les *Annales de thérapeutique* (mai).

TABLE DES MATIÈRES.

———

ACTION PHYSIOLOGIQUE DE L'ÉTHER.

APPLICATION DES INHALATIONS ÉTHÉRÉES.

www.ingramcontent.com/pod-product-compliance
Lightning Source LLC
Chambersburg PA
CBHW060409200326
41518CB00009B/1299